智能＋绿色高性能混凝土

朱效荣　赵志强　主编

中国建材工业出版社

图书在版编目（CIP）数据

智能＋绿色高性能混凝土/朱效荣，赵志强主编. --北京：
中国建材工业出版社，2018.11（2020.12重印）
ISBN 978-7-5160-2418-8

Ⅰ.①智… Ⅱ.①朱… ②赵… Ⅲ.①高强混凝土—
研究 Ⅳ.①TU528.31

中国版本图书馆 CIP 数据核字（2018）第 211823 号

内 容 简 介

本书前 3 章主要介绍了混凝土配合比设计计算理论、智能试配技术以及现场试验案例总结，为同行技术人员提出了一种全新的配合比设计方法。第 4 章和第 5 章介绍了自密实混凝土的工作原理、检测方法，减水剂的合成与性能。第 6 章至第 11 章详细介绍了磨细钢渣粉应用研究、高性能混凝土配制技术、废弃石粉应用实例、混凝土开裂原理及预防、混凝土超缓凝事故的原因与处理、混凝土强度预测技术、纤维混凝土技术和清水混凝土技术。

本书可作为混凝土行业企业设计、施工及管理人员的培训教材，也可供从事混凝土配合比设计、施工、检测等人员参考使用。

智能＋绿色高性能混凝土

朱效荣 赵志强 主编

出版发行：中国建材工业出版社
地　　址：北京市海淀区三里河路 1 号
邮　　编：100044
经　　销：全国各地新华书店
印　　刷：北京鑫正大印刷有限公司
开　　本：787mm×1092mm 1/16
印　　张：16.5
字　　数：360 千字
版　　次：2018 年 11 月第 1 版
印　　次：2020 年 12 月第 2 次
定　　价：**128.00 元**

本书编委会

主　编　朱效荣　赵志强
副主编　杜志江　蒋　浩　张之峰
编　委　刘翠平　杨　娜　刘兴军
　　　　薄　超　杨建勤

前　　言

为充分利用先进的混凝土技术成果，降低混凝土试验室试配劳动强度，提高试配的成功率，作者特编撰本书。书中的内容包括两大部分，第一部分包括多组分混凝土理论、混凝土智能计算技术、预湿集料技术、机器人试配技术以及应用实例，体现的是智能。第二部分是技术资料汇编，主要为读者提供了高性能水泥、复合掺和料、高性能外加剂、再生集料利用、强度预测、特种混凝土、质量事故处理相关的技术资料，这些资料有的是笔者以前出版的书籍《绿色高性能混凝土研究》发表过的，有的是笔者研究的成果汇编成的，具有理论基础扎实、使用效果明显、实用性强的特点。最近二十年来，混凝土技术的发展突飞猛进，采用智能控制和机器人试配已经具备了基础条件，特别是多组分混凝土理论的创立为混凝土配合比设计的智能化以及生产过程的自动控制提供了强大的理论支持，使企业管理可以实现流程化、标准化、规范化、精确化以及信息化，将混凝土生产环节由传统的实践验证性转化为准确的数字量化管理，提高混凝土生产环节的定量、定点和靶向性，达到控制混凝土生产的各个环节的目的，提高管理环节的目标性，实现生产过程的有序进行，保证混凝土生产企业生产出质量稳定的混凝土产品。撰写本书的主要目的是将多组分混凝土理论与计算机技术和控制技术紧密结合，成功研制机器人用于混凝土试配，简化技术人员的计算劳动量，提高混凝土试配的成功率，保证配制出优质的混凝土，满足土木建筑、高速铁路、高速公路、港口码头、机场、水电站、核电站等的需要。

本书第 1 章和第 2 章由朱效荣赵志强撰写，包括多组分混凝土理论和混凝土智能试配技术，内容主要介绍多组分混凝土原材料技术参数的检测方法、计算方法以及测试依据，智能试配的过程以及应用实例。第 3 章由赵志强与朱效荣撰写，主要介绍利用数字量化配合比技术为企业服务的真实案例。第 4 章由赵志强和杜志江撰写，主要介绍自密实混凝土的特点，配制技术以及各种相关问题的解决方法。第 5 章由朱效荣撰写，主要介绍了各类外加剂的合成方法。第 6 章由张之峰和朱效荣撰写，主要介绍了钢渣的粉磨技术以及利用钢渣粉配制水泥、配制高性能混凝土的方法，内容详实，实用性强，特别值得水泥厂、搅拌站和外加剂从业者学习借鉴。第7章由蒋浩和赵志强撰写，介绍了一种新型的高性能水泥的生产方法、配制混凝土的方法以及应用实例。第8章由朱效荣、薄超、杨建勤撰写，主要介绍了利用废弃石粉配制混凝土的技术，试验量大，数据准确，参考价值大。第9章由朱效荣撰写，主要介绍了混凝土强度的预测方法、混凝土冬季施工缓凝的原因及处理方法、混凝土开裂的原因及处理方法。第10章由赵志强、朱效荣和杜志江编写，主要介绍了滨海地区清水混凝土设计技术，设计方法新颖，试验数据系统完善，工程应用成功，该方法体现了目前国内清水混凝土研究领域的新思路。第11章由朱效荣撰写，主要介绍了纤维混凝土技术在国家体育场中的应用，为读者提供了一套完整的工程应用技术资料。

本书在编写过程中，吸收和选用了部分国内外专家有关水泥、掺和料、外加剂和再生集料研究应用相关的论文、专著和报告的内容，在此对这些资料的原作者表示感谢！特别感谢在2010—2013年间给《混凝土技术》投稿的作者！本书的撰写得到水泥、混凝土、外加剂相关企业、施工及监理企业的大力支持和帮助，在此表示感谢！由于受到笔者理论水平和实际经验的限制，书中内容仍有许多不足之处，期望同行在技术交流的过程中批评指正！各位同行可以发送电子邮件到 bjlgkj@126.com 或 hntc30@126.com，或者通过微信和电话13501124631（朱效荣）、18910385061（赵志强）联系，笔者将虚心听取大家的意见并加以改进。

本书的编撰得到了混凝土第一视频网、混凝土科技网、北京志强积土科技有限公司、北京灵感科技发展有限公司、北京建筑大学、天津大学、西南交通大学、天津港湾研究院和中国农业大学多位专家教授的支持，在此表示感谢！

朱效荣　赵志强

2018年10月

目　　录

第1章　混凝土配合比设计计算理论

1.1　水泥的技术指标和技术参数

1.1.1　概述

水泥作为混凝土的最重要的原材料，对混凝土的强度和性能起到最关键的作用，因此水泥质量的优劣直接影响混凝土的工作性、强度和耐久性。在混凝土配合比设计的过程中，数字量化混凝土实用技术以多组分混凝土理论为计算依据，计算过程中与水泥有关的基础参数主要包括抗压强度、表观密度、需水量、比表面积、C_3A 和 SO_3，这些参数是通过国家标准检测得到。在配合比设计过程中考虑的影响参数有水灰比，考虑的过渡性参数有水泥在标准胶砂中的体积比、标准稠度水泥浆体的表观密度、标准稠度水泥浆体抗压强度和水泥的质量强度比。在多组分混凝土理论中，这些参数都被赋予了明确的物理意义，本节将详细介绍这些过渡参数的概念和作用。

1.1.2　水泥强度的快速推定方法

1. 抗压强度

抗压强度是水泥最重要的技术指标，水泥抗压强度的高低直接影响混凝土的承载能力，因此配制混凝土的时候，选择强度满足国家标准的水泥显得非常必要。由于水泥的检测采用固定水灰比，因此本书认为，硅酸盐系列水泥的抗压强度主要取决于水泥熟料的强度和掺量。熟料强度与烧制工艺紧密相关，烧制工艺越合理，熟料强度就越高，水泥强度就越高；当使用同一种熟料时，熟料掺量越高，水泥抗压强度就越高。

抗压强度检测数据的滞后，一直制约了混凝土配合比的设计，为了解决这一困难，笔者认为，水泥中熟料的化学成分、用量、表观密度和标准稠度用水量都是影响水泥强度的关键因素。对于回转窑水泥，水泥的抗压强度与熟料的抗压强度成正比例，与熟料的用量成单调递增关系，即在水泥配比一定时，熟料强度越高则水泥强度越高，熟料掺量越多则水泥强度越高。水泥的强度与堆积密度之间成单调递增关系，堆积密度越大水泥的强度越高。以下介绍熟料强度推定的几种简易方法。

2. 化学成分法

水泥的四大主要化学成分是 CaO、SiO_2、Al_2O_3、Fe_3O_4，活性的 CaO 越多，碱度越

高，水泥熟料的水化过程反应越充分，熟料的抗压强度越高。

例如：水泥熟料化学成分和质量百分比见表 1-1。

表 1-1　水泥熟料化学成分和质量百分比

化学成分	CaO	Al_2O_3	Fe_3O_4	SiO_2
质量百分比（%）	63	8	7	19

则熟料抗压强度为：

$R_{28}=CaO+Al_2O_3+Fe_3O_4-SiO_2=63+8+7-19=59$（MPa）

计算误差为±1MPa。

3. 热值法

烧制水泥的主要燃料为煤，煤的热值直接决定了水泥熟料熔融状态，对于固定的生产工艺，热值越高则水泥熟料储存的势能越高，水泥熟料水化形成的强度也越高。在水泥生料配比合理的前提下，煤的热值与水泥熟料抗压强度之间有着必然的联系，经过近十年的总结，我们得到煤的热值正比于水泥熟料的抗压强度的经验公式，即：$R_{28}=$ 煤的热值/100（MPa）。

例如：煤的热值与水泥熟料强度对比见表 1-2。

表 1-2　煤的热值与水泥熟料强度对比

煤的热值（kcal）	4000	4500	5000	5500	6000
水泥熟料强度（MPa）	40	45	50	55	60

计算误差为±3MPa。

4. 堆积密度法

水泥熟料的抗压强度与熟料的密实度紧密相关，密实度越高，强度越高。我们可以将水泥熟料装入容积桶，在水泥振实台振动 15 下，刮平上表面，称重即可以计算出堆积密度，$R_{28}=$（熟料堆积密度 -1000）$/10$。例如熟料的堆积密度为 $1550kg/m^3$，则熟料强度为：

$R_{28}=$（1550-1000）$/10=550/10=55$(MPa)

计算误差为±1MPa。

5. 燃烧状态法

水泥烧制的过程中，燃烧是否充分对熟料的强度而言显得非常重要，由于烧制水泥的主要燃料为煤，当燃烧充分时，烟囱几乎看不到浓烟，这时生料充分烧结达到熔融，形成了理想的熟料，熟料水化形成的强度较高；当燃烧不充分时，烟囱会冒出黄烟，这时生料没有达到充分的烧结，生成的熟料具有黄芯，水泥熟料水化形成的强度较低。在水泥生料配比合理、燃煤热值较高的前提下，燃烧状态与水泥熟料强度之间有着必然的联系，经过近十年的总结，我们得到通过烟囱冒出的烟推断水泥熟料强度的经验规律。即：烟雾状态、长短与水泥熟料强度对应关系表，见表 1-3。

表 1-3　烟雾状态、长短与水泥熟料强度对应关系

烟雾状态	黄烟长度	较轻黄烟长度	白烟长度		
烟雾长短	超过 5 倍烟囱	超过 3 倍烟囱	超过 2 倍烟囱	超过 1 倍烟囱	小于 1 倍烟囱
熟料抗压强度（MPa）	40	45	50	55	60

6. 水泥强度与熟料强度的关系

对水泥厂而言，在熟料抗压强度 R_0 一定的条件下，水泥强度主要取决于熟料的用量百分比 x，水泥中熟料掺加量越大，水泥强度 R 越高。当使用同种混合材时且不考虑活性时，水泥强度正比于水泥熟料的掺加量。

$$R = R_0 \times x\%$$

例如：熟料强度为 60MPa，熟料掺量 75%，则水泥强度为：

$$R = R_0 \times x\% = 60 \times 75\% = 45(\text{MPa})$$

1.1.3　最佳水灰比

水灰比是研究水泥的一个重要指标。在保证水泥试件能够成型的基础上，在检测水泥的时候，固定水泥用量和砂的用量，改变水泥的水灰比和成型条件，水泥抗压强度与水灰比的关系为：从零开始，随着水灰比的增大，水泥试件的强度逐渐提高，当水灰比达到标准稠度用水量对应的水灰比时，水泥抗压强度最高，超过这个值后，随着水灰比的增大，水泥试件的抗压强度逐渐降低，当浆体很稀的时候，水泥抗压强度降低到零。

水灰比对抗压强度的影响规律，可以这样解释：干的水泥，水灰比为零。由于干的水泥无法成型，水泥颗粒无法发生化学反应，因此抗压强度为零。随着水灰比的增大，采用压制成型制作的试件，用水量的增加使参与化学反应的水泥增加，化学反应的产物逐渐增多，水泥的抗压强度逐步提高；达到标准稠度用水量对应的水灰比时，拌和水泥的水用量达到一个平衡，水泥试件可以振动成型，这时的水起到两个作用：一是保证水泥充分水化，形成的水化产物最多；二是保证水泥水化产物均匀粘结成一个整体，且没有多余水分，确保水泥浆体凝固后的匀质性和整体性，实现标准稠度水泥浆体抗压强度最高；根据压汞试验测试计算可知，标准稠度水泥浆体凝固后水分蒸发形成的孔隙对应的水量占标准稠度用水量的三分之一左右，因此可以得出水泥化学反应的水量为标准稠度用水量的三分之二左右的结论；大于标准稠度用水量对应的水灰比时，水泥与拌和水之间发生了充分的化学反应，形成的水化产物足够多，但是除了将水泥水化产物粘结到一起的水分，仍然有剩余的水分，并且随着水灰比的增大，剩余的水分越多，这些水分在水泥凝固干燥后蒸发出去，在水泥试件内部留下孔隙，这时水泥试件随着水灰比逐渐增大，内部形成的孔隙逐渐增多，水泥试件的密实度逐渐降低，水泥抗压强度逐渐降低；当水灰比大到水泥浆体无法形成一个完整的整体时，水泥的抗压强度降低为零。

因此当混凝土配制强度相同时，如果胶凝材料为水泥，应该使用抗压强度最高的水泥浆体，此时浆体的用量最少，配制的混凝土成本最低，这时胶凝材料最佳的水灰比是标准

稠度用水量对应的水胶比。

1.1.4 过渡参数的计算

1. 水泥在标准胶砂中的体积比

由于现场试验无法直接测出标准稠度水泥浆体的抗压强度，因此在多组分混凝土理论中引入了过渡变量水泥在标准胶砂中的体积比，结合水泥标准胶砂抗压强度值计算标准稠度水泥浆体的抗压强度。在水泥的试验过程中，使用的原材料有水泥、标准砂和拌和水三种，在水泥标准胶砂试件中，水泥所占的体积比可以用水泥的体积除以水泥标准试件的体积求得，见式（1-1）：

$$V_{C_0} = \frac{\left(\dfrac{C}{\rho_{C_0}}\right)}{\left(\dfrac{C}{\rho_{C_0}}\right) + \left(\dfrac{S}{\rho_{S_0}}\right) + \left(\dfrac{W}{\rho_{w_0}}\right)} \tag{1-1}$$

式中　V_{C_0}——标准胶砂中水泥的体积比；

C——标准胶砂中水泥的用量，450g；

ρ_{C_0}——水泥的密度，kg/m^3；

S——标准胶砂中砂的用量，1350g；

ρ_{S_0}——标准砂的密度，2700kg/m^3；

W——标准胶砂中水的用量，225g；

ρ_{w_0}——水的密度，1000kg/m^3。

在这个公式中只有水泥的密度是变化的，分子为水泥的体积，分母为水泥、标准砂以及拌和水的体积和。

2. 标准稠度水泥浆体的抗压强度

根据水泥标准胶砂试件的几何组成可知，水泥检测时的拌和水分为两部分，一部分使水泥和水拌和形成标准稠度的水泥浆体，由于标准砂的加入，使浆体形成均匀连续的蜂窝状结构；另一部分水用于润湿标准砂，润湿后的砂子均匀填充于这些蜂窝状结构之中。由于水泥标准胶砂试件检测的时候，水泥由粉末材料加水后发生了化学反应，形成的水化产物具备了承受压力的功能，表现为抗压强度。砂子在成型前后以及在指定龄期做抗压试验时仅仅起到填充的作用，没有发生化学变化；如果没有水泥浆的包裹，就会在压力作用下崩溃，不会产生抗压强度，所以标准检测得到的水泥标准胶砂试件的抗压强度实际上是水泥、标准砂和水的混合物形成的试件的平均抗压强度。水泥标准稠度浆体的抗压强度可以用水泥标准胶砂抗压强度除以水泥在标准胶砂试件中的体积比值计算求得，见式（1-2）：

$$\sigma_0 = \frac{R_{28}}{V_{C_0}} \tag{1-2}$$

式中　σ_0——标准胶砂中水泥水化形成的纯浆体的抗压强度，MPa；

R_{28}——标准胶砂的抗压强度，MPa；

V_{C_0}——标准胶砂中水泥的体积比。

式（1-2）中，分子为标准水泥胶砂的抗压强度，分母为标准水泥胶砂中水泥的体积比。

3. 标准稠度水泥浆的表观密度

由于我国采用国际标准单位制，混凝土的配制以 $1m^3$ 为准，因此在计算过程中需要将标准稠度的水泥浆折算为 $1m^3$。在这个计算过程中，水泥浆的体积收缩可以忽略不计。则 $1m^3$ 凝固硬化的标准稠度水泥浆的质量用 $1m^3$ 的干水泥质量和将这些水拌制为标准稠度时的水的质量之和除以对应的水泥和水的体积之和求得，即标准稠度水泥浆的表观密度值，见式（1-3）：

$$\rho_0 = \frac{\rho_{C_0}\left(1+\dfrac{W_0}{100}\right)}{1+\dfrac{\rho_{C_0}}{\rho_{W_0}}\times\dfrac{W_0}{100}} \qquad (1-3)$$

式中　ρ_0——标准稠度水泥浆的密度，kg/m^3；

　　　W_0——水泥的标准稠度用水量，kg；

　　　ρ_{C_0}——水泥的密度，kg/m^3；

　　　ρ_{W_0}——水的密度，kg/m^3。

分子为 $1m^3$ 的干水泥质量和将这些水拌制为标准稠度时的水的质量之和，分母为水泥体积 $1m^3$ 和标准稠度用水的体积和。

4. 质量强度比

在多组分混凝土理论之中，将水泥对抗压强度的贡献通过质量强度比表达了出来，其物理意义是贡献 $1MPa$ 抗压强度所需水泥浆的质量，由于采用的是国际标准单位制，标准稠度的硬化水泥浆体积选 $1m^3$，对应的抗压强度值选水泥标准稠度浆体的抗压强度值，$1m^3$ 浆体对应的质量数值正好和 $1m^3$ 乘以 ρ_0 的数值相等，因此标准稠度水泥浆对抗压强度的贡献可以用标准稠度水泥浆的表观密度数值除以标准稠度水泥浆的抗压强度值计算求得，定义为质量强度比，计算公式如下：

$$R = \frac{\rho_0}{\sigma_0} \qquad (1-4)$$

式中　R——质量强度比，kg/MPa；

　　　ρ_0——标准稠度水泥浆的表观密度，kg/m^3；

　　　σ_0——标准稠度水泥浆的抗压强度，MPa。

考虑试验误差和应用方便，在混凝土配合比设计过程中，水泥用量的取值就以质量强度比计算出的水泥浆数据为准。

1.1.5　水泥与外加剂的适应性

1. 化学成分的影响

水泥与外加剂的适应性取决于化学成分中的 C_3A 和石膏，C_3A 由三个氧化钙（CaO）

和一个三氧化铝（Al_2O_3）组成，水泥检测石膏出具的数据是 SO_3，C_3A 和 SO_3 完全反应的分子个数比是 $1:1$，水泥中 C_3A 和 SO_3 完全反应的合理质量比例为 $270:80$，近似于 $3.4:1$。因此 C_3A/SO_3 的比值小于 3.4 的时候，由于石膏充足，所以水泥与外加剂的适应性好；C_3A/SO_3 的比值大于 3.4 的时候，由于石膏不足，所以产生水泥与外加剂的适应性不好的问题。具体解决的思路就是往胶凝材料中掺加适量的硫酸盐，使 C_3A/SO_3 的值接近 3.4，水泥与外加剂的适应性问题就解决了。

2. 物理因素的影响

影响水泥与外加剂适应性的物理因素主要是比表面积和需水量。比表面积越大，水泥与外加剂的适应性越差；需水量越大，水泥与外加剂的适应性也越差。因此解决比表面积和需水量引起的水泥与外加剂适应性不好的问题，主要通过确定合理的用水量来解决。

1.2 掺和料的技术指标和技术参数

1.2.1 概述

在混凝土配合比设计过程中，掺和料是必不可少的，用于混凝土的掺和料主要有粉煤灰、矿渣粉、硅灰和石粉，在混凝土配合比设计过程中用到的基础参数有对比强度、表观密度、需水量比和比表面积，过渡性参数主要考虑活性系数和填充系数。在多组分混凝土理论之中，在强度方面主要考虑掺和料的反应活性和填充效应，在工作性方面主要考虑掺和料的需水量比。反应活性用活性系数表示，以区别于标准规定的活性指数，活性系数指同样质量的掺和料产生的强度与对比试验水泥强度的比值。填充效应用填充系数表示，以便解决以前配合比设计过程中填充效应无法量化的问题，填充系数为矿物掺和料的比表面积与表观密度的乘积除以对比试验水泥的比表面积与表观密度的乘积所得商的开方。作为计算基准，水泥的填充系数表示如下：

$$u_1 = \sqrt{\frac{\rho_C S_C}{\rho_C S_C}} \tag{1-5}$$

式中　u_1——水泥的填充系数（基准数据）；

　　　ρ_C——水泥的密度，kg/m^3；

　　　S_C——水泥的比表面积，m^2/kg。

本节主要介绍三种常用掺和料的填充系数和活性系数的计算方法。

1.2.2 粉煤灰

1. 概念

粉煤灰是混凝土生产过程中用量仅次于水泥的一种矿物掺和料，由于颗粒较粗，一般情况下我们只考虑它的反应活性，不考虑它的填充效应。在配合比设计过程中，当我们使用高强度的水泥时，由于配制低等级混凝土使用的水泥量较少，因此我们主要利用粉煤灰活性低的特点，用粉煤灰代替水泥，增加胶凝材料用量，解决浆体包裹砂石的问题，达到改善混凝土工作性的目的。

2. 填充系数的计算方法

粉煤灰的填充系数指粉煤灰的比表面积与表观密度的乘积除以对比试验水泥的比表面积与表观密度的乘积所得商的开方。多组分混凝土理论中粉煤灰填充系数的计算方法见式（1-6）：

$$u_2 = \sqrt{\frac{\rho_F S_F}{\rho_C S_C}} \tag{1-6}$$

式中　u_2——粉煤灰的填充系数；

　　　ρ_F——粉煤灰的密度；

　　　S_F——粉煤灰的比表面积；

ρ_C 和 S_C 符号意义同式（1-5）。

其物理意义为 1kg 的粉煤灰填充效应产生的强度相当于 u_2 kg 的水泥填充效应产生的强度。

由于粉煤灰比较粗，一般没有在配合比设计的过程中考虑填充效应，只有在高强高性能混凝土矿物掺和料使用磨细粉煤灰时考虑粉煤灰的填充系数。

3. 国家标准中活性指数检测与计算

（1）粉煤灰活性试验方法

测定试验胶砂和对比胶砂的抗压强度，以二者抗压强度之比确定矿渣粉试样的活性指数。试验胶砂和对比胶砂材料用量见表 1-4。

表 1-4　测定粉煤灰活性指数试验中试验胶砂和对比胶砂材料用量

胶砂种类	水泥（g）	粉煤灰（g）	标准砂（g）	水（mL）	28d 抗压强度（MPa）
对比胶砂	450	—	1350	225	R_0
试验胶砂	315	135	1350	225	R

（2）活性指数计算方法

活性指数按国家标准计算方法，见式（1-7）：

$$H_{28} = \frac{R}{R_0} \times 100\% \tag{1-7}$$

式中　H_{28}——活性指数，%；

　　　R——试验胶砂 28d 抗压强度，MPa；

　　　R_0——对比胶砂 28d 抗压强度，MPa。

4. 活性系数的计算方法

粉煤灰的活性系数指同样质量的粉煤灰产生的抗压强度与对比试验水泥抗压强度的比值。根据对比胶砂可知，450g 水泥提供强度 R_0，则 315g 水泥提供的强度为 $0.7R_0$，135g 水泥提供的强度为 $0.3R_0$；那么，试验胶砂提供的强度包括 315g 水泥提供的强度 $0.7R_0$ 与 135g 粉煤灰提供的强度 $R - 0.7R_0$。所以，粉煤灰的活性系数由式（1-8）求得：

$$\alpha_{\mathrm{F}} = \frac{R_1 - 0.7R_0}{0.3R_0} \tag{1-8}$$

式中　α_{F}——粉煤灰的活性系数；

　　　R_1——试验胶砂 28d 抗压强度，MPa；

　　　R_0——对比胶砂 28d 抗压强度，MPa。

1.2.3　矿渣粉

1. 概念

矿渣粉是混凝土生产过程中用量较大的一种矿物掺和料，由于活性较高，正常情况下我们只考虑它的反应活性。在配制高强高性能混凝土的时候，由于采用超细矿渣粉，这种条件下我们就考虑填充效应。在配合比设计过程中，为了降低水泥的水化热而使用矿渣粉。因此本节将详细介绍矿渣粉活性系数和填充系数的计算方法。

2. 填充系数的计算方法

矿渣粉的填充系数指矿渣粉的比表面积与表观密度的乘积除以对比试验水泥的比表面积与表观密度的乘积所得的开方。多组分混凝土理论中矿渣粉填充系数的计算方法见式（1-9）：

$$u_3 = \sqrt{\frac{\rho_{\mathrm{K}} S_{\mathrm{K}}}{\rho_{\mathrm{C}} S_{\mathrm{C}}}} \tag{1-9}$$

式中　u_3——矿渣粉的填充系数；

　　　ρ_{K}——矿渣粉的密度，kg/m^3；

　　　S_{K}——矿渣粉的比表面积，m^2/kg；

　　　ρ_{C} 和 S_{C} 符号意义同式（1-5）。

计算求得的填充系数，其物理意义为 1kg 的矿渣粉填充效应产生的抗压强度相当于 u_3 kg 的水泥填充效应产生的抗压强度。当配制 C60 以下强度的混凝土时，我们只考虑矿渣粉的活性系数；当配制 C60 以上等级的混凝土时，同时考虑矿渣粉的活性系数和填充效应，取两者中效果好的一个作为配合比计算的依据。

3. 国家标准中活性指数检测与计算

（1）矿渣粉活性试验方法

试验中，试验胶砂和对比胶砂材料用量见表 1-5。

表 1-5　测定矿渣粉活性指数试验中试验胶砂和对比胶砂材料用量

胶砂种类	水泥（g）	粉煤灰（g）	标准砂（g）	水（mL）	28d 抗压强度（MPa）
对比胶砂	450	—	1350	225	R_0
试验胶砂	225	225	1350	225	R_2

（2）活性指数计算方法

测定试验胶砂和对比胶砂的抗压强度，以二者抗压强度之比确定矿渣粉试样的活性指数。

矿渣粉活性指数按式（1-10）计算：

$$A_{28} = \frac{R_2}{R_0} \times 100\% \tag{1-10}$$

式中　A_{28}——矿渣汾 28d 活性指数，%；

R_0——对比砂浆 28d 抗压强度，MPa；

R_2——试验砂浆 28d 抗压强度，MPa。

4. 活性系数的计算方法

矿渣粉的活性系数指同样质量的矿渣粉产生的抗压强度与对比试验水泥抗压强度的比值。450g 水泥提供抗压强度 R_0，则 225g 水泥提供的抗压强度为 $0.5R_0$；那么，试验胶砂提供的抗压强度包括 225g 水泥提供的抗压强度（即 $0.5R_0$）与 225g 矿渣粉提供的抗压强度（即 $R_2 - 0.50R_0$）。所以，矿渣粉的活性系数由式（1-11）求得：

$$\alpha_K = \frac{R_2 - 0.5R_0}{0.5R_0} \tag{1-11}$$

式中　α_K——矿渣粉的活性系数；

R_0——对比砂浆 28d 抗压强度，MPa；

R_2——试验砂浆 28d 抗压强度，MPa。

1.2.4　硅灰

1. 概念

硅灰是高强高性能混凝土生产过程中必须添加的一种矿物掺和料，由于比表面积大，在水泥颗粒之间填充效果明显，所以在配制高强高性能混凝土的时候大量应用，在多组分混凝土理论之中，由于反应活性比填充效应弱一些，因此在配合比设计中主要考虑它的填充效应。

2. 填充系数的计算方法

硅灰的填充系数指硅灰的比表面积与表观密度的乘积除以对比试验水泥的比表面积与表观密度的乘积所得商的开方。多组分混凝土理论中硅灰填充系数的计算方法见式（1-12）：

$$u_4 = \sqrt{\frac{\rho_{Si} S_{Si}}{\rho_C S_C}} \tag{1-12}$$

式中　u_4——硅灰的填充系数，其物理意义为，在混凝土配合比设计过程中可以用 1kg 硅灰取代 u_4（kg）对比试验的水泥；

ρ_{Si}——硅灰的密度，kg/m³；

S_{Si}——硅灰的比表面积，m²/kg；

ρ_C 和 S_C 符号意义同式（1-5）。

当配制 C60 以上等级的混凝土时，考虑选择硅灰，并利用它的填充效应。

3. 国家标准中活性指数检测与计算

（1）硅灰活性试验方法

测定硅灰活性指数试验中试验胶砂和对比胶砂材料用量见表 1-6。

表1-6　测定硅灰活性指数试验中试验胶砂和对比胶砂的材料用量

胶砂种类	水泥（g）	硅灰（g）	标准砂（g）	水（mL）	28d 抗压强度
对比胶砂	450	—	1350	225	R_0
试验胶砂	405	45	1350	225	R_3

（2）活性指数计算

测定试验胶砂和对比胶砂的抗压强度，以二者抗压强度之比确定硅灰试样的活性指数。

硅灰 28d 活性指数按式（1-13）计算：

$$A_{28} = \frac{R_3}{R_0} \times 100\%$$
(1-13)

式中　A_{28}——硅灰 28d 活性指数，%；

R_0——对比砂浆 28d 抗压强度，MPa；

R_3——试验砂浆 28d 抗压强度，MPa。

4. 活性系数的计算方法

硅灰的活性系数指同样质量的硅灰产生的抗压强度与对比试验水泥抗压强度的比值。450g 水泥提供抗压强度 R_0，则 405g 水泥提供的抗压强度为 $0.9R_0$；那么，试验胶砂提供的抗压强度包括 405g 水泥提供的抗压强度（即 $0.9R_0$）与 45g 硅灰提供的抗压强度（即 $R_3 - 0.9R_0$）；则硅灰的活性指数由式（1-14）求得：

$$\alpha_{Si} = \frac{R_3 - 0.9R_0}{0.1R_0}$$
(1-14)

式中　α_{Si}——硅灰的活性系数；

R_0——对比砂浆 28d 抗压强度，MPa；

R_3——试验砂浆 28d 抗压强度，MPa。

5. 掺和料的需水量比

掺和料的需水量比即矿物掺和料达到和对比试验的水泥相同的流动度时的用水量与水泥用水量的比值。

1.3　外加剂的技术指标和技术参数

1.3.1　泵送剂的技术参数

1. 减水率的不同测试方法

泵送剂的减水率是一个动态的数据，根据检测方法的不同，分为针对水泥的减水率、针对砂浆的减水率以及针对混凝土的减水率。

就水泥而言，影响泵送剂减水率的主要因素是水泥的凝结时间和需水量；石膏是水泥的调凝剂，当石膏的用量不足时，表现为水泥与外加剂的适应性差，减水率低；相反当石膏的用量足以和铝酸三钙反应时，水泥凝结时间正常，表现为水泥与外加剂的适应性好，减水率就高；水泥比表面积越大，需水量就越大，吸附的外加剂就越多，表现为水泥和外加剂的适应性不好，减水率低；水泥比表面积越小，需水量就越小，吸附的外加剂就越少，表现为水泥和外加剂的适应性好，减水率高。

针对砂浆的减水率，假设使用的水泥相同，则砂子的颗粒级配越合理，掺加泵送剂的砂浆流动性越好，减水率越高；砂子的颗粒级配越差，掺加泵送剂的砂浆流动性越差，减水率越低。

针对混凝土的减水率，假设使用的水泥相同，当砂石的级配合理时，掺加泵送剂的混凝土流动性好，减水率高；当砂石的级配不合理时，掺加泵送剂的混凝土流动性就差，减水率就低；当砂石的含泥量高时，掺加泵送剂的混凝土流动性就差，减水率就低；当砂石的含泥量低时，掺加泵送剂的混凝土流动性就好，减水率就高；当砂石的孔隙较多时，掺加泵送剂的混凝土流动性就差，减水率就低；当砂石的密实度高时，掺加泵送剂的混凝土流动性就好，减水率就高。为了解决以上数据的不同，在多组分混凝土理论之中，提出了预湿集料技术原理和方法，消除了砂子和石子对减水率的影响，在试配混凝土的时候，测量一个减水率就可以配制出优质的混凝土。

2. 泵送剂的合理功能

根据多组分混凝土理论，在混凝土配合比设计中，泵送剂的合理功能就是增加混凝土拌和物的流动性，而混凝土行业最大的一个误区就是让外加剂减水，当混凝土配合比设计合理的时候，胶凝材料提供强度和包裹集料的作用，表面润湿的砂石提供骨架作用，水起到化学反应和粘结作用，外加剂起到增加流动性改善耐久性的作用。正常的混凝土如同一个正常的人，胶凝材料浆体如同人的肉，砂石像骨头，拌和水就像身体里的血液一样，合理的量是最佳值，多了会引起副作用，就要排出，外加剂如同关节中的润滑液，正常的混凝土如同一个正常的人一样，正常的人不需要减肥，配合比合理的混凝土同样不需要减水。正常的人减肥过度就会眼花、眩晕，甚至营养不良、走不动路，影响健康。混凝土泵送剂合理的作用是增加拌和物的流动性，改善耐久性。泵送剂一旦超掺发挥减水作用，增加的泵送剂就会像正常人多吃了减肥药一样，混凝土拌和物就会出现离析、抓地、扒底、粘罐和堵泵的情况，同时影响混凝土的强度和耐久性。

3. 减水率 n （％）和掺量 c_A （％）的确定方法

本书以多组分混凝土理论为基础，以预湿集料技术来指导生产，提出针对现场水泥和混凝土测量泵送剂合理减水率的简单办法。

针对水泥的减水率，以标准稠度水泥浆作为检验的基准，此时水泥净浆的流动扩展度为 D_0 （正常值为 60mm，由于操作误差，此值有时候会 $\geqslant$ 60mm），加入泵送剂，测出水泥净浆得流动扩展度 D，依据减水率每增加 1％，水泥净浆的流动扩展度就增加 10mm，即可测的泵送剂的减水率为 $n=(D-D_0)/10$。

针对混凝土的减水率，用标准稠度的胶凝材料浆体和表面润湿的砂石混合形成基准混凝土，其初始坍落度为 T_0（正常值为80mm，由于操作误差，此值大多数情况下介于50～80mm之间），此时加入泵送剂，测出混凝土的坍落度 T，依据减水率每增加1%，混凝土的坍落度就增加10mm，即可测得泵送剂针对混凝土的减水率 $n=(T-T_0)/10$。

用这种思路检测泵送剂减水率，针对水泥和混凝土得到的数据是一致的，并且水泥净浆流动扩展度 D 和混凝土拌和物的坍落度 T 的数值一样，即 $D=T$。因此在配制混凝土的时候，只要固定了混凝土拌和物的坍落度 T，我们就可以用水泥净浆流动度 D 对应混凝土拌和物的坍落度 T，从而一次确定泵送剂的合理减水率 n。

例如：要配制的混凝土坍落度为 T（mm），则混凝土拌和物的坍落度 T（mm）、水泥净浆流动扩展度 D（mm）、减水率 n（%）和推荐掺量 c_A（%）之间的关系见表1-7。

表1-7　混凝土拌和物的坍落度、水泥净浆流动扩展度、减水率、推荐掺量之间的关系

项　目	确定依据	推荐参数（泵送剂推荐掺量2%对应的减水率为20%）					
混凝土拌和物坍落度	T	120	150	180	210	240	270
水泥净浆流动扩展度	$D=T$	120	150	180	210	240	270
减水率（%）	$(D-60)/10$	6	9	12	15	18	21
推荐掺量（%）	—	0.6	0.9	1.2	1.5	1.8	2.1

1.3.2　免养护剂

1. 概念

免养护剂主要用来预防混凝土塑性开裂，提高同条件养护试件的实体强度和回弹强度，使同条件试件回弹强度达到或者接近实体强度，同时降低混凝土成本。在混凝土中掺加免养护剂，使免养护剂在混凝土拌和物凝固前漂浮到混凝土表面，形成一层薄薄的膜，这层膜在空气中快速硬化，使水分无法在上表面蒸发散失，拆除模板后，侧面和底部的混凝土表面由于免养护剂的渗透作用，渗透到拆模后的混凝土外露表层形成一层隔离膜，并很快硬化，使混凝土表皮封闭起来，水分无法蒸发。对于水泥和胶凝材料水化过程中出现的小缺陷，免养护剂会快速渗透到该部位修补使其愈合，使水泥水化体系在较长时间内保持较高的内部相对湿度，既保证了水泥水化的持续进行，又抑制了混凝土界面的早期干燥。这样可有效地预防混凝土的塑性收缩和化学缩减引起的开裂，保证混凝土拆模后，免养护混凝土与标准养护的混凝土相比，具有更好的抗裂性和回弹强度。

2. 产品性能指标

免养护剂是一种高分子合成材料，具有直链、支链、交链共存的复杂网状分子结构，其分子特征及交联的微观结构使其具有良好的分散性，不溶于水，不影响混凝土拌和物的流动性，不参与胶凝材料的水化。免养护剂可以显著地降低混凝土的自收缩率以及干缩率，改善混凝土内部结构，使之更加密实。免养护剂在水泥水化过程中形成微型气泡，这

和引气剂一样能够提高混凝土的抗冻性能。免养护剂性能稳定，可以在高温下正常使用。免养护剂的技术指标见表 1-8。

表 1-8 免养护剂的技术指标

序　号	项　　目	指　　标
1	酸值（mg KOH/g）	≤1
2	黏度（25℃，Pa·s）	≤12000
3	密度（25℃，kg/m³）	1240
4	羟值（mg KOH/g）	120～320
5	水分	<0.1

3. 适用范围

混凝土免养护剂可以广泛应用于工业与民用建筑、道路、桥梁、港口、码头、市政、水利、电力、机场和海工工程等，使用免养护剂可以有效预防混凝土开裂、提高表面密实度、降低碳化深度和提高回弹强度，特别适用于干燥多风的西北、华北和东北地区。

4. 使用方法

免养护剂的推荐掺量为 $1kg/m^3$，在混凝土搅拌过程中直接加入，拆模后混凝土无需养护。由于免养护剂固定的水分较多，在混凝土硬化过程中水分没有蒸发，这使得混凝土塑性收缩很小，混凝土单位面积上裂缝数量明显减少，预防了混凝土早期开裂、降低了碳化深度，同时提高了表面的密实度，提高了回弹强度，改善了耐久性。

1.4　砂石的技术指标和技术参数

1.4.1　概述

砂石是混凝土组成中用量最大的材料，常用的有天然砂石、机制砂石和再生砂石三类。粒径为 0.16～4.75mm 的集料称为细集料，简称砂。

由于砂子在成型后的混凝土中以紧密堆积密度状态存在，因此在配合比设计过程中采用紧密堆积密度作为配合比设计计算的依据。对于砂子中公称直径在 4.75mm 以上的颗粒，用含石率表示，在混凝土配合比设计计算过程中按照石子计算。砂子的用水量计算分三种情况：符合国家标准的天然砂最佳吸水状态为 6%～8%，符合国家标准的机制砂最佳吸水状态为 5.7%～7.7%，而再生细集料的最佳吸水量可通过压力吸水试验所测得的压力吸水率计算确定。

1.4.2　砂子的技术参数

1. 砂的颗粒级配

砂的颗粒级配是指大小不同颗粒的搭配程度。采用孔径为 4.75mm、2.36mm、

1.18mm、0.60mm、0.30mm、0.15mm 的标准筛，将 500g 干砂由粗到细依次筛分，然后称量每一个筛上的筛余量，并计算出各筛的分计筛余百分率。根据多组分混凝土理论，配制混凝土时，我们采用的混合砂将孔径为 0.16mm、0.315mm 和 0.63mm 三个筛子的分计筛余量分别控制在 20% 是最佳的。

2. 含泥量及泥块含量

粒径小于 0.075mm 的黏土、淤泥、石屑等粉状物统称为泥。块状的黏土、淤泥统称为泥块或黏土块（对于细集料，指粒径大于 1.20mm，经水洗手捏后成为小于 0.60mm 的颗粒；对于粗集料指粒径大于 4.75mm，经水洗手捏后成为小于 2.36mm 的颗粒）。泥常包裹在砂粒的表面，因而会大大降低砂与水泥之间的界面粘结力，使混凝土的强度降低。同时泥的比表面积大，吸附大量的外加剂，降低混凝土拌和物流动性，或增加拌和用水量和水泥用量以及混凝土的干缩与徐变，并使混凝土的耐久性降低。泥块对混凝土性质的影响与泥基本相同，但危害更大。

在混凝土配合比设计过程中，考虑到细集料资源短缺，故本书中混凝土用砂控制含泥量小于 5.0%，泥块含量小于 2.0%。

3. 有害物质

砂中不应混有草根、树叶、塑料、煤渣、炉渣等杂物，如含有云母、轻物质、有机物、硫化物及硫酸盐、氯盐等，这些成分的存在一方面会吸附外加剂，增加外加剂用量，影响混凝土的工作性；另一方面增加了混凝土成本，影响混凝土的抗冻、抗渗性能。

4. 紧密堆积密度（ρ_S）

紧密堆积密度（ρ_S）是混凝土配合比设计过程中需要采用的重要参数，对于质量均匀稳定的混凝土，砂子均匀且紧密地填充于石子的空隙当中，因此单方混凝土中砂子的合理用量应该为石子的空隙率 P 乘以砂子的紧密堆积密度 ρ_S 求得。由于楼房的标准层高为 3m，混凝土柱子一次浇筑的高度为 3m；市政、高速公路和高速铁路墩柱，混凝土一次浇筑的高度大多数控制在 8m 左右；浇筑后没有凝固的混凝土拌和物是流动性的，在最底部的混凝土拌和物中砂子受到的压力与液体一样，根据帕斯卡定律：$P = \rho_{混凝土} gh$，代入数据可知：

对于楼房，$P = \rho_{混凝土} gh = 2400 \times 9.8 \times 3 = 70.56 \text{kN/m}^2$。

对于墩柱，$P = \rho_{混凝土} gh = 2400 \times 9.8 \times 8 = 188.16 \text{kN/m}^2$。

式中　　$\rho_{混凝土}$——混凝土拌和物的密度，本书取常用值 2400kg/m³；

　　　　g——重力加速度，本书取 9.8m/s²；

　　　　h——混凝土拌和物浇筑后的高度，本书中楼房取 3m；市政、高速公路和高速铁路取 8m。

考虑到混凝土浇筑过程中混凝土密度有时大于 2400kg/m³，所以在测量砂子紧密堆积密度时，用于楼房的砂子测试压力选择 72kN，用于市政及桥梁墩柱的砂子测试压力选择 200kN。

5. 含石率（H_G）

砂子中的含石率（H_G）较高时，由于石子是粗集料，砂子的称量过程没有考虑这些石子的含量问题，致使生产过程中实际的砂子用量小于配合比设计计算用量，使混凝土拌和物的实际砂率小于计算砂率，这就是相同配比的条件下，含石率提高导致混凝土实际砂率降低，使混凝土拌和物初始流动性变差、坍落度经时损失变大的原因。因此，企业在生产过程中必须及时检测砂子的含石率（H_G）并调整计量秤。

6. 含水率（H_W）

由于水泥检验采用 0.5 的水胶比，扣除水泥标准稠度用水，润湿标准砂所用的水含量介于 5.7%～7.7% 之间，含水率在这个范围内的变化对水泥强度造成的影响可以认为是在系统误差值内，可以不用考虑。在混凝土配比设计过程中，测出砂子的含水率，计算时以干砂为基准。对于天然砂，我们控制砂子总含水率的合理值在 6%～8% 这个范围；对于机制砂，我们控制砂子总含水率的合理值在 5.7%～7.7% 这个范围；对于再生集料，我们控制用水的合理值为压力吸水率对应的百分比。

7. 压力吸水率（Y_W）

由于再生集料已经大量使用，现实条件下再生细集料不符合标准砂的条件，因此采用压力吸水率 Y_W 来确定再生细集料的用水量 W_2，具体做法就是先称取一定量的再生细集料，用水浸泡至用手可以捏出水分的状态，然后用压力机加压，楼房用细集料测试压力选择 72kN，市政、高速公路和高速铁路墩柱用砂测试压力选择 200kN，挤出水分后称重，测出再生细集料的压力吸水率 Y_W，用于混凝土配合比的计算。

1.5　石子的技术指标和技术参数

1.5.1　概述

粒径大于 4.75mm 的集料称为粗集料，简称为石子；粗集料公称直径的上限称为该粒级的最大粒径。石子分为连续级配和单粒级。我国标准按照公称直径将可以用于泵送施工的石子分为六档：10mm、16mm、20mm、25mm、31.5mm、40mm。其中公称直径为10mm 的石子主要用于灌浆料，公称直径为 16mm 的石子主要用于自密实混凝土，公称直径为 20mm 和 25mm 的石子主要考虑石子可以通过钢筋便于施工，公称直径为 31.5mm 和40mm 的石子主要考虑了使用的混凝土泵管的粗细。按照多组分混凝土理论，大流动性混凝土中石子悬浮于水泥混合砂浆之中，因此在配合比设计计算过程中，密度使用石子的堆积密度；砂子用量以石子空隙率为依据，石子空隙率越小，使用的水泥混合砂浆越少，配制的混凝土体积稳定性越好，混凝土的质量越好。因此在混凝土配合比设计中主要考虑的参数是堆积密度、空隙率、吸水率和表观密度。

1.5.2 石子的技术参数

1. 针片状颗粒

颗粒长度大于该颗粒所属粒级的平均粒径的 2.4 倍者称为针状集料，颗粒厚度小于该颗粒所属粒级的平均粒径的 40％者称为片状集料。针片状颗粒较多时，影响混凝土拌和物的流动性、强度以及其他力学性能，因此在选择粗集料时，应控制针片状颗粒的含量 I 类小于 5％，Ⅱ类小于 15％，Ⅲ类小于 25％。

2. 堆积密度（$\rho_{g堆积}$）

由于混凝土的支撑体系最主要的是石子，流动性混凝土中石子处于悬浮状态，因此在配合比设计过程中，石子用量的计算以石子的堆积密度 $\rho_{g堆积}$ 为基础。而我们国家地域广阔，石子资源的差异特别大，为了满足混凝土和易性的要求，必须根据当地的资源状态及时对混凝土用石子的堆积密度 $\rho_{g堆积}$ 进行检测。

3. 空隙率（P）

由于粒形、粒径的不同，对于堆积密度 $\rho_{g堆积}$ 相同的石子，空隙率 P 是不同的，配制混凝土时所用砂子的体积也不同。为了满足混凝土和易性的要求，合理计算砂子用量 S，必须根据现场的材料状态测量石子的空隙率 P。

4. 表观密度（$\rho_{g表观}$）

对于堆积密度相同的石子，由于空隙率 P 的不同，石子的表观密度 $\rho_{g表观}$ 完全不同，达到相同的工作性时，单方混凝土石子用量也不相同。为了合理计算配合比，我们必须根据现场的材料状态对石子进行检测，准确计算石子的表观密度 $\rho_{g表观}$。

5. 吸水率（X_W）

对于堆积密度 $\rho_{g堆积}$、空隙率 P 和表观密度 $\rho_{g表观}$ 完全相同的石子，由于吸水率 X_W 不同，配制混凝土时，单方用水量也不相同。为了合理计算配合比，我们必须根据现场的材料状态对石子的吸水率 X_W 进行检测，以便于准确确定混凝土的用水量，控制混凝土的质量。

1.6 多组分混凝土

1.6.1 多组分混凝土理论

1. 概念

由于混凝土外加剂和矿物掺和料在施工过程中被普遍使用，导致砂石集料资源日渐匮乏，现有的原材料已经不能满足原有配合比设计规范对原材料的技术要求。为了满足实际环境的需要，我们对混凝土的组成进行分析，并利用吸收水灰比公式、胶空比理论和格利菲斯脆性材料断裂理论的成功部分，结合生产试验、数据分析和工程实践建立了多组分混凝土强度理论数学模型及计算公式，见式（1-15）：

$$f = \sigma \times u \times m \tag{1-15}$$

式中　σ——硬化胶凝材料的标准稠度浆体的强度，MPa；

　　　u——胶凝材料填充强度贡献率，%；

　　　m——硬化密实浆体在混凝土中的体积百分比，%。

多组分混凝土硬化后单位体积内的石子、砂子均没有参与胶凝材料的水化硬化，其体积没有发生改变。由多组分混凝土理论计算公式可知，混凝土的强度由硬化胶凝材料标准稠度浆体的强度、胶凝材料的填充强度贡献率和硬化密实浆体的体积百分比决定。

2. 胶凝材料标准稠度硬化浆体强度计算公式的建立

配制混凝土的胶凝材料由水泥、粉煤灰、矿渣粉、石粉等组成，复合胶凝材料本质上是一种复合水泥。考虑到混凝土生产以水泥为基准，强度主要取决于水泥，因此我们在强度计算和配比设计时引用水泥对强度的贡献的计算方法。当混凝土生产过程中使用了矿物掺和料时，通过等活性替换和等填充替换水泥的方法进行胶凝材料的分配计算。水泥水化形成的标准稠度浆体的抗压强度等于标准胶砂的抗压强度除以标准胶砂中水泥的体积比。

（1）水泥在标准胶砂中体积比的计算公式见式（1-16）：

$$V_{C_0} = \frac{\dfrac{C_0}{\rho_{C_0}}}{\dfrac{C_0}{\rho_{C_0}} + \dfrac{S_0}{\rho_{S_0}} + \dfrac{W_0}{\rho_{W_0}}} \tag{1-16}$$

式中　V_{C_0}——标准胶砂中水泥的体积比；

　　　C_0——标准胶砂中水泥的用量，kg；

　　　ρ_{C_0}——水泥的密度，kg/m³；

　　　S_0——标准胶砂中砂的用量，kg；

　　　ρ_{S_0}——砂的密度，kg/m³；

　　　W_0——标准胶砂中水的用量，kg；

　　　ρ_{W_0}——水的密度，kg/m³。

（2）标准稠度水泥浆体的抗压强度计算公式见式（1-17）：

$$\sigma_0 = \frac{R_{28}}{V_{C_0}} \tag{1-17}$$

式中　σ_0——标准稠度水泥浆体的抗压强度，MPa；

　　　R_{28}——标准胶砂的 28d 抗压强度，MPa；

　　　V_{C_0}——标准胶砂中水泥的体积比。

3. 填充强度贡献率计算公式

在配制 C60 及以上强度等级的混凝土时，有必要考虑填充效应。多组分混凝土理论中，提出通过胶凝材料的比表面积比值开二次方，我们可以求得粉煤灰、矿渣粉、沸石粉、炉渣粉、硅灰等超细矿物掺和料与水泥的粒径比，从而准确计算出它们之间最佳的填充比例，同时又考虑相同粒径比的超细矿物掺和料密度不同时，未凝结的砂浆在自重作用下的沉降速度不同，填充效果也不同，因此在填充因子计算时引入密度的影响，水泥、粉煤灰、矿渣粉和硅灰的计算公式依次列举见式（1-18）：

$$\begin{cases} u_1 = \sqrt{\dfrac{\rho_C S_C}{\rho_C S_C}} \\ u_2 = \sqrt{\dfrac{\rho_F S_F}{\rho_C S_C}} \\ u_3 = \sqrt{\dfrac{\rho_K S_K}{\rho_C S_C}} \\ u_4 = \sqrt{\dfrac{\rho_{Si} S_{Si}}{\rho_C S_C}} \end{cases} \quad (1\text{-}18)$$

多组分混凝土理论中定义胶凝材料填充强度贡献率即综合填充系数 u，计算公式见式（1-19）：

$$u = \frac{u_1 C + u_2 F + u_3 K + u_4 Si}{C + F + K + Si} \quad (1\text{-}19)$$

式中 C、F、K、Si——水泥、粉煤灰、矿粉、硅粉的用量，kg；

u_1、u_2、u_3、u_4——水泥、粉煤灰、矿粉、硅粉的填充系数。

4. 硬化密实浆体体积值计算

根据多组分混凝土理论，在单方混凝土中，水化的胶凝材料浆体所占体积越大，混凝土的强度越高，这里我们定义单方混凝土中硬化密实浆体的体积值，见式（1-20）：

$$m = \frac{C}{\rho_C} + \frac{F}{\rho_F} + \frac{K}{\rho_K} + \frac{Si}{\rho_{Si}} + \frac{W}{\rho_w} \quad (1\text{-}20)$$

式中 W、C、F、K、Si——标准稠度用水、水泥、粉煤灰、矿粉、硅粉的用量，kg；

ρ_w、ρ_C、ρ_F、ρ_K、ρ_{Si}——水、水泥、粉煤灰、矿粉、硅粉的密度，kg/m³。

5. 多组分混凝土强度理论计算

依据以上分析和推导，将多组分混凝土强度理论计算公式的每一个指标代入原材料参数就可进行计算了。其中，σ 是标准稠度胶凝材料浆体的抗压强度，它主要考虑了胶凝材料的水化反应形成的抗压强度；填充强度贡献率 u 主要考虑了胶凝材料的微集料填充效应，在配制C60及以上强度等级的混凝土时使用，可以根据掺和料的种类、数量的不同计算它们对混凝土抗压强度的影响；m 是单方混凝土中硬化密实浆体的体积值，它主要考虑胶凝材料水化和调整混凝土拌和物的工作性能，以及外加剂的使用引起的密实浆体在混凝土中体积变化对混凝土抗压强度的影响。多组分混凝土强度理论计算公式是目前多组分混凝土强度计算和配合比设计的通用公式。

1.6.2　多组分混凝土理论的作用

1. 概念

多组分混凝土强度理论计算公式准确计算了混凝土中水泥、掺和料、砂、石、外加剂和拌和用水等组成材料对其抗压强度的影响，揭示了混凝土强度与各组成材料之间的定量关系，可以广泛用于多组分混凝土强度的早期推定和配合比设计计算。

2. 混凝土强度的预测与推定

由于多组分混凝土强度计算公式准确定义了水泥、掺和料、砂、石、外加剂用量和拌和用水量与抗压强度的对应关系，因此只要检测出水泥的强度、密度、比表面积和需水量；矿渣粉、粉煤灰和硅灰的活性系数、密度、比表面积和需水量比；外加剂的减水率和掺量；砂子的紧密堆积密度、含石率、含水率和压力吸水率；石子的堆积密度、空隙率、表观密度和吸水率即可。根据已知的混凝土配合比，代入以上参数，计算出胶凝材料水化形成的标准稠度浆体的抗压强度 σ；胶凝材料填充强度贡献率 u；硬化密实浆体在混凝土中的体积值 m。就可以推定出已知配合比混凝土标准养护时间的抗压强度。

3. 配合比设计的技术路线

（1）胶凝材料计算的方法

多组分混凝土配合比设计采用绝对体积法，理论指出，混凝土由硬化砂浆和石子两部分组成，石子作为砂浆的填充料，悬浮于水泥混合砂浆之中，混凝土的破坏主要是由于浆体受到破坏造成的，由于受压过程中石子不与外部着力点接触，所以石子只占体积不影响强度；硬化浆体的强度、胶凝材料填充强度贡献率、密实浆体的体积比例决定了混凝土的强度。在配合比设计的过程中，胶凝材料和外加剂的确定，以使用水泥配制混凝土为计算基础，根据水泥强度、需水量和表观密度求出为混凝土贡献 1MPa 强度时水泥的用量，以此计算出满足设计强度等级所需水泥的量，其次根据掺和料的活性系数和填充系数用等活性替换和等填充替换的方法求得胶凝材料的合理分配比例，然后用胶凝材料求得标准稠度用水量对应的有效水胶比，在这一水胶比条件下确定合理的外加剂用量以及胶凝材料所需的拌和用水量，考虑到混凝土的泌水情况，扣除泌水量后得到拌制混凝土时胶凝材料的准确用水量。

（2）砂石集料计算的方法

砂子用量的确定方法是首先测得砂子的紧密堆积密度和石子的空隙率，由于混凝土中的砂子完全填充于石子的空隙中，每 $1m^3$ 混凝土中砂子的准确用量为砂子的紧密堆积密度乘以石子的空隙率。在计算的过程中不考虑砂子的空隙率所占的体积，石子用量的确定方法是从 $1m^3$ 中扣除砂子的体积、胶凝材料的体积以及胶凝材料水化水分所占的体积，剩余的体积就是石子的体积，用石子的体积乘以石子的表观密度即可求得单方混凝土中的石子用量。

1.6.3　多组分混凝土配合比设计方法的特点

1. 具有较宽的适应范围

以前的混凝土配合比设计是根据所需要的强度由水胶比定则计算出水胶比，再由用水量来确定胶凝材料用量。一般来说，对于不同强度等级的混凝土，用水量变化不大，但水胶比则变化很大，这将造成低强度等级混凝土由此计算出的胶凝材料用量太少，而高强度等级混凝土计算出的胶凝材料用量太多。因此，传统的方法适应的范围较窄。本方法利用胶凝材料的最佳水胶比，根据混凝土设计强度等级与水泥的强度贡献之间的量化计算，结合掺和料的活性指数直接确定胶凝材料用量，采取分段计算方法，对于不同的强度等级段采取不同的计算方法，因而有较宽的适应范围（适用于C10～C100之间的各级混凝土配合比设计）。

2. 充分体现了矿物掺和料和化学外加剂的作用

矿物掺和料和化学外加剂已经成为现代混凝土不可缺少的组分，一种好的混凝土配合比设计方法必须能够体现这些组分的作用。在本方法中，从两个方面来反映这些组分对混凝土性能的贡献：一是通过对混凝土用水量的影响来体现这些组分的作用。在混凝土用水量确定时，以水泥标准稠度用水量为基准，考虑到减水剂对混凝土工作性质的作用和影响，扣除减水剂所能减少的水，不仅减水剂可以如此，对于矿物掺和料也可以采取类似的方法处理，如通过矿物掺和料需水量比来增减混凝土的用水量。二是通过填充强度贡献指数来反映矿物掺和料的作用。通过这些方面来反映矿物掺和料和化学外加剂的作用，更能适应现代混凝土的特点。

3. 保持较稳定的浆体体积率

浆体体积率对混凝土的诸多性能都有十分显著的影响，太多或太少的浆体含量都是不合适的。本方法分不同强度等级段，采取不同的确定胶凝材料用量的方法来控制混凝土中的浆体体积率，特别是对于低强度等级混凝土，控制胶凝材料总量基本不变，以矿物掺和料掺量来调节混凝土的强度，有效地避免了低强度等级混凝土浆体含量太少的问题。对于高强度等级混凝土，增加超细掺和料的比例，以防止混凝土浆体含量太多。这对协调混凝土其他性能有着很大的作用。

由于上述这些特点，本方法成为适应现代多组分混凝土特点的新方法。

1.7　多组分混凝土配合比设计计算

1.7.1　配制强度的确定

$$f_{cu,0} = f_{cu,k} + 1.645\sigma \tag{1-21}$$

式中　$f_{cu,0}$——混凝土配制强度，MPa；

$f_{cu,k}$——混凝土立方体抗压强度标准值，取混凝土设计强度等级值，MPa；对于没有统计数据的企业，不同强度等级混凝土的 σ 值按表 1-9 确定；

σ——混凝土强度标准差，MPa。

表 1-9　混凝土的 σ 取值　　　　　　　　　　单位：MPa

混凝土强度等级	C10～C25	C30～C55	C60～C100
σ	4	5	6

1.7.2　标准稠度水泥浆强度的计算

由于配制设计强度等级的混凝土选用的水泥是确定的，在基准混凝土配比计算时取水泥为唯一胶凝材料，则标准稠度水泥浆强度的取值等于标准胶砂中水泥水化形成的浆体的强度值 σ_c，计算见式（1-22）：

$$V_{C_0} = \frac{\dfrac{C_0}{\rho_{C_0}}}{\dfrac{C_0}{\rho_{C_0}} + \dfrac{S_0}{\rho_{S_0}} + \dfrac{W_0}{\rho_{W_0}}} \tag{1-22}$$

式中　V_{C_0}——标准胶砂中水泥的体积比；

C_0——标准胶砂中水泥的用量，kg；

ρ_{C_0}——水泥的密度，kg/m³；

S_0——标准胶砂中砂的用量，kg；

ρ_{S_0}——标准砂的密度，kg/m³；

W_0——标准胶砂中水的用量，kg；

ρ_{W_0}——水的密度，kg/m³。

则标准胶砂中水泥水化形成的浆体的抗压强度计算公式见式（1-23）：

$$\sigma_0 = \frac{R_{28}}{V_{C_0}} \tag{1-23}$$

式中　σ_0——标准胶砂中水泥水化形成的浆体的抗压强度，MPa；

R_{28}——标准胶砂的 28d 抗压强度，MPa；

V_{C_0}——标准胶砂中水泥的体积比。

1.7.3　水泥基准用量

依据多组分混凝土理论设计思路，当混凝土中水泥浆体的体积达到 100% 时，混凝土的强度等于水泥浆体的理论强度值，即 $R = \sigma_0$。由于我们国家采用国际标准单位制，混凝土的设计计算都以 1m³ 为准，因此在计算过程中需要将标准稠度的水泥浆折算为 1m³，在这个计算过程中水泥浆的体积收缩可以忽略不计。1m³ 凝固硬化的标准稠度的水泥浆用 1m³ 的干水泥质量和将这些水泥拌制为标准稠度时的水的质量之和除以对应的水泥和水的体积之和求得，即标准稠度水泥浆的表观密度值，具体见式（1-24）：

$$\rho_0 = \rho_{C_0}(1+W_0/100)\,/\,[1+(\rho_{C_0}/\rho_W)\times(W_0/100)] \tag{1-24}$$

式中　ρ_0——标准稠度水泥浆的密度，kg/m^3；

　　　ρ_W——水的密度，kg/m^3；

　　　W_0——水泥的标准稠度用水量，kg；

　　　ρ_{C_0}——水泥的密度，kg/m^3。

1MPa 混凝土对应的水泥浆质量由式（1-12）和式（1-13）求得：

由于标准稠度的硬化水泥浆折算为 1m³ 时对应的强度值正好是水泥水化形成浆体的强度值，1m³ 浆体对应的质量数值正好和 ρ_0 的数值相等，因此水泥浆中水泥对混凝土抗压强度的贡献（质量强度比）可以用标准稠度水泥浆的密度数值除以水泥水化形成浆体的抗压强度计算求得，其单位为 $kg\cdot MPa^{-1}$，具体见式（1-25）：

$$R=\frac{\rho_0}{\sigma_0} \tag{1-25}$$

式中　R——质量强度比，$kg\cdot MPa^{-1}$，物理意义为水泥水化后为混凝土贡献 1MPa 抗压强度所需水泥浆的用量；

　　　ρ_0——1m³ 纯浆体质量，kg，数值等于标准胶砂中水泥水化形成的浆体的密度（即标准稠度水泥浆的密度）；

　　　σ_0——标准胶砂中水泥水化形成的浆体的抗压强度，MPa。

配制强度为 $f_{cu,0}$ 的混凝土基准水泥用量为 C_0，见式（1-26）：

$$C_0=R\times f_{cu,0} \tag{1-26}$$

1.7.4　胶凝材料的分配

1. 基准水泥用量 C_0 小于 300kg 的计算方法

在混凝土配合比设计计算过程中 C_0 小于 300kg 时，用于现场搅拌生产普通混凝土时水泥用量 C 直接取基准水泥用量计算值 C_0，当用于富浆的泵送混凝土时，为了增加浆体对集料的包裹性，改善混凝土拌和物的工作性，减少坍落度损失，我们利用活性较低的粉煤灰、炉渣粉等活性代替部分水泥，使胶凝材料用量增加，不考虑粉煤灰和炉渣粉的填充效应，解决了我国现行规范规定预拌或者自密实等富浆的混凝土中的胶凝材料用量不少于 300kg 的问题，此时如果砂子级配合理，则胶凝材料总量确定为 300kg，计算可以由式（1-27）和式（1-28）确定：

$$C_0=\alpha_1\times C+\alpha_2\times F \tag{1-27}$$
$$C+F=300 \tag{1-28}$$

如果砂子较粗、级配不好或者断级配，胶凝材料的总量就要增加到 $350\sim380kg$，以便补充这些颗粒的不足，计算式（1-29）和式（1-30）：

$$C_0=\alpha_1\times C+\alpha_2\times F \tag{1-29}$$
$$C+F=350(380) \tag{1-30}$$

联立方程可以准确求得：水泥用量，粉煤灰（炉渣粉）用量。

2. 基准水泥用量 C_0 介于 300kg 和 600kg 之间的计算方法

当基准水泥用量 C_0 介于 300kg 和 600kg 之间时，用于现场搅拌生产普通混凝土时，水泥用量 C 直接取计算值 C_0，在配制泵送混凝土时，为了降低水泥的水化热，掺加一定的矿物掺和料，可以有效地预防混凝土塑性裂缝的产生，本计算方法确定将水泥用量 C 控制在 C_0 为 70％以下。当生产预拌或者自密实等富浆的混凝土时，应优先选用矿粉和粉煤灰代替部分水泥。根据现场实际情况，我们可以先确定水泥用量，然后求其余的两种，考虑反应活性和填充效应，实现最佳技术效果，具体用量由式（1-31）和式（1-32）求得：

$$C_0 = \alpha_1 \times C + \alpha_2 \times F + \alpha_3 \times K \tag{1-31}$$

$$C_0 = u_1 \times C + u_2 \times F + u_3 \times K \tag{1-32}$$

当水泥用量预先设定时，联立方程可以准确求得粉煤灰用量、矿渣粉（炉渣粉）用量。

但是在实际生产过程中，为了考虑成本和操作方便，只考虑反应活性，使用式（1-18）。先确定水泥、矿渣粉和粉煤灰占基准水泥用量 C_0 的比例 X_C、X_F 和 X_K，然后计算出水泥、粉煤灰和矿渣粉对应的基准水泥用量 $C_{0C} = X_C \times C_0$、$C_{0F} = X_F \times C_0$ 和 $C_{0K} = X_K \times C_0$，再用对应的水泥用量除以掺和料的活性指数 α_1、α_2 和 α_3

即可求得准确的水泥、粉煤灰和矿粉用量，见式（1-33）～式（1-35）。

$$C = C_{0C} = X_C \times C_0 \tag{1-33}$$

$$F = \frac{C_{0F}}{\alpha_2} = \frac{X_F \times C_0}{\alpha_2} \tag{1-34}$$

$$K = \frac{C_{0K}}{\alpha_3} = \frac{X_K \times C_0}{\alpha_3} \tag{1-35}$$

3. 基准水泥用量 C_0 大于 600kg 的计算方法

由于基准水泥用量 C_0 大于 600kg，用于现场搅拌生产普通混凝土或干硬性混凝土时水泥用量 C 直接取计算值 C_0；当用于生产高性能混凝土时，为了改善混凝土的工作性质，降低水泥的水化热，预防混凝土塑性裂缝的产生，提高混凝土的耐久性，选用矿粉和硅粉部分代替水泥。本计算方法确定将水泥的量控制在 450kg，与水泥标准检测用量对应。用矿粉代替水泥主要考虑活性系数，硅粉代替水泥，目的是降低胶凝材料用量，主要考虑填充效应，使胶凝材料总量控制在 600kg 以下。当技术效果最佳时具体计算由以下见式（1-36）～式（1-38）求得：

$$C_0 = \alpha_1 \times C + \alpha_3 \times K + \alpha_4 \times Si \tag{1-36}$$

$$C_0 = u_1 \times C + u_3 \times K + u_4 \times Si \tag{1-37}$$

$$C + K + Si = 600 \tag{1-38}$$

联立方程可以准确求得水泥用量、矿渣粉（炉渣粉）用量、硅灰用量。

但是在实际生产过程中，为了考虑成本和操作方便，只使用式（1-23）。本书建议先确定水泥、矿渣粉和硅灰占基准水泥用量的比例 X_C、X_K 和 X_{Si}，然后计算出水泥、矿渣粉和硅粉对应的基准水泥用量 $C_{0C} = X_C \times C_0$、$C_{0K} = X_K \times C_0$ 和 $C_{0Si} = X_{Si} \times C_0$，水泥量一次确定，矿渣粉用量可以用矿渣取代的水泥量除以矿渣粉的活性指数 α_3 计算求得，硅灰用量可以用硅灰取代的水泥量除以硅灰的填充指数 u_4 计算求得。

即可求得准确的水泥、矿粉和硅灰的准确用量，见式（1-39）～式（1-41）。

$$C = C_{0C} = X_C \times C_0 \tag{1-39}$$

$$K = \frac{C_{0K}}{\alpha_3} = \frac{X_K \times C_0}{\alpha_3} \tag{1-40}$$

$$Si = \frac{C_{0Si}}{u_4} = \frac{X_{Si} \times C_0}{u_4} \tag{1-41}$$

1.7.5 减水剂及用水量

1. 胶凝材料需水量的确定

（1）试验法

按照以上计算结果，准确称量水泥、粉煤灰、矿粉和硅灰，混合成复合胶凝材料，采用测定水泥标准稠度用水量的方法测出胶凝材料的标准稠度用水量为 W_0，其对应的有效水胶比（W_0/B）。求得检测外加剂时胶凝材料标准稠度所需水量 W_B，胶凝材料总量乘以有效水胶比，见式（1-42）：

$$W_B = (W_0/B) \times (C + F + K + Si) \tag{1-42}$$

在选用外加剂时，检测外加剂掺量的用水量为 W_B，在配制混凝土时，流动性混凝土随着胶凝材料用量的增加，浆体量增加，达到同样坍落度所使用的水量会降低，混凝土静置时表现为泌水，这里定义泌水系数见式（1-43）：

$$M_W = [(C + F + K + Si)/300] - 1 \tag{1-43}$$

在配制混凝土时拌合胶凝材料的合理用水量见式（1-44）：

$$W_1 = \frac{2}{3}W_B + \frac{1}{3}W_B \times (1 - M_w) \tag{1-44}$$

式中　C、F、K、Si——单方混凝土中水泥、粉煤灰、矿渣粉和硅灰的用量；

　　　　W_B——胶凝材料达到标准稠度时的用水量；

　　　　M_W——复合胶凝材料的泌水系数。

（2）计算法

通过以上计算求得水泥、粉煤灰、矿粉和硅粉的准确用量后，按照胶凝材料的需水量比通过加权求和计算，得到检测外加剂时胶凝材料所需水量 W_B。

扣除泌水量后，拌和混凝土中胶凝材料的用水量见式（1-45）～式（1-46）：

$$W_B = (C + F \times \beta_F + K \times \beta_K + Si \times \beta_{Si}) \times W_0/100 \tag{1-45}$$

$$W_1 = \frac{2}{3}W_B + \frac{1}{3}W_B \times (1 - M_w) \tag{1-46}$$

在配制混凝土时，随着胶凝材料用量增加，浆体量增加，达到同样的坍落度用水量会减少，如果还按照标准稠度用水量，就会出现轻微泌水，为了计算究竟能够泌出多少水，胶凝材料搅拌应该用多少水，我们把胶凝材料用量中的水区分为化学反应用水和粘结用水。化学反应用水量，占标准稠度用水量的 2/3，针对胶凝材料这个数值是固定的；粘结用水量占标准稠度用水量的 1/3，当浆体量增加的时候，没有凝固的浆体如同液体一样，自动下沉，在相同工作性的状态下，对浆体本身产生压力，一部分水分被挤压出来，表现为泌水。在计算混凝土配合比的时候，化学反应的水占标准稠度用水量对应的 2/3 不变，达到同样的粘结效果和工作性粘结用水量会降低，应该是标准稠度的 1/3 中扣除泌水的部分。所以计算过程中使用了这个用水量乘以 2/3，保证化学反应正常进行，后一个是 1/3，并且在 1/3 后边乘了（1−M_w），也就是泌水后应该加入混凝土中的水分，保证粘结效果但不会泌水。其中 M_w 为泌水系数，$M_w = \left[\dfrac{(C+K+F+Si)}{300}\right] - 1$。

2. 胶凝材料拌和用水量确定的依据

由于工程项目的施工方式不同，对混凝土工作性质的要求也不同。根据施工时坍落度的大小，可以分为零坍落度的混凝土、30～80mm 的干硬性混凝土、80～120mm 的塑性混凝土、120～160mm 的流动性混凝土、160～220mm 的大流动性混凝土和 220～260mm 的自密实混凝土。而胶凝材料中的水分分为化学反应用水和粘结水，无论坍落度如何改变，胶凝材料化学反应用水是不变的，均为标准稠度用水量的 2/3，因此针对不同的坍落度变化的是粘结用水量。

当配制零坍落度混凝土时，由于发生完全化学反应产生的水化产物通过挤压成型或者碾压成型，水化产物的粘结依靠的是外部压力，无需粘结用水，因此胶凝材料的拌和用水量 $W = W_1 \times (2/3)$，这类混凝土主要包括机场跑道混凝土、大坝混凝土和道路混凝土。

当配制坍落度在 30～80mm 的干硬性混凝土、80～120mm 的塑性混凝土、120～160mm 的流动性混凝土、160～220mm 的大流动性混凝土和 220～260mm 的自密实混凝土时，考虑到胶凝材料的用量以及混凝土的泌水，胶凝材料的拌和用水量 $W = W_1 \times (2/3) + W_1 (1/3) \times (1-M_w)$。

3. 外加剂用量的确定

通过以上计算求得的用水量，以推荐掺量进行外加剂的最佳掺量（c_A, %）试验，外加剂的调整以胶凝材料标准稠度用水量对应的水胶比为基准。由于外加剂减水率每增加 1%，胶凝材料的净浆流动扩展度增加 10mm，混凝土坍落度也增加 10mm，要控制混凝土拌和物坍落度值，则控制掺外加剂的复合胶凝材料在推荐掺量下的净浆流动扩展度。

外加剂品种的选用：配制零坍落度和 30～80mm 的低坍落度干硬性混凝土时，无需添加减水剂；配制坍落度 80～120mm 的塑性混凝土，只需添加减水率为 6%～8% 的普通减水剂；配制坍落度 120～160mm 的流动性混凝土和 160～220mm 的大流动性混凝土时，只需添加减水率为 10%～18% 的泵送剂；配制坍落度 220～260mm 的自密实混凝土时，需添加减水率为 18%～25% 的泵送剂。

对于泵送混凝土，出机坍落度控制在 220mm 以上时，如果使用萘系减水剂时，建议净浆流动扩展度达到 220～230mm；当使用脂肪族减水剂时，建议净浆流动扩展度达到 230～240mm；当使用聚羧酸减水剂时，建议净浆流动扩展度达到 240～250mm。外加剂用

$(c_A,\%)$ 掺量配制的混凝土，可以保证拌和物不离析、不泌水。这种复合胶凝材料需水量与外加剂检验的科学方法，解决了外加剂与胶凝材料适应性之间的矛盾，通过以上方法对外加剂的调整，将水泥、掺和料、外加剂、水分与混凝土的工作性紧密结合起来，见式（1-47）：

$$A=(C+F+K+Si)\times c_A\% \tag{1-47}$$

1.7.6　砂子用量

1. 砂子用量的确定

测出配合比设计所用的砂子的紧密堆积密度和石子的空隙率。每立方米混凝土中砂子的准确用量为砂子的紧密堆积密度乘以石子的空隙率。按照这一思路，要实现砂浆对石子的包裹，当混凝土配制使用的砂子和石子的技术参数确定后，每 $1m^3$ 混凝土中砂子的用量是固定的，与混凝土的强度等级没有关系，则砂子用量计算见式（1-48）：

$$S=\rho_S\times\frac{P}{[(1-H_G)\times(1-H_w)]} \tag{1-48}$$

式中　S——$1m^3$ 混凝土砂子用量，kg/m^3；

　　　ρ_S——砂子的紧密堆积密度，kg/m^3；

　　　P——石子的空隙率，％；

　　　H_G——砂子的含石率，％；

　　　H_w——砂子的含水率，％。

2. 砂子润湿用水量的确定

（1）机制砂

根据水泥标准胶砂检测方法，水泥检测用的水一部分用于水泥，使之达到标准稠度，另一部分用于润湿标准砂，使砂子表面润湿，这样做出来的水泥胶砂强度为水泥标准强度。在混凝土配合比设计过程中，胶凝材料实际上是一种复合水泥，在标准稠度条件下，只要干砂润湿使用的水与标准砂润湿使用的水对应，水泥的抗压强度和混凝土的抗压强度就是对应的。我们可以通过标准砂的润湿水量求得混凝土用干砂子的用水量的合理取值范围。由于预拌混凝土生产企业使用的水泥主要有普通水泥、矿渣水泥和复合水泥，因此我们以这三种水泥为对比基准进行润湿砂子合理用水量取值范围的计算，见表1-10。

表1-10　砂子用水量计算依据

水泥品种	需水量	水泥用水量	水/水泥	标准砂用水量	润湿水/标准砂（％）
普通水泥	27	121.5	0.27	103.5	7.7
矿渣水泥	30	135	0.30	90	6.7
复合水泥	33	148.5	0.33	76.5	5.7

注：检测时使用 450g 水泥，1350g 标准砂，225g 水。

使用的水泥主要有普通水泥、矿渣水泥和复合水泥，根据水泥检验数据的计算推导可知，采用机制砂的时候，润湿砂子不影响混凝土强度的合理含水率范围在 5.7％～7.7％之间，我们以下限 5.7％作为混凝土中干砂子用水量最小值计算的基准，砂子合理的最小润湿用水量等于 5.7％乘以干砂子用量求得，以上限 7.7％作为混凝土中干砂子用水量最大值计算的基准，砂子合理的最大润湿用水量等于 7.7％乘以干砂子用量求得，见式（1-49）和式（1-50）：

$$W_{2min} = (5.7\% - H_w) \times S \tag{1-49}$$

$$W_{2max} = (7.7\% - H_w) \times S \tag{1-50}$$

式中　　S——机制砂的用量，kg/m³；

　　　　W_{2min}——机制砂的最小用水量，kg/m³；

　　　　W_{2max}——机制砂的最大用水量，kg/m³。

（2）天然砂

采用天然砂的时候，当砂子含水率在 6％～8％之间时，砂子不产生溶胀现象时，这样的含水率不影响混凝土强度，因此天然砂配制混凝土砂子的合理含水率范围在 6％～8％之间，我们以下限 6％作为混凝土中干砂子用水量最小值计算的基准，砂子合理的最小润湿用水量等于 6％乘以干砂子用量求得，以上限 8％作为混凝土中干砂子用水量最大值计算的基准，砂子合理的最大润湿用水量等于 8％乘以干砂子用量求得，见式（1-51）和式（1-52）：

$$W_{2min} = (6\% - H_w) \times S \tag{1-51}$$

$$W_{2max} = (8\% - H_w) \times S \tag{1-52}$$

式中　　S——天然砂的用量，kg/m³；

　　　　W_{2min}——天然砂的最小用水量，kg/m³；

　　　　W_{2max}——天然砂的最大用水量，kg/m³。

（3）再生细集料

由于再生集料已经大量使用，现实条件下再生细集料不符合标准砂的条件，因此采用压力吸水率 Y_w 来确定再生细集料的用水量，具体计算方法就是用再生细集料的用量 S 乘以再生细集料的压力吸水率 Y_w 求得，见式（1-53）：

$$W_2 = S \times Y_w \tag{1-53}$$

式中　W_2——再生细集料的合理用水量，kg/m³；

　　　S——再生细集料的用量，kg/m³。

1.7.7　石子用量

1. 石子用量的确定

根据多组分混凝土理论，计算过程不考虑含气量和砂子的空隙率。用石子的堆积密度值扣除胶凝材料的体积以及胶凝材料水化用水的体积对应的石子量，即可求得每 1m³ 混凝土石子的准确用量。按照这一思路，为了保证强度，同时实现砂浆对石子的包裹，当混凝土配制使用的砂子和石子的技术参数确定后，每 1m³ 混凝土中，随着混凝土强度等级的提高，胶凝材料体积增加，石子的量减少，即使用同一批的砂石料，从 C10～C100 的各强度等级混凝土，每 1m³ 混凝土使用的石子用量越来越少，这个结果与以前的观点完全不同，石子用量计算见式（1-54）：

$$G=(1-V_C-V_F-V_K-V_{Si}-V_w-P)\times\rho_{g表观}-S\times H_G \tag{1-54}$$

也可以用式（1-55）计算：

$$G=\rho_{g堆积}-(V_C+V_F+V_K+V_{Si}+V_w)\times\rho_{g表观}-S\times H_G \tag{1-55}$$

式中　　　　　　　　G——石子用量，kg/m^3；

V_C、V_F、V_K、V_{Si}、V_w——水泥、粉煤灰、矿渣粉、硅灰和胶凝材料拌合用水的体积，m^3；

P——石子的空隙率，%；

$\rho_{g堆积}$——石子的堆积密度，kg/m^3；

$\rho_{g表观}$——石子的表观密度，kg/m^3。

2. 石子润湿用水量的确定

现场测量石子的堆积密度 $\rho_{g堆积}$，空隙率 P 和吸水率 X_w，用石子用量乘以吸水率 X_w 即可求得润湿石子的合理用水量，见式（1-56）：

$$W_3=G\times X_w \tag{1-56}$$

自 2000 年编制了混凝土配合比计算软件以来，可采用该理论模型和软件进行配合比设计，配制的 C10～C100 高性能混凝土、大体积混凝土、防辐射混凝土、纤维防裂混凝土和自密实混凝土已经成功在中国国家大剧院、鸟巢、水立方、国家体育馆、首都机场三号航站楼、京津城际铁路、老山自行车馆、五棵松文化体育中心、杭州湾跨海大桥、山东海阳核电站、石济客专、营口港、南水北调和西气东输等重点工程应用，验证了多组分混凝土强度理论数学模型的正确性和混凝土体积组成石子填充模型用于混凝土配合比设计编制的软件的实用性，取得了良好的技术效果。表 1-11 为北京双桥地铁和京沈高速连接段施工过程中采用多组分混凝土理论和混凝土配合比计算软件配制的部分混凝土生产检验数据。

表 1-11　采用多组分混凝土理论和混凝土配合比计算软件配制的混凝土生产检验数据

混凝土强度统计														
混凝土强度等级	配合比							各龄期抗压强度						
	C	K	F	S	G	Y	$W_{2+3}+W_1$	3d	7d	14d	21d	28d	31d	35d
C20	181	51	86	952	913	7.95	88+94	18	31	39	43	45	46	46
C30	236	60	79	1019	786	7.5	54+150	16	29	34	38	39	42	45
C40	271	79	72	952	744	8.44	88+118	24	38	48	50	50	56	55
C50	306	99	89	1019	575	9.88	54+129	39	45	56	66	65	62	64
C50	306	99	89	1019	575	7.9	54+149	33	47	52	60	66	62	66
C60	371	144	39	1019	484	9.97	54+139	37	56	64	68	76	75	78
C60	403	117	53	1029	404	9.74	95+108	40	54	—	—	69	73	72
C60	363	117	53	1029	470	9.06	95+107	37	48	—	—	60	73	67

通过以上数据可以发现，水灰比决定抗压强度的观点不是通用的，用标准稠度用水量对应的水胶比配制混凝土可以实现混凝土拌和物工作性、抗压强度的协调统一，适用于配制不同工作强度等级的混凝土。

第2章 混凝土的智能试配技术

智能化混凝土试配系统简称试配机器人，研究和应用的目的就是科学合理地利用各种原材料配制出优质的混凝土产品，减少配合比设计的计算量，提高混凝土试配的成功率和质量的稳定性，降低混凝土生产成本，保证混凝土品质以及提高客户的满意度。以下详细介绍智能化混凝土试配系统。

2.1 设备组成

混凝土试配机器人组成见表 2-1，设备实物如图 2-1～图 2-8 所示。

表 2-1　混凝土试配机器人的组成

品名	单位及数量
1L 砂子压实仪	一个
10L 石子密度测量桶	一个
20L 不锈钢石子漏桶	一个
多组分混凝土智能试配机	一套
多组分智能计算机	一台
搅拌站预湿集料设备	一套

(a) 外部

(b) 内部

图 2-1　20L 不锈钢石子漏桶

图 2-2　1L 砂子压实仪

图 2-3　10L 石子密度测量桶

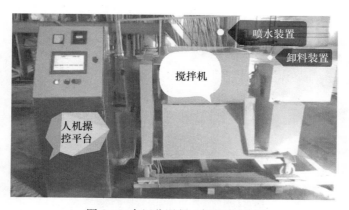

图 2-4　多组分混凝土智能试配机

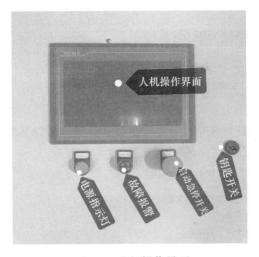

图 2-5　人机操作界面

图 2-6　卸料操作

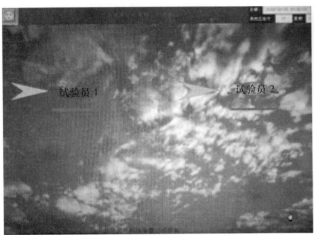

(a) 登陆界面

(b) 使用界面

图 2-7　多组分智能计算机

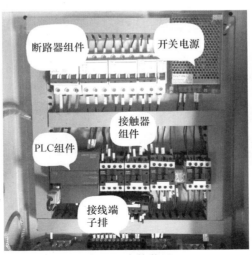

图 2-8　内控装置

2.2　混凝土试配需要的参数

1. 胶凝材料参数及净浆试验

（1）水泥的强度、需水量和密度；

（2）粉煤灰和矿渣粉的对比强度、需水量比和密度；硅灰的比表面积、需水量比和密度（这几个参数通过国家标准测试方法取得）；

（3）净浆试验（图 2-9、图 2-10）流动度达到 240～260mm。

图 2-9　净浆试验搅拌　　　　　　　　图 2-10　净浆试验测量

2. 砂子集料参数

砂子的参数主要包括紧密堆积密度 ρ_S、含石率 H_G（％）、含水率 H_W（％）以及分计筛余；其中含石率、含水率、分计筛余及其参数以国家标准方法检测取得。

砂子紧密堆积密度 ρ_S 的测量：首先将砂子装入二节高的 1L 的砂子压实仪，用压力机将砂子压至 200kN，如图 2-11 所示，测出 1L 砂子的质量（kg），如图 2-12 所示，计算出砂子的紧密堆积密度 ρ_S；然后用 4.75mm 的筛子将粒径大于 4.75mm 的粗颗粒筛出称得其质量（kg），测出含石率 H_G（％），最后将这些砂子烘干，测出含水率 H_W（％）。

图 2-11　砂子压实　　　　　　　　　图 2-12　砂子称量

3. 石子集料参数

石子的参数主要包括堆积密度 $\rho_{g堆积}$、空隙率 P 和吸水率 X_W。

参数的测量方法：首先测出 10L 石子的质量（kg），如图 2-13 所示，计算出石子的堆积密度 $\rho_{g堆积}$，然后将水加入桶里使石子的空隙完全填满，测出石子和水的总质量（kg），计算出石子的空隙率 P 和石子的表观密度 $\rho_{g表观}$，然后把水倒掉（图 2-14）测出湿石子的质量（kg），计算出石子的吸水率 X_w（％）。

图 2-13　石子称量

图 2-14　石子控水

2.3　配合比的设计计算与调整计算

1. 配合比设计计算

将水泥的强度、需水量和密度，粉煤灰和矿渣粉的对比强度、需水量比和密度；硅灰的比表面积、需水量比和密度，1L 砂子的质量、含石量和含水率（砂子紧密堆积密度、含石率、含水率计算参数），10L 石子的质量，10L 石子空隙加满水后的总质量，倒掉水后湿石子的质量（石子的堆积密度、空隙率和吸水率计算参数）录入，然后输入混凝土设计强度等级、胶凝材料比例、砂子比例和试配量，即可得到混凝土合理的配合比。多组分混凝土智能计算机开机界面如图 2-15 所示。

图 2-15　多组分混凝土智能计算机开机界面

2. 配合比的调整计算

录入现有配合比。将现场测出的 1L 砂子的质量、含石量和含水率（砂子紧密堆积密度、含石率、含水率计算参数），10L 石子的质量，10L 石子空隙加满水后的总质量，倒掉水后湿石子的质量（石子的堆积密度、空隙率和吸水率计算参数）录入，胶凝材料和外加剂用量不变，智能化混凝土配合比调整系统就会自动计算出合理的砂石用量、砂石用水量以及胶凝材料用水量，在界面显示合理的混凝土配合比（图 2-16）。

图 2-16 多组分混凝土智能计算机配合比计算

2.4 混凝土搅拌试配及试件留检

1. 备料

试验员根据界面显示配合比称量好各种原材料，砂石直接加入搅拌机（图 2-17），胶凝材料进入喂料盘等待，外加剂到入杯子等待，水装满计量容量桶，通过流量控制仪计量。

图 2-17 砂石加入搅拌机

2. 搅拌

（1）预湿集料搅拌部分。该系统有两个按钮，一个是上限加水，一个是下限加水，选择其中一个启动集料搅拌按钮，搅拌机开始搅拌砂石。水泵直接向砂石喷水，水量为计算出的预湿用水量，10～15s 预湿集料结束，搅拌机停止（图 2-18）。

图 2-18　集料预湿

（2）胶凝材料搅拌部分。按胶凝材料搅拌按钮，将胶凝材料搅拌机启动，搅拌机开始搅拌混合料，水泵直接向搅拌机喷水，人工将外加剂投入混合料，水量为计算出的胶凝材料标准稠度对应的用水量，15～20s 混合均匀，搅拌机停止。多组分混凝土智能计算机控制界面如图 2-19 所示。

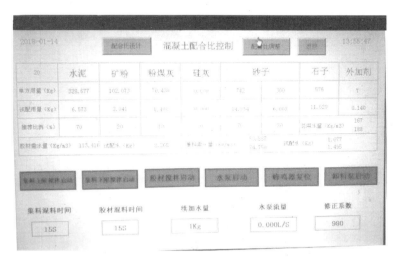

图 2-19　多组分混凝土智能计算机控制界面

（3）工作性质判断。人工观察，当混凝土坍落度值等于或者接近设计值时（±10mm），直接卸料；当坍落度值小于设计值时，人工设定加水量，称量补充的外加剂，启动水泵搅拌，外加剂人工加入，水自动加入并搅拌，20s 后停止，混凝土拌和物坍落度值达到设计要求时，可以卸料，如图 2-20、图 2-21 所示。

图 2-20　卸料

(a)准备过程

(b)测量过程

图 2-21　流动度及坍落度的测量

3. 试件留检

测量混凝土拌和物的性能指标，制作试件留检（图 2-22）。

图 2-22　成型试件

用混凝土试配机器人配制自密实的混凝土，配制出来后的石子在混凝土拌和物中呈"悬浮"状态且均匀分布。成型后的试件在初凝前收面时用食指伸进混凝土中，指甲盖不能进入混凝土浆体，可以明显感觉到石子悬浮于浆体中，浆体厚度为 5mm，砂子表面黏着1～2mm胶凝材料浆体，手指指肚正好能够摸着石子。这样的混凝土匀质性正好，不离析也不分层，凝固后强度最高，抗渗、抗冻指标最佳，基本不用振捣。总胶凝材料与混凝土配制强度成正比、胶凝材料用水量、外加剂的相容性及掺量取标准稠度对应的水量，外加剂不能用于减水，只用于增加流动性，控制坍落度。坍落度损失通过外加剂和胶凝材料现场试验确定，砂石集料的用水量按照砂石集料达到表面润湿时本身的吸水率确定，这样就可以准确把握胶凝材料、水和外加剂的量之间的对应关系。

2.5　预湿集料设备安装

预湿集料设备的安装如图 2-23 所示。

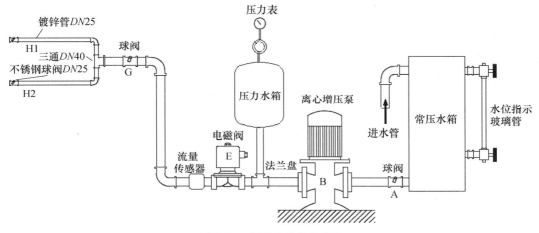

图 2-23　预湿集料设备安装

第3章 数字量化混凝土配比技术案例总结

3.1 北京建筑大学数字量化混凝土实用技术试验总结

3.1.1 试验内容

数字量化混凝土实用技术主要内容是通过水泥的强度、密度和需水量计算，为混凝土提供 1MPa 强度所需水泥用量的方法；通过矿渣粉、粉煤灰和硅灰试验的对比强度准确计算掺和料替代水泥的活性换算系数的方法；通过胶凝材料的比表面积和表观密度计算填充系数的方法；介绍胶凝材料合理用水量的计算方法；讲解外加剂的调整方法，砂石集料的检测方法以及设计用技术参数的计算。本次试验以正在试验的 C50 为例进行了胶凝材料的计算，列出了砂石集料计算的公式和步骤，然后在试验室利用机器人进行试配，一个是石子的测量，主要掌握石子堆积密度、空隙率和吸水率的测量方法，以及表观密度的计算方法；另一个是砂子的测量，主要是掌握砂子紧密堆积密度测试方法（砂紧密密度测试仪装入 80%，用压力机压至72kN，刮平下部，称重），用 4.75mm 筛子确定含石率的测量方法，然后将砂子烘干称重，计算含水率。在配制混凝土的时候，机制砂用水量控制在 5.7%～7.7%，主要考虑的是与水泥检测使用的标准砂对应，然后进行实际操作检测砂石，根据砂石检测出来的参数，采用数字量化混凝土配合比设计方法进行配合比设计计算，得到 C50 合理的配合比。针对调整后的配合比，在现场进行外加剂掺量的确定，然后进行配合比试验，试验效果较好，实现了一盘搞定的目标。

3.1.2 砂子的测量

1. 细砂的测量

砂紧密密度测试仪去皮后，装入 80%，用压力机压至 72kN，取下部，刮平后称重为 1.99kg，得到砂子的紧密堆积密度 $\rho_S = 1.99 \times 1000 = 1990(kg/m^3)$，用 4.75mm 筛子过筛，对石子称重为 0.37kg，得到砂子含石率 $H_G = (0.37/1.99) \times 100\% = 19\%$，烘干后测的砂子含水率 $H_W = 3\%$。

2. 石子的测量

10L 桶去皮，装满石子晃动 15 下刮平，称重为 14.96kg，得到石子堆积密度 $\rho_{G堆积} = 14.96 \times 100 = 1496(kg/m^3)$，加满水后称重为 19.26kg，得到石子的空隙率 $P = [(19.26 - 14.96)/10] \times 100\% = 43\%$，结合堆积密度和空隙率求得石子表观密度 $\rho_{G表观} = 1496/$

（1－43％）＝2624（kg/m³），倒掉水将石子控干称重为 15.32kg，求得石子吸水率 X_w＝
[（15.32－14.96）/14.96]×100％＝2.4％。

3.1.3　C50 配合比调整

1. 调整目的

原配合比中胶凝材料为水泥 194kg，需水量 27kg，密度 3000kg/m³；矿渣粉 170kg，密度为 2800kg/m³，需水量比 0.98；粉煤灰 121kg，需水量比 1.03，密度 2400kg/m³；外加剂 6kg，砂子的紧密堆积密度 1990kg/m³，石子的表观密度 2624kg/m³。试验目的是调整混凝土砂石料达到最佳，通过预湿集料技术节约 3kg 外加剂。

2. 胶凝材料体积的计算

$$V_{胶凝材料}＝194/3000＋170/2800＋121/2400＝0.065＋0.061＋0.05＝0.131（m³）$$

3. 胶凝材料标准稠度用水量的计算

$$W_{胶凝材料标准稠度用水量}＝194×0.27＋170×0.27×0.98＋121×0.27×1.03＝131（kg）$$

称取水泥 194kg，矿渣粉 170kg，粉煤灰 121kg，水 131kg，外加剂 3kg，进行外加剂掺量调整，使胶凝材料净浆流动扩展度达到 260mm，即满足试配要求。

4. 胶凝材料拌和用水量体积的计算

$$W_{胶凝材料拌和用水量}＝131×\{2/3＋[2－（194＋170＋121）/300]/3\}＝104（kg）$$

$$V_{胶凝材料拌和用水量体积}＝104/1000＝0.104（m³）$$

5. 胶凝材料浆体体积的计算

$$V_{胶凝材料浆体体积}＝0.131＋0.104＝0.235（m³）$$

6. 砂子用量及其用水量

$$S_{砂子用量}＝1990×43％/（1－19％）＝1056（kg）$$

$$W_{砂子用水量}＝1056×（7.7％－3％）＝50（kg）$$

7. 石子用量及用水量

$$G_{石子用量}＝（1－0.235－0.43）×2624－1056×19％＝678（kg）$$

$$W_{石子用水量}＝678×2.4％＝16（kg）$$

8. 集料用水量

$$W_{砂石集料用水量}＝50＋16＝66（kg）$$

9. 调整后的 C50 配合比

调整后的 C50 配合比见表 3-1。

表 3-1　调整后的 C50 配合比

名称	水泥	矿渣粉	粉煤灰	砂子	石子	外加剂	胶凝材料用水	集料用水
用量（kg）	194	170	121	1056	678	3	104	66

3.1.4　试配

用以上数据进行试配，一次成功，解决了混凝土离析、抓地以及扒底的难题。根据现场测量和计算的配合比，采用机器人进行试配，配制的混凝土包裹性较好，从搅拌机卸料时流速平稳，用铲子铲混凝土拌和物，铲起来很轻，流动性达到设计要求，集料和浆体不分离，整个拌和物无离析、泌水、扒底和抓地现象，上表面有光泽。

3.1.5　总结

经过一天的学习和现场试配，操作人员基本掌握了数字量化混凝土实用技术的核心内容，可以通过原材料参数调整混凝土配合比，熟练掌握外加剂用量的调整方法；砂子紧密堆积密度、含石率和含水率的试验方法；石子堆积密度、空隙率和吸水率的测量方法以及石子表观密度的计算方法。通过现场计算和试配，实现一盘即可配制出符合设计要求的混凝土的方法。

3.2　中交三公局数字量化混凝土实用技术试验总结

3.2.1　试验内容

为了解决中交三公局混凝土气泡和外观质量问题，处理近几个月出现的各种混凝土质量问题，我们进行了这次技术攻关和技术试验，主要内容是通过水泥和粉煤灰的用量、密度和需水量（比）计算确定每立方米混凝土中最佳用水量的计算方法，介绍胶凝材料浆体体积的计算方法、外加剂掺量的调整方法、砂石集料的检测方法以及设计用技术参数的计算。本次试验以现场的原材料为准，列出了一种砂子和三种石子的测量数据以及砂石集料计算的公式和步骤，然后到试验室进行实际操作。首先对三种石子进行了测量，主要掌握石子堆积密度、空隙率和吸水率的测量方法以及表观密度的计算方法。对一种砂子进行了测量，主要是掌握砂子紧密堆积密度测量压力值72kN确定的依据、采用压力机测试的过程，用4.75mm筛子确定含石率的测量方法。在配制混凝土的过程中，掌握了压力吸水法确定砂子用水量的方法，然后进行实际操作检测砂石，根据砂石检测出来的参数，采用数字量化混凝土配合比设计方法进行配合比调整计算，得到两组采用不同砂石的C30、C50混凝土配合比。针对两组不同配合比，先进行外加剂掺量调整试验，然后进行配合比试验，效果较好，实现了一盘搞定的目标。

3.2.2　砂子的测量（以天津的砂石为例）

1. 砂的测量

砂的测量见表3-2。

表3-2　砂的测量

序号	1L质量（kg）	含石量（kg）	干砂量（kg）	湿砂量（kg）	紧堆密度（kg/m³）	含石率（%）	压力吸水率（%）
1	1.844	0.184	3.0	3.268	1844	10	8.9
2	1.844	0.254	3.0	3.233	1844	13.6	7.8
3	1.854	0.219	3.0	3.211	1854	11.8	7.1

根据现场情况，为了计算方便，初步确定砂子的紧密堆积密度取值 1844kg/m³，含石率取值 10%，压力吸水率取值 7.8%。

2. 石子的测量

石子的测量见表 3-3。

表 3-3　石子的测量

序号	10L 质量（kg）	加水后质量（kg）	湿石子质量（kg）	空隙率（%）	表观密度（kg/m³）	吸水率（%）
1	14.77	19.31	15.16	45.5	2709	2.7
2	14.28	18.88	15.00	46	2644	5.1
3	14.78	19.34	14.86	45.7	2722	1
4	15.40	19.63	15.81	42.3	2669	2.7
5	15.25	19.59	15.75	43.4	2694	3.2

3.2.3　C30 配合比调整

1. 调整目的

原配合比中胶凝材料为水泥 331kg，需水量 28.2kg，密度 3140kg/m³；粉煤灰 59kg，密度 2200kg/m³，需水量比 1.02；调整后外加剂掺量 1.3%。石子采用 4 号，由 1 号、2 号、3 号三种石子按照 2:5:3 混合形成的 4 号石子。砂子的紧密堆积密度 1844kg/m³，4 号砂子的表观密度 2669kg/m³。

2. 胶凝材料体积的计算

$$V_{胶凝材料} = 331/3140 + 59/2200 = 0.132(m^3)$$

3. 胶凝材料用水量和拌和用水量的计算

$$W_{胶凝材料用水量} = 331 \times 0.282 + 59 \times 0.282 \times 1.02 = 110(kg)$$

$$W_{胶凝材料拌和用水量} = 110 \times 2/3 + 110 \times 1/3 \times [2 - (331 + 59)/300] = 99(kg)$$

4. 胶凝材料拌和用水量体积的计算

$$V_{胶凝材料拌和用水量体积} = 99/1000 = 0.099(m^3)$$

5. 胶凝材料浆体体积的计算

$$V_{胶凝材料浆体体积} = 0.132 + 0.099 = 0.231(m^3)$$

6. 砂子用量及其用水量

$$S_{砂子用量} = 1844 \times 42.3\% / (1 - 0.10) = 867(kg)$$

$$W_{砂子用水量} = 867 \times 0.07 = 61(kg)$$

7. 石子用量及其用水量

$$G_{石子用量} = (1 - 0.231 - 0.423) \times 2669 = 923(kg)$$

$$W_{石子用水量} = 923 \times 2.7\% = 25(kg)$$

8. 集料用水量

$$W_{\text{砂石集料用水量}}=61+25=86(\text{kg})$$

9. 调整后的 C30 配合比

调整后的 C30 配合比见表 3-4。

表 3-4　C30 调整后的配合比

名称	水泥	粉煤灰	砂子	石子	外加剂	拌和水	预湿水
用量（kg）	331	59	867	923	5.07	99	86

3.2.4　C50 配合比调整

1. 调整目的

原配合比中胶凝材料为水泥 447kg，需水量 28.2kg，密度 3140kg/m³；粉煤灰 50kg，密度 2200kg/m³，需水量比 1.02；调整后外加剂掺量 1.5%。石子采用 1 号、3 号石子按照 25:75 混合形成的 5 号石子。砂子的紧密堆积密度 1844kg/m³，5 号石子的表面密度 2694kg/m³。

2. 胶凝材料体积的计算

$$V_{\text{胶凝材料}}=447/3140+50/2200=0.165(\text{m}^3)$$

3. 胶凝材料用水量和拌和用水量的计算

$$W_{\text{胶凝材料用水量}}=447\times0.282+50\times0.282\times1.02=140(\text{kg})$$

$$W_{\text{胶凝材料拌和用水量}}=140\times2/3+140\times1/3\times[2-(447+50)/300]=109(\text{kg})$$

4. 胶凝材料拌和用水量体积的计算

$$V_{\text{胶凝材料拌和用水量体积}}=109/1000=0.109(\text{m}^3)$$

5. 胶凝材料浆体体积的计算

$$V_{\text{胶凝材料浆体体积}}=0.165+0.109=0.274(\text{m}^3)$$

6. 砂子用量及其用水量

$$S_{\text{砂子用量}}=1844\times43.4\%/(1-0.10)=889(\text{kg})$$

$$W_{\text{砂子用水量}}=889\times0.07=62(\text{kg})$$

7. 石子用量及其用水量

$$G_{\text{石子用量}}=(1-0.274-0.434)\times2694=787(\text{kg})$$

$$W_{\text{石子用水量}}=787\times2.7\%=21(\text{kg})$$

8. 集料用水量

$$W_{\text{砂石集料用水量}}=62+21=83(\text{kg})$$

9. 调整后的 C50 配合比

调整后的 C50 配合比见表 3-5。

表 3-5　C50 调整后的配合比

名称	水泥	粉煤灰	砂子	石子	外加剂	拌和水	预湿水
用量（kg）	447	50	887	787	7.46	109	83

3.2.5　试配

　　根据现场测量和调整计算配合比，用以上数据并采用预湿集料工艺进行试配，两盘混凝土全部一次试配成功，解决了混凝土离析、抓地和扒底的难题。由于配合比合理，在搅拌机中停止搅拌即可实现自流平，卸料流速平稳，拌和物表面有光泽，停止流动后顶部没有石子外露的现象，用铲子铲混凝土拌和物很轻，浆体本身的流动性很好。

　　针对混凝土工程中存在的三类气泡，小于 2mm 的主要是水泥助磨剂带入的，在本项目较少，可以不用考虑；大于 2mm 的圆泡主要是外加剂带入的，主要通过降低外加剂中的引气剂解决，须要对外加剂厂提出要求；而椭圆形或者不规则的缺陷属于水泡，主要是由于减水剂减水率不够以及砂石吸水引起的，在试配的过程中通过预湿集料技术消除砂石集料吸水引起的水泡，建议试验室主任通过完善振捣工艺或者提高减水率解决外加剂减水率不高引起的水泡。在进行胶凝材料与外加剂调整试验的过程中验证了外加剂减水率和气泡在复合胶凝材料净浆流动扩展度与混凝土拌和物之间有一一对应关系，所以在质量控制过程中可以考虑通过净浆流动试验控制外加剂的最佳掺量和气泡的数量。

3.2.6　试验总结

　　经过现场试验，验证了数字量化混凝土实用技术的核心内容，找到了中交三公局某标段混凝土质量问题产生的原因。对解决现场质量事故、降低试配劳动量、提高混凝土动态质量控制，节约社会资源，发挥了巨大的作用，解决了中交三公局混凝土质量控制的难题。

3.3　临沂兰盾混凝土降低成本试验总结

3.3.1　试验内容

　　为了解决临沂兰盾混凝土公司混凝土质量波动大、成本高的现状，进行了本次试验研究，本次试验在胶凝材料不变的情况下，首先进行了水泥与外加剂的适应性调整试验，配制混凝土外加剂合理掺量的调整试验，确保实现外加剂掺量的最佳选择；其次进行了砂石集料的检测以及设计用技术参数的计算。本次试验以正在生产的 C30 为基准进行了胶凝材料的计算，列出了砂石集料计算的公式和步骤。具体内容包括砂石的测量和计算，石子的测量，主要提取石子堆积密度、空隙率和吸水率，以及表观密度的计算。砂子的测量，主要是提取砂子紧密堆积密度、含石率和压力吸水率；然后进行配合比调整计算，得到 C30 合理的配合比。采用调整后的配合比，在现场进行试验，效果较好，实现了利用废弃料代替砂石，降低外加剂掺量，工作一次性达标的目标。

3.3.2　砂石的测量

1. 混合砂的测量

由于砂石资源紧缺，好的砂石非常紧缺，为了实现用卵石机制砂、铁尾砂和石粉砂混合后代替优质砂的目标，临沂某混凝土公司进行了这次试验，试验前将卵石机制砂 41％、铁尾砂 31％ 和石粉砂 28％ 按照比例混合，砂紧密密度测试仪装满，用压力机压至 72kN，取下层刮平称重为 2.075kg，得到砂子紧密堆积密度 $\rho_S = 2.075 \times 1000 = 2075$（kg/m³），用 4.75mm 筛子过筛，对石子称重为 0.2kg，得到砂子含石率为 $H_G = （0.2/2.075）\times 100％ = 9.6％$，称取 3kg 混合砂，加水至用手可以捏出水分，考虑到混合砂用于住宅，因此用压力机加压至 72kN，称重为 3.25kg，测得砂子的压力吸水率为 $Y_w = （0.25/3）\times 100％ = 8.3％$。

2. 石子的测量

为了充分利用废石料，本次试验用两种碎石混合使用，一种为粒径 31.5mm 的碎石，另一种为粒径 10mm 的瓜子石，掺配比例为碎石 91.9％，瓜子石 8.1％。测量的方法是先将两种石子按比例混合，将 10L 桶去皮，装满石子晃动 15 下刮平，称重为 15.3kg，得到石子堆积密度 $\rho_{G堆积} = 15.3 \times 100 = 1530$（kg/m³），加满水后称重为 19.75kg，得到石子的空隙率 $P = ［（19.75-15.3）/10］\times 100％ = 44.5％$，结合堆积密度和空隙率求得石子表观密度 $\rho_{G表观} = 1530/（1-44.5％）= 2757$（kg/m³），倒掉水将石子控干称重为 15.8kg，求得石子吸水率 $X_w = ［（15.8-15.3）/15.3］\times 100％ = 3％$。

3.3.3　C30 配合比调整

1. 调整目的

原配合比中胶凝材料为水泥 216kg，需水量 27kg，密度 3000kg/m³；矿渣粉 80kg，需水量比 0.99，密度 2800kg/m³；粉煤灰 84kg，需水量比 1.05，密度 2200kg/m³；外加剂 9.2kg，混凝土工作性差，无法实现泵送施工。本次试验目的是使用容易采购的废砂石料配制优质的混凝土，调整混凝土拌和物工作性状态达到最佳，通过预湿集料技术节约 3kg 外加剂。

2. 胶凝材料体积的计算

$$V_{胶凝材料} = 216/3000+80/2800+84/2200 = 0.072+0.029+0.038 = 0.139（m³）$$

3. 胶凝材料标准稠度用水量的计算

$$W_{胶凝材料标准稠度用水量} = 216 \times 0.27+80 \times 0.27 \times 0.99+84 \times 0.27 \times 1.05 = 104（kg）$$

称取水泥 216kg＋矿渣粉 80kg＋粉煤灰 84kg＋水 104kg＋外加剂 6.7kg，进行外加剂掺量调整，使胶凝材料净浆流动度扩展度达到 260mm，既满足试配要求。

4. 胶凝材料拌和用水量体积的计算

$$W_{胶凝材料拌和用水量} = 104 \times \{2/3+［2-（216+80+84）/300］/3\} = 95（kg）$$

$$V_{\text{胶凝材料拌和用水量体积}}=95/1000=0.095(\text{m}^3)$$

5. 胶凝材料浆体体积的计算

$$V_{\text{胶凝材料浆体体积}}=0.139+0.095=0.234(\text{m}^3)$$

6. 砂子用量及用水量

$$S_{\text{砂子用量}}=2075\times44.5\%/(1-9.6\%)=1021(\text{kg})$$

$$W_{\text{砂子用水量}}=1021\times8.3\%=85(\text{kg})$$

7. 石子用量及用水量

$$G_{\text{石子用量}}=(1-0.234-0.445)\times2757-1021\times9.6\%=787(\text{kg})$$

$$W_{\text{石子用水量}}=787\times3\%=24(\text{kg})$$

8. 集料用水量

$$W_{\text{砂石集料用水量}}=85+24=109(\text{kg})$$

9. 调整后的 C30 配合比

调整后的 C30 配合比见表 3-6。

表 3-6　调整后的 C30 配合比

名称	水泥	矿渣粉	粉煤灰	砂子	石子	外加剂	胶材用水	集料用水
混合用量（kg）	216	80	84	1021	790	6.7	94	109
用量（kg）	216	80	84	417:322:282	726:64	6.7	94	109

3.3.4　研究试配

用以上数据进行试配，采用预湿集料工艺，一次成功，使用废弃的砂石集料可以配制出优质的混凝土，并且外加剂降低了 2.5kg，根据现场测量和计算的配合比，配制的混凝土包裹性较好，从搅拌机卸料时流速平稳，用铲子铲混凝土拌和物，铲起来很轻，流动性达到设计要求，集料和浆体不分离，整个拌和物无离析、泌水、扒底和抓地现象，上表面有光泽。

3.3.5　外加剂的调整

1. 外加剂的检测

为了合理检测外加剂，准确判断外加剂的质量，确定正常生产时合理的外加剂掺量，进行基准试验以及调整试验（表 3-7）。外加剂的检测主要是解决外加剂与水泥的适应性问题，确定外加剂是否满足采购合同确定的技术要求，对于质量较好的产品，确定最佳的掺量以便降低成本，对于不满足要求的外加剂予以退货。

表 3-7　外加剂调整

项目	水泥（g）	水（g）	外加剂（g）	扩展度（mm）
基准试样	300	87	6	290
调整试样	300	87	5.4	260

（1）基准试验

在标准稠度用水量条件下，300g 水泥，87g 水，外加剂掺量 2％，流动扩展度 290mm。

（2）调整计算

由于坍落度的控制值为 260mm，则外加剂调整后的掺量＝2％×（260/290）＝1.79％。

（3）调整后试验

称取 300g 水泥，87g 水，外加剂掺量 1.79％，实际流动扩展度 265mm，达到预期指标。

（4）降低成本

通过基准检验和掺量调整，准确判定该产品减水率满足采购要求，针对水泥的合理掺量为 1.79％。

2. 配制混凝土时外加剂掺量的调整

在配制混凝土的过程中，需要调整外加剂的掺量，解决掺和料对外加剂的适应性问题，通过基准胶凝材料试验与掺量调整，实现外加剂掺量最佳。由于原生产配合比外加剂用量为 8.4kg，本试验进行了调整。按照水泥与外加剂试验结果，以 6.7kg 为基准胶凝材料进行调整试验（表 3-8）。

表 3-8　外加剂掺量调整

项目	水泥（g）	矿渣（g）	粉煤灰（g）	水（g）	外加剂（g）	扩展度（mm）
基准试样	216	80	84	104	6.7	290
调整试样	216	80	84	104	5.0	240

（1）基准胶凝材料试验

在标准稠度用水量条件下，216g 水泥，80g 矿渣，84g 粉煤灰，104g 水，外加剂掺量 1.79％，流动扩展度 290mm。

（2）调整计算

生产坍落度的控制值为 220mm 时，则外加剂调整后的掺量＝1.79％×（220/290）＝1.36％。216g 水泥，80g 矿渣，84g 粉煤灰，104g 水，外加剂掺量 380×1.36％＝5.2g。

（3）调整后试验

称取 216g 水泥，80g 矿渣，84g 粉煤灰，104g 水，外加剂掺量为 5.2g 做试验，实际流动扩展度为 245mm，达到预期指标。

（4）确定合理掺量

通过试验调整，合理的外加剂掺量为 5.0g，比生产用量节约 3.4kg。

3.3.6　对比试验

根据以上计算调整数据，进行了生产配合比与调整配合比对比试验。采用生产配合比试配的混凝土拌和物出现了明显的离析、泌水、抓地和扒底现象，混凝土工作性差，无法顺利泵送。使用数字量化混凝土实用技术调整配合比之后制出的混凝土，外加剂降低了

3.4kg，根据现场观察，混凝土拌和物的包裹性良好，从搅拌机卸料时流速平稳，用铲子铲混凝土拌和物，铲起来很轻，流动性达到设计要求，集料和浆体不分离，整个拌和物无离析、泌水、扒底和抓地现象，上表面有光泽。

3.3.7　试验总结

经过两天的现场检测、调整计算以及试配，基本解决了采用废弃砂石料配制混凝土的技术难题，通过砂子紧密堆积密度、含石率和含水率的准确测量；石子堆积密度、空隙率和吸水率的准确测量以及石子表观密度的准确计算，实现了使用现场原材料参数调整混凝土配合比，使混凝土配合比达到最佳，通过外加剂的检测和调整试验，确保了外加剂利用的科学合理，最终实现混凝土拌和物工作性最好，混凝土成本最低，便于质量控制和操作。

3.4　高吸附性机制砂配制混凝土试验总结

3.4.1　试验内容

为了解决砂石集料供不应求的现状，充分利用高吸附性机制砂，节约外加剂，降低生产成本，配制出质量均匀稳定的混凝土，我们在北京建筑大学土木工程材料混凝土试验室进行了本次试验。在胶凝材料不变的前提下，首先进行水泥与外加剂的适应性调整试验，确定了外加剂在水泥中的合理掺量，然后进行了复合胶凝材料中外加剂合理掺量的调整试验，确定了混凝土配制中外加剂的最佳掺量。然后进行砂石集料的检测以及设计技术参数的计算。本次试验以 C40 为基准进行了胶凝材料的计算，列出了砂石集料计算的公式和步骤，具体内容包括砂石的测量和计算两部分。石子的测量主要提取石子堆积密度、空隙率和吸水率，以及表观密度的计算；砂子的测量主要是提取砂子紧密堆积密度、含石率和压力吸水率，然后进行配合比调整计算，得到 C40 合理的配合比。采用调整后的配合比，在现场进行三盘试验，效果较好，实现了合理利用高吸附性机制砂配制混凝土，降低外加剂掺量，工作性一次达标的目标。

3.4.2　砂石的测量

1. 混合砂的测量

由于砂石资源紧缺，好的砂石非常稀少，为了实现用高吸附性机制砂代替优质砂的目标，试验取了两种砂子，一种为高吸附性机制砂，另一种为天然砂。试验的思路是单独检测两种砂的参数。在配合比设计过程中单独使用高吸附性机制砂、单独使用天然砂、按照高吸附性机制砂 50%＋天然砂 50% 比例混合三种方案进行试验。

（1）天然砂检测

用砂紧密密度测试仪去皮后装满砂子用压力机加压至 72kN，称重为 1.93kg，得到砂子紧密堆积密度 $\rho_S = 1.93 \times 1000 = 1930$（kg/m³），用孔径为 4.75mm 筛子过筛，对石子称重为 0.43kg，得到砂子含石率 H_G＝（0.43/1.93）×100％＝22％；称取 3kg 天然砂，加水至用手可以捏出水分，考虑到混合砂用于住宅，因此用压力机加压至 72kN，称重为 3.11kg，测得的砂子压力吸水率 Y_w＝［（3.11－3)/3］×100％＝3.7％。

（2）高吸附性机制砂检测

用砂紧密密度测试仪去皮后装满砂子用压力机加压至 72kN，取下半层称重为 2.03kg，得到高吸附性机制砂紧密堆积密度 ρ_s＝2.030×1000＝2030（kg/m³），用孔径为 4.75mm 筛子过筛，对石子称重为 0.05kg，得到砂子含石率 H_G＝（0.05/2.03）×100％＝2.5％；称取 3kg 高吸附性机制砂，加水至用手可以捏出水分，考虑到高吸附性机制砂用于住宅，因此用压力机加压至 72kN，称重为 3.18kg，测得的砂子压力吸水率 Y_w＝［（3.18－3)/3］×100％＝6％。

2. 石子的测量

本次试验用石子为碎卵石，粒径 31.5mm。将 10L 桶去皮，装满石子晃动 15 下刮平，称重为 15.67kg，得到石子堆积密度 $\rho_{G堆积}$＝15.67×100＝1567（kg/m³），加满水后称重为 19.57kg，得到石子的空隙率 P＝［（19.57－15.67)/10］×100％＝39％，结合堆积密度和空隙率求得石子表观密度 $\rho_{G观}$＝1567/（1－39％）＝2569（kg/m³），倒掉水将石子控干称重为 15.8kg，求得的石子吸水率 X_w＝［（15.8－15.3)/15.3］×100％＝3％。

3.4.3 C40 配合比调整

1. 调整目的

配合比中胶凝材料为水泥 300kg，需水量 27kg，密度 3000kg/m³；矿渣粉 110kg，需水量比 0.99，密度 2800kg/m³；粉煤灰 50kg，需水量比 1.05，密度 2200kg/m³；外加剂推荐掺量 2％。本次试验目的是使用高吸附性机制砂配制出质量均匀稳定的混凝土，在不增加外加剂掺量的前提下，通过预湿集料技术，调整混凝土拌和物工作性状态达到最佳。

2. 胶凝材料体积的计算

$$V_{胶凝材料}＝300/3000＋110/2800＋50/2200＝0.1＋0.039＋0.023＝0.162(m³)$$

3. 胶凝材料标准稠度用水量的计算

$$W_{胶凝材料标准稠度用水量}＝300×0.27＋110×0.27×0.99＋50×0.27×1.05＝125(kg)$$

（1）外加剂的检测

称取水泥 300kg，水 87kg，外加剂 6kg（2％），进行外加剂掺量检测，现场测得的水泥净浆流动扩展度达到 270mm，满足试配要求，因此胶凝材料以 2％为基准调整，对于高吸附性机制砂，可以控制净浆流动扩展度为 270mm，外加剂掺量取 2％。对于普通砂石，由于吸附性低，可以控制净浆流动扩展度为 240mm，外加剂掺量＝2％×240/270＝1.79％，取 1.8％掺量。

（2）外加剂掺量调整

称取水泥 300kg＋矿渣粉 110kg＋粉煤灰 50kg＋水 125kg＋外加剂 9.2kg（2％），进

行外加剂掺量调整，实际测得胶凝材料净浆流动扩展度达到 250mm，满足试配要求，因此混凝土试配外加剂掺量确定为高吸附性机制砂 2%，天然砂 1.8%，混合砂 1.8%。

4. 胶凝材料拌和用水量体积的计算

$$W_{胶凝材料拌和用水量} = 125 \times \{2/3 + [2 - (300 + 110 + 50)/300]/3\} = 103(kg)$$

$$V_{胶凝材料拌和用水量体积} = 103/1000 = 0.103(m^3)$$

5. 胶凝材料浆体体积的计算

$$V_{胶凝材料浆体体积} = 0.162 + 0.103 = 0.265(m^3)$$

6. 砂子用量及用水量

（1）高吸附性机制砂

$$S_{机制砂用量} = 2030 \times 39\% / (1 - 2.5\%) = 812(kg)$$

$$W_{机制砂用水量} = 812 \times 6\% = 49(kg)$$

（2）天然砂

$$S_{天然砂用量} = 1930 \times 39\% / (1 - 22\%) = 965(kg)$$

$$W_{天然砂用水量} = 965 \times 3.7\% = 36 \ (kg)$$

（3）混合砂

$$S_{混合砂用量} = 0.5 S_{机制砂用量} + 0.5 S_{天然砂用量} = 889(kg)$$

其中

$$S_{机制砂用量} = 812 \times 0.5 = 406(kg)$$

$$S_{天然砂用量} = 965 \times 0.5 = 483(kg)$$

$$W_{混合砂用水量} = 0.5 W_{机制砂用水量} + 0.5 W_{天然砂用水量} = 43(kg)$$

其中

$$W_{机制砂用水量} = 49 \times 0.5 = 25(kg)$$

$$W_{天然砂用水量} = 36 \times 0.5 = 18(kg)$$

7. 石子用量及用水量

（1）使用高吸附性机制砂

$$G_{石子用量机制砂} = (1 - 0.265 - 0.39) \times 2569 - 812 \times 2.5\% = 866(kg)$$

$$W_{石子用水量机制砂} = 866 \times 0.3\% = 2.6(kg)$$

（2）使用天然砂

$$G_{石子用量天然砂} = (1 - 0.265 - 0.39) \times 2569 - 965 \times 22\% = 674(kg)$$

$$W_{石子用水量天然砂} = 674 \times 0.3\% = 2(kg)$$

（3）使用混合砂

$$G_{石子用量混合砂} = 0.5 G_{石子用量机制砂} + 0.5 G_{石子用量天然砂} = 770(kg)$$

$$W_{石子用水量混合砂} = 0.5 W_{石子用水量机制砂} + 0.5 W_{石子用水量天然砂} = 2(kg)$$

8. 预湿集料用水量

（1）使用高吸附性机制砂　　$W_{砂石集料用水量} = 49 + 2.6 = 52(kg)$

（2）使用天然砂　　$W_{砂石集料用水量} = 36 + 2 = 38(kg)$

（3）使用混合砂　　　　$W_{砂石集料用水量}=43+2=45\text{（kg）}$

9. 调整后的混凝土配合比

调整后的混凝土配合比见表3-9。

表 3-9　调整后的混凝土配合比　　　　　　　　单位：kg

名称	水泥	矿渣粉	粉煤灰	砂子	石子	外加剂	胶材用水	集料用水
机制砂试样	300	110	50	812	866	9.2	103	52
天然砂试样	300	110	50	965	674	9.2	103	38
混合砂试样	300	110	50	406：483	770	8.3	103	45

3.4.4　现场试配

经过现场检测和配合比调整计算，得到了三组混凝土配合比，采用预湿集料工艺进行试配，每一组的工作性都达到了设计要求，试配一次成功，通过试验提出了高吸附性机制砂在不增加外加剂掺量的前提下，即可配制出质量均匀稳定的混凝土的方法。根据现场测量和观察，第一盘采用高吸附性机制砂，外加剂掺量2％，混凝土黏聚性良好，坍落度损失很小；第二盘采用天然砂，外加剂掺量2％，混凝土出机后流动性良好，坍落度损失很小，用于实际生产时外加剂可以降低至1.8％；第三盘采用混合砂，外加剂掺量1.8％，混凝土出机后黏聚性良好，坍落度损失很小。本次试配的混凝土采用数字量化计算和预湿集料技术，出机后混凝土拌和物包裹性良好，证明砂石集料用量合理；从搅拌机卸料时流速平稳，没有泌水和泌浆的现象，证明配合比设计的用水量和外加剂掺量合理；用铲子翻动混凝土拌和物，集料和浆体不分离，静置一段时间石子不下沉、浆体不上浮、铲起来很轻，证明混凝土拌和物匀质性好；混凝土拌和物表层无气泡，有明显的光泽，用抹子划过后很快就能够自动流平，证明混凝土拌和物坍落度损失较小，有利于泵送；在测量工作性和静置一段时间后，拌和物无离析、泌水、扒底和抓地现象，证明混凝土拌和物具有良好的施工性能。

3.4.5　试验总结

通过对外加剂与水泥适应性的检测、外加剂与复合胶凝材料合理掺量的调整、砂石集料的现场检测以及参数计算、配合比的调整以及试配，基本解决了采用高吸附性机制砂配制混凝土的技术难题，通过砂子紧密堆积密度、含石率和压力吸水率的准确测量；石子堆积密度、空隙率和吸水率的准确测量以及石子表观密度的准确计算，实现了使用现场原材料参数准确调整混凝土配合比，使混凝土工作性和状态达到最佳，成本最低，便于操作和控制质量。

3.5　本溪铁厦混凝土公司石粉利用试验总结

为了解决本溪铁厦混凝土有限公司石粉利用问题，充分利用自然资源，降低成本，进行了本次试验。

3.5.1　试验内容

本试验利用制砂过程产生的 17% 的石粉，在不增加外加剂掺量的情况下，配制出工作性优异的混凝土，主要内容是通过水泥和粉煤灰的用量、密度和需水量（比）计算确定 $1m^3$ 混凝土中最佳用水量的计算方法，胶凝材料浆体体积的计算方法，外加剂掺量的调整方法，砂石集料的检测方法以及设计用技术参数的计算。本次试验以现场的原材料为准，列出了利用一种砂子以及利用砂子和石粉混合和两种石子混合的测量数据以及砂石集料计算的公式和步骤，然后到试验室进行实际操作配比。首先将两种石子进行测量，主要掌握石子堆积密度、空隙率和吸水率的测量方法，以及表观密度的计算方法。对一种砂子进行了测量，主要是掌握砂子紧密堆积密度测量压力值 72kN 确定的依据、采用压力机测试吸水率的过程。对一种砂子和石粉按照 850∶100 混合，然后进行测量，主要是掌握砂子和石粉混合物的紧密堆积密度测量压力值 72kN 确定的依据、采用压力机测试吸水率的过程。在配制混凝土的时候，掌握了压力吸水法确定砂子用水量的过程，然后进行实际操作检测砂石参数，根据砂石检测出来的参数，采用数字量化混凝土配合比设计方法进行配合比调整计算，得到两组采用不同砂的 C30 混凝土配合比。针对两组不同配合比，先进行外加剂掺量调整试验，然后进行配合比试验，效果非常好，实现了一盘搞定的目标。

3.5.2　砂子的测量

1. 砂子的测量

砂子的测量见表 3-10。

表 3-10　砂子的测量

序号	1L 质量（kg）	干砂量（kg）	湿砂量（kg）	紧堆密度（kg/m³）	压力吸水率（%）
1（砂）	2.11	3.0	3.160	2110	5.3
2（混合砂）	2.155	3.0	3.135	2155	4.5

2. 石子的测量

石子的测量见表 3-11。

表 3-11　石子的测量

序号	10L 质量（kg）	加水后质量（kg）	湿石子（kg）	空隙率（%）	表观密度（kg/m³）	吸水率（%）
1	15.17	19.62	15.62	44.5	2733	3

3.5.3　C30 配合比调整

1. 调整目的

原配合比中胶凝材料为水泥 185kg，需水量 29.2kg，密度 3000kg/m³；矿渣粉 60kg，需水量比 1.0，密度 2800kg/m³；粉煤灰 80kg，密度 2200kg/m³，需水量比 1.05；调整后外加剂掺量 2%。石子采用大石 70%、小石 30% 两种混合形成的石子。

2. 胶凝材料体积的计算

$$V_{胶凝材料}＝185/3000＋60/2800＋80/2200＝0.119（m³）$$

3. 胶凝材料用水量的计算

$$W_{胶凝材料用水量}＝185×0.292＋60×0.292×1.0＋80×0.292×1.05＝96（kg）$$

$$W_{胶凝材料拌和用水量}＝96×2/3＋96×1/3×［2－（185＋60＋80）/300］＝93（kg）$$

4. 胶凝材料拌和用水量体积的计算

$$V_{胶凝材料拌和用水量体积}＝93/1000＝0.093（m³）$$

5. 胶凝材料浆体体积的计算

$$V_{胶凝材料浆体体积}＝0.119＋0.093＝0.212（m³）$$

6. 砂子及其与石粉用量及用水量

（1）纯砂子用量及用水量

$$S_{砂子用量}＝2110×44.5%＝939（kg）$$

$$W_{砂子用水量}＝939×0.053＝50（kg）$$

（2）砂子＋石粉用量及用水量

$$S_{砂子＋石粉用量}＝2155×44.5%＝959（kg）$$

$$砂子＝959×（850/950）＝858（kg）$$

$$石粉＝959×（100/950）＝101（kg）$$

$$W_{砂子＋石粉用水量}＝959×0.045＝43（kg）$$

7. 石子用量及用水量

$$G_{石子用量}＝（1－0.204－0.445）×2733＝959（kg）$$

$$W_{石子用水量}＝959×3%＝29（kg）$$

8. 调整后的混凝土配合比

调整后的混凝土配合比见表 3-12。

表 3-12　调整后的混凝土配合比　　　　　　　　单位：kg

名称	水泥	矿粉	煤灰	砂子	石子	外加剂	拌和水	砂用水	石粉用水
1（纯砂）	185	60	80	939	959	6.5	93	50	29
2（含石粉）	185	60	80	959	959	6.5	93	43	29

3.5.4　试配

根据现场测量和调整计算配合比，采用预湿集料工艺进行试配，两盘混凝土全部一次试配成功，解决了在不增加外加剂的情况下，1m³ 混凝土利用 100kg 石粉的问题。由于配合比合理，在搅拌机中停止搅拌即可实现自流平，卸料流速平稳，拌和物表面有光泽，停止流动后顶部没有石子外露的现象,用铲子铲混凝土拌和物很轻,浆体本身的流动性很好。

3.5.5　试验总结

经过现场实践,找到了在不增加外加剂掺量的前提下就可以利用大量石粉配制工作性满足施工设计的混凝土的方法。对充分利用石粉、节省外加剂、降低试配劳动量、提高混凝土动态质量控制、节约社会资源,发挥了巨大的作用,解决了该混凝土公司充分利用石粉的技术难题。

3.6　沈阳帝阳混凝土公司 C50 高性能混凝土试验总结

3.6.1　试验内容

本试验为了解决沈阳帝阳混凝土有限公司 C50 高性能混凝土配制问题,充分利用细砂,在不增加外加剂掺量的情况下,配制出工作性优异的高性能混凝土。试验是通过水泥和矿渣粉的用量、密度和需水量(比)确定 $1m^3$ 混凝土中最佳用水量的计算方法;胶凝材料浆体体积的计算方法;外加剂掺量的调整方法;砂石集料的检测方法以及设计用技术参数的计算。本次试验以现场的原材料为准,列出了利用一种砂子和一种石子的测量数据以及砂石集料计算的公式和步骤,然后到试验室进行实际操作。首先将石子进行测量,得到石子堆积密度、空隙率和吸水率以及表观密度,然后对砂子进行测量,得到砂子紧密堆积密度、含石率以及压力吸水率。根据检测出来的砂石参数,采用数字量化混凝土配合比设计方法进行配合比调整计算,得到 C50 混凝土配合比。针对这个配合比,先进行外加剂掺量调整试验,然后进行配合比试验,效果非常好,实现了一盘搞定的目标。

3.6.2　砂子的测量

1. 砂子的测量

砂子的测量见表 3-13。

表 3-13　砂子的测量

名称	1L 质量(kg)	含石子率(%)	干砂量(kg)	湿砂量(kg)	紧密堆积密度(kg/m³)	含石率(%)	压力吸水率(%)
砂	1.75	0.145	3.0	3.4	1750	8	13.3

2. 石子的测量

石子的测量见表 3-14。

智能十绿色高性能混凝土

表 3-14　石子的测量

名称	10L 质量（kg）	加水后质量（kg）	湿石子质量（kg）	空隙率（%）	表观密度（kg/m³）	吸水率（%）
石子	15.55	19.85	15.85	43	2728	2

3.6.3　C50 配合比调整

1. 调整目的

原配合比中胶凝材料为水泥 420kg，需水量 29.2kg，密度 3000kg/m³；矿渣粉 80kg，需水量比 0.99，密度 2800kg/m³；调整后外加剂掺加量 12kg；砂子的紧密堆积密度为 1750kg/m³。

2. 胶凝材料体积的计算

$$V_{胶凝材料}=420/3000+80/2800=0.169（m^3）$$

3. 胶凝材料用水量的计算

$$W_{胶凝材料用水量}=420×0.292+80×0.292×0.99=146（kg）$$

$$W_{胶凝材料拌和用水量}=146×2/3+146×1/3×[2-(420+80)/300]=113（kg）$$

4. 胶凝材料拌和用水量体积的计算

$$V_{胶凝材料拌和用水量体积}=113/1000=0.113（m^3）$$

5. 胶凝材料浆体体积的计算

$$V_{胶凝材料浆体体积}=0.169+0.113=0.282（m^3）$$

6. 纯砂子用量及用水量

$$S_{砂子用量}=1750×43\%/(1-8\%)=818（kg）$$

$$W_{砂子用水量}=818×0.133=109（kg）$$

7. 石子用量及用水量

$$G_{石子用量纯砂}=(1-0.272-0.43)×2728-818×8\%=747（kg）$$

$$W_{石子用水量}=747×2\%=15（kg）$$

8. 调整后的混凝土配合比

调整后的混凝土配合比见表 3-15。

表 3-15　调整后的混凝土配合比　　　　单位：kg

名称	水泥	矿粉	砂子	石子	外加剂	拌和水	砂用水	石子用水
1（纯砂）	420	80	818	747	12	109	109	15

3.6.4　试配

根据试验数据和调整计算配合比，采用预湿集料工艺进行试配，调整的混凝土试配一次成功，解决了采用细砂在降低 2kg 外加剂的情况下配制出工作性优异的 C50 混凝土的问题。

由于配合比合理，在搅拌机中停止搅拌即可实现自流平，卸料流速平稳，拌和物表面有光泽，停止流动后顶部没有石子外露的现象，用铲子铲混凝土拌和物很轻，浆体本身的流动性很好。

3.6.5　试验总结

经过现场实践，我们找到了利用细砂在降低 2kg 外加剂的情况下，配制工作性满足施工设计的 C50 混凝土的方法。对充分利用细砂、节省外加剂、降低试配劳动量、提高混凝土动态质量控制、节约社会资源，发挥了巨大的作用，解决了沈阳某混凝土公司利用细砂的技术难题。

3.7　安徽亳州混凝土配合比调整试验总结

为了实现快速掌握配合比设计方法，一盘搞定混凝土，提升混凝土品质，特意用 C30 和 C50 两组配合比进行现场调整。

3.7.1　砂子的测量

1. 细砂的测量

用砂紧密密度测试仪去皮后，装满砂子用压力机加压至 72kN，去掉上边一节，称得 1L 桶中砂子质量为 1.91kg，得到砂子紧密堆积密度 $\rho_S=1.91\times1000=1910$（$kg/m^3$），用孔径为 4.75mm 筛子过筛，对石子称重为 0.34kg，得到砂子含石率 $H_G=(0.34/1.91)\times100\%=18\%$。称取砂子 3kg，加水至能够用手捏出水分，装入承压桶，用压力机加压至 72kN，测得的砂子质量为 3.26kg。计算出砂子压力吸水率 $Y_w=8.7\%$。

2. 石子的测量

10L 桶去皮，装满石子晃动 15 下刮平，称重 13.17kg，得到石子堆积密度 $\rho_{G堆积}=13.17\times100=1317$（$kg/m^3$），加满水后称重 17.51kg，得到石子的空隙率 $P=[(17.51-13.17)/10]\times100\%=44\%$，结合堆积密度和空隙率求得石子表观密度 $\rho_{G表观}=1317/(1-44\%)=2352$（$kg/m^3$），倒掉水将石子控干称重 13.56kg，求得石子吸水率 $X_w=[(13.56-13.17)/13.17]\times100\%=2.6\%$。

3.7.2　C50 配合比调整

原配合比胶凝材料为水泥 194kg，矿渣粉 170kg，粉煤灰 121kg，水 158kg。

1. 调整目的

原配合比中胶凝材料为水泥 194kg，需水量 27kg，密度 3000kg/m^3；矿渣粉 170kg，需水量比 0.99，密度 2800kg/m^3；粉煤灰 121kg，需水量比 1.05，密度 2200kg/m^3；外加剂 6kg；砂子的紧密堆积密度 1910kg/m^3。试验目的是调整混凝土砂石料达到最佳工作性，一次配制出优质的混凝土。

2. 胶凝材料体积的计算

$$V_{胶凝材料}＝194/3000＋170/2800＋121/2200＝0.065＋0.061＋0.055＝0.181(m^3)$$

3. 胶凝材料标准稠度用水量的计算

$$W_{胶凝材料标准稠度用水量}＝194×0.27＋170×0.27×0.99＋121×0.27×1.05＝132(kg)$$

称取水泥194kg，矿渣粉170kg，粉煤灰121kg，水132kg，外加剂6kg，进行外加剂掺量调整，使胶凝材料净浆流动扩展度达到260mm，满足试配要求。

4. 胶凝材料拌和用水量体积的计算

$$W_{胶凝材料拌和用水量}＝132×\{2/3＋[2－(194＋170＋121)/300]/3\}＝105(kg)$$

$$V_{胶凝材料拌和用水量体积}＝105/100＝0.105(m^3)$$

5. 胶凝材料浆体体积的计算

$$V_{胶凝材料浆体体积}＝0.181＋0.105＝0.285(m^3)$$

6. 砂子用量及用水量

$$S_{砂子用量}＝1910×44\%/(1－18\%)＝1025(kg)$$

$$W_{砂子用水量}＝1025×8.7\%＝89(kg)$$

7. 石子用量及用水量

$$G_{石子用量}＝(1－0.285－0.44)×2352＝647(kg)$$

$$W_{石子用水量}＝647×2.6\%＝17(kg)$$

8. 集料用水量

$$W_{砂石集料用水量}＝89＋17＝106(kg)$$

9. 调整后的混凝土配合比

调整后的混凝土配合比见表3-16。

表3-16 调整后的混凝土配合比

名称	水泥	矿渣粉	粉煤灰	砂子	石子	外加剂	胶凝材料用水	集料用水
用量（kg）	194	170	121	1025	647	6	105	106

3.7.3　C30配合比调整

原配合比胶凝材料为水泥135kg，矿渣粉135kg，粉煤灰115kg，水155kg。

1. 调整目的

原配合比中胶凝材料为水泥135kg，需水量27kg，密度3000kg/m³；矿渣粉135kg，需水量比0.99，密度2800kg/m³；粉煤灰115kg，需水量比1.05，密度2200kg/m³；外加剂5kg；砂子的紧密堆积密度1910kg/m³。试验目的是调整混凝土砂石料达到最佳工作性，一次配制出优质的混凝土。

2. 胶凝材料体积的计算

$$V_{胶凝材料}＝135/3000＋135/2800＋115/2200＝0.045＋0.048＋0.052＝0.145(m^3)$$

3. 胶凝材料标准稠度用水量的计算

$$W_{胶凝材料标准稠度用水量}=135×0.27+135×0.27×0.99+115×0.27×1.05=105(kg)$$

称取水泥 135kg，矿渣粉 135kg，粉煤灰 115kg，水 105kg，外加剂 5kg，进行外加剂掺量调整，使胶凝材料净浆流动扩展度达到 260mm，满足试配要求。

4. 胶凝材料拌和用水量体积的计算

$$W_{胶凝材料拌和用水量}=105×\{2/3+[2-(135+135+115)/300]/3\}=95(kg)$$

$$V_{胶凝材料拌和用水量体积}=95/1000=0.095(m^3)$$

5. 胶凝材料浆体体积的计算

$$V_{胶凝材料浆体体积}=0.145+0.095=0.24(m^3)$$

6. 砂子用量及用水量

$$S_{砂子用量}=1910×44\%/(1-18\%)=1025(kg)$$

$$W_{砂子用水量}=1025×8.7\%=89(kg)$$

7. 石子用量及用水量

$$G_{石子用量}=(1-0.24-0.44)×2352=753(kg)$$

$$W_{石子用水量}=753×2.6\%=19(kg)$$

8. 砂石集料用水量

$$W_{砂石集料用水量}=89+19=108(kg)$$

9. 调整后的混凝土配合比

调整后的混凝土配合比见表 3-17。

表 3-17　调整后的混凝土配合比

名称	水泥	矿渣粉	粉煤灰	砂子	石子	外加剂	胶凝材料用水	集料用水
用量（kg）	135	135	115	1025	753	6	105	108

3.7.4　试配

用以上数据进行试配，三盘都是一次成功，配制的混凝土包裹性较好，从搅拌机卸料时流速平稳，用铲子铲混凝土拌和物，铲起来很轻，流动性达到设计要求，成型试件基本实现了自密实免振捣，集料和浆体不分离，整个拌和物无离析、泌水、扒底和抓地现象，上表面有光泽。

3.8　北京城建九混凝土公司混凝土试配调整计算总结

3.8.1　试验内容

由于砂石集料的质量波动越来越大，混凝土试配难度越来越大，为了解决这一现实的困难，我们在北京城建九混凝土公司进行了数字量化混凝土配合比调整试验，主要内容包括通过水泥的需水量检测外加剂，通过水泥、矿渣粉和粉煤灰的用量和需水量调整外加剂掺量，确定了用胶凝材料的标准稠度用水量对应的用水量检测外加剂，以及考虑泌水确定胶凝材料合理用水量的计算。砂石集料的检测以及设计用技术参数的计算。本次试验以某原材料供应商提供的砂石料、雄安铝厂废料和北京某公司提供的外加剂进行 C30 混凝土配合比调整，列出了砂石集料监测数据以及参数计算的公式和步骤。试验包括砂子的测量，主要是砂子紧密堆积密度测量压力值 72kN、200kN 确定的依据、采用压力机测试的过程，用孔径为 4.75mm 筛子确定含石率的测量方法，在配制混凝土时，不考虑砂子的含水率，配合比设计过程水的用量是通过压力吸水法测得的吸水率作为依据。石子的测量，主要包括石子堆积密度、空隙率和吸水率的测量方法以及表观密度的计算。根据砂石检测出来的参数，采用数字量化混凝土配合比设计方法进行配合比调整计算，得到两组采用不同砂石的 C30 混凝土配合比。针对两组不同配合比，进行配合比试验，效果非常好，实现了一盘搞定的目标；其中砂子和雄安铝厂废料含泥量高，级配不合理，一盘用砂子试配，一盘将砂子和雄安铝厂废料按照 1∶1 混合后试验。砂子含石率到达 31％，处于饱水状态水分。经过现场检测，雄安铝厂废料较细，没有粗颗粒。

3.8.2　砂子、铝厂废料和石子的测量

1. 砂的测量

紧密堆积密度＝2.25×1000 ＝2250（kg/m³），含石率＝0.7/2.25＝0.31。

2. 砂的压力吸水率测量

干砂子 3.0kg，吸饱水后加压至 72kN，挤出水分，质量为 3.0kg

压力吸水率＝0/3.0＝0

3. 铝厂废料的测量

紧密堆积密度＝1.6×1000＝1600（kg/m³），含石率＝0/1.6＝0。

4. 铝厂废料的压力吸水率测量

铝厂废料 3.0kg，吸饱水后加压至 72kN，挤出水分，质量为 3.05kg

压力吸水率＝（0.05/3.0）×100％＝0.017×100％＝1.7％

5. 石子的测量

堆积密度＝16.8×100＝1680（kg/m³），空隙率＝［（20.85－16.8）/10］×100％＝40.5％，表观密度＝1690/（1－40.5％）＝2824（kg/m³），吸水率＝［（17.05－16.8）/16.8］×100％＝1.5％。

3.8.3　C30 配合比调整

1. 调整目的

原配合比中胶凝材料为：水泥 241kg，需水量 27kg，密度 3000kg/m³；矿渣粉 55kg，

密度 $2800kg/m^3$，需水量比 1.0；粉煤灰 69kg，密度 $2100kg/m^3$，需水量比 1.05；外加剂掺量 2.0%。想用以上砂子和铝厂废料混合使用配制合格的混凝土。

2. 胶凝材料体积的计算

$$V_{胶凝材料}=241/3000+55/2800+69/2100=0.133(m^3)$$

3. 胶凝材料用水量的计算

$$W_{胶凝材料用水量}=241×0.27+55×0.27×1.0+69×0.27×1.05=99(kg)$$

$$W_{胶凝材料拌和用水量}=99×2/3+99×1/3×[2-(241+55+69)/300]=92(kg)$$

4. 胶凝材料拌和用水量体积的计算

$$V_{胶凝材料拌和用水量体积}=92/1000=0.092(m^3)$$

5. 胶凝材料浆体体积的计算

$$V_{胶凝材料浆体体积}=0.133+0.092=0.225(m^3)$$

6. 单独使用砂子时砂子用量及用水量

$$S_{砂子用量}=2250×40.5\%/(1-0.31)=1321(kg)$$

$$W_{砂子用水量}=1321×0.0=0$$

7. 单独使用砂子时石子用量及用水量

$$G_{石子用量}=(1-0.234-0.405)×2824-1321×0.31=610(kg)$$

$$W_{石子用水量}=641×1.5\%=9(kg)$$

8. 砂子和铝厂废料混合时细集料用量及用水量

$$S_{砂子用量}=2250×40.5\%×0.5/(1-0.31)=660(kg)$$

$$S_{铝厂废料用量}=1600×40.5\%×0.5=324(kg)$$

$$W_{细集料用水量}=660×0.0+324×0.017=6(kg)$$

9. 砂子和铝厂废料混合时石子用量及用水量

$$G_{石子用量}=(1-0.234-0.405)×2824-1321×0.31×0.5=815(kg)$$

$$W_{石子用水量}=815×1.5\%=12(kg)$$

10. 调整后的混凝土配合比

调整后的混凝土配合比见表 3-18。

表 3-18　调整后的混凝土配合比　　　　　　　　　　单位：kg

名称	水泥	矿渣粉	粉煤灰	砂子	铝厂废料	石子	外加剂	拌和水	细集料用水	石子用水
1	241	55	69	1321	0	610	10.3	92	0	9
2	241	55	69	660	324	815	10.3	92	12	6

3.8.4　试配

根据现场测量和调整计算配合比，用以上数据进行试验，采用预湿集料工艺进行试配，一次成功，解决了级配较差、含石率高砂子和雄安铝厂废料用作细集料配制混凝土的难题。调整到合理配比后，在搅拌机中停止搅拌即可实现自流平，卸料流速平稳，拌和物表面有光泽，停止流动后顶部没有石子外露的现象，用铲子铲混凝土拌和物很轻。

3.8.5 试验总结

本试验准确检测和调整了外加剂掺量，现场检测了砂子紧密堆积密度、砂子含石率、砂子的压力吸水率，石子堆积密度、空隙率和石子吸水率，准确计算了石子表观密度。通过现场计算和试配，一盘即可顺利配制出符合设计要求的混凝土。这次试验对降低试配劳动量、提高混凝土动态质量控制、保证质量、节约社会资源，发挥了较大的作用，解决了混凝土离析、抓地、扒底以及泵送的难题，实现了废弃材料代替砂石的目标。

第 4 章　自密实混凝土的工作原理及检测方法研究

4.1　自密实混凝土简介

自密实混凝土（以下简称 SCC）可以定义为：能够保持不离析和均匀性，不需要外加振动完全依靠重力作用充满模板每一个角落、达到充分密实和获得最佳性能的混凝土。

SCC 是第四代混凝土——高性能混凝土（HPC）的一个重要组成部分和发展方向。20 世纪 80 年代，日本东京大学率先提出 SCC 的概念并研制成功。我国对 SCC 的研究与应用始于 20 世纪 90 年代初期，实际上，清华大学早在 1987 年就提出了流态混凝土的概念，奠定了这一研究的基础。1996 年，北京城建集团构件厂研制的免振捣自密实混凝土获得国家专利，成为 SCC 成功运用于钢筋混凝土结构的先例。有学者肯定除超高强（C80以上）结构以外，自密实混凝土适用于所有种类的混凝土结构和施工条件，包括纤维增强结构。SCC 是一种特殊的高性能混凝土，拌和物表现出优良的工作性能，浇筑过程中不用振捣而完全依靠自重作用自由流淌充分填充模型内的空间形成均匀密实的结构，硬化后具有良好的力学性能和耐久性能。

对于混凝土拌和物的工作性质，众多学者曾给出不同的定义。1973 年 T. P. Tassions 从工程应用角度将混凝土拌和物工作性质分解为流动性、可泵性、稳定性、均匀性、易密实性和终饰抹面性等几个方面。同一般大流动性混凝土相比，SCC 的工作性质内涵有所扩大：

① 高流动性：保证混凝土能够绕过障碍物，充分填充模型内每个角落；

② 高稳定性：保证混凝土质量均匀一致，既不泌水，集料也不离析；

③ 通过钢筋间隙的能力：保证混凝土穿越钢筋间隙时不发生阻塞；

④ 自充填性：是流动性、稳定性和间隙通过性的最终结果。

4.2　自密实混凝土的工作机理

按流变学理论划分，新拌混凝土属于宾汉姆流体，其流变方程为 $\tau = \tau_0 + \eta\gamma$（$\tau$ 为剪应力；τ_0 为屈服剪应力；η 为塑性黏度；γ 为剪切速度）。τ_0 是阻碍塑性变形的最大应力，由材料之间的附着力和摩擦力引起，它支配了拌和物的变形能力；当 $\tau > \tau_0$ 时，混凝土产生流动。η 是反映流体各平流层之间产生的与流动方向反向的阻止其流动的黏滞阻力，它支配了拌和物的流动能力，η 越小，在相同外力作用下流动越快。

4.2.1　SCC 的流动机理

新拌 SCC 的流动是自重力大于 τ_0 而产生剪切变形的结果。采用高效复合减水剂增塑和超细粉掺和料改善胶凝材料级配都可以降低 τ_0 值，使混凝土拌和物达到自流平所需要的流动性。

1. 外加剂的润湿吸附作用

作为界面活性剂的外加剂分子吸附在水泥粒子表面形成双电位层，由于双电位层产生的斥力使得水泥颗粒间相互排斥，防止产生凝聚。外加剂分子同时吸附一定的极性化水分子形成溶剂化膜层，增加了水泥微粒的滑动能力，因而易于分散。除此之外，外加剂还能降低表面张力，使水泥颗粒容易被水润湿，这样在达到相同坍落度的情况下，所需拌和水量减少而且具有良好的流动能力。

2. 裹挟滚动相互作用

混凝土可以看作由集料和浆体固液两相组成的物质，液相通常具有较大的变形能力。SCC 中超细粉掺和料的颗粒粒径与水泥颗粒在微观上形成级配体系，可以降低浆体的 τ_0 值。圆形颗粒的粉煤灰和硅灰等超细粉掺和料包裹在粗糙的水泥颗粒和集料表面，具有"滚珠"润滑和物理减水作用，并与水泥浆一起作为液相，携带固相发生流动及滚动达到自流平。

4.2.2　SCC 的自密实机理

1. 浆体的黏聚作用

混凝土的流动性与抗离析性是相互矛盾的。SCC 之所以能流平密实，关键在于其胶结料浆体具有一定的塑性黏度 η，它能减少集料间的接触应力，削弱集料的固体特性，抑制集料起拱堆集，从而有效抑制离析。

2. 气泡自动聚合上浮作用

在拌和浇筑混凝土时裹入模板内的气泡，由于混凝土自重对其产生浮力作用，故具有自动聚合形成更大气泡的趋势。一旦气泡发生聚合，则其所受浮力将进一步增大，最终会浮出表面而使混凝土密实。SCC 由于掺加高效减水剂降低了混凝土的表面张力，使气泡更容易聚合上浮，从而增加了混凝土的密实性。

3. 掺和料的微粉作用

SCC 中的掺和料不仅具有物理填充效应，而且因为其巨大的比表面积产生了较大的内表面力，从而提高了混凝土的黏聚性。有的还具有火山灰活性效应，结合掺用高效减水剂和采用低水胶比改善集料界面结构和水泥石的孔结构，使混凝土越来越密实。

4. 最大堆积密度

SCC 中各组分粒径力求满足"最大堆积密度理论"，例如，颗粒从小到大依次为微硅灰、粉煤灰、水泥、砂、石。这样细颗粒填充粗颗粒之间的空隙，更细颗粒填充细颗粒之间的空隙，达到最大密度或最小空隙率，从而有效提高了 SCC 的密实度。

4.3　自密实混凝土工作性评价试验方法

我国目前工程应用的基本上是粉体型自密实混凝土,即掺加高效减水剂和较多的胶凝材料,以保证足够的黏性和流动性能,但过多的胶凝材料可能对混凝土耐久性能有害。各国对自密实混凝土性能要求不尽相同,日本土木学会对自密实混凝土的填充性能等级规定见表 4-1,德国和英国自密实混凝土拌和物试验见表 4-2、表 4-3。

表 4-1　日本土木学会自密实混凝土填充性等级

自密实混凝土填充性等级		1	2	3
钢筋最小间距（mm）		30~60	60~200	200 以上
钢筋用量（kg/m³）		350 以上	100~350	100 以下
U 形或箱形上升高度（mm）		300 以上（障碍 R1）	300 以上（障碍 R2）	300 以上（无障碍）
粗集料绝对体积（m³/m³）		0.28~0.30	0.30~0.33	0.32~0.35
流动性	坍落流动度（mm）	600~700	600~700	500~650
抗离析性	漏斗流下时间（s）	9~20	7~13	4~11
	到达 500mm 的时间（s）	5~20	3~15	3~15

表 4-2　德国新拌自密实混凝土试验结果

试验项目		数值
坍落流动度（mm）	5min	805
	30min	790
	60min	785
流到 500mm 的时间（s）	5min	2.0
	30min	3.2
	60min	3.5
堵塞环试验（5min 后）	坍落流动度（mm）	765
	流动时间 t_{500}（s）	6.5
	环内外高度差 Δh_1（mm）	0
L 槽试验	H_1/H_2	1
	流动时间 t_{20}（s）	1.7
	流动时间 t_{40}（s）	3.1
漏斗流下时间（s）		14.0
含气量 V_{OL}（%）		1.1
密度（kg/m³）		2350

表 4-3　英国新拌自密实混凝土试验结果（建筑用）

试验方法	试验项目	试验结果（拌和后）	
		5～15min	60～70min
坍落流动度	坍落流动度（mm）	650	600
	流到直径500mm的时间（s）	1.02	1.66
漏斗试验 （漏斗直径为80mm）	流下时间（s）	2.28	2.96
	最小～最大（s）	2.21～2.32	2.87～3.02
J环试验 （钢筋间距为50mm）	扩展度 （与漏斗结合试验）（mm）	670	605
L槽试验 （钢筋间距为50mm）	t_{20}（s）	<1	—
	t_{40}（s）	<2	
	H_2/H_1	0.81	
试验观察	集料堵塞情况	小	
	离析情况	小	
	表面抹面	优良	

　　SCC 工作性质的评价是进行配合比设计和现场质量检验的基础。为了方便有效地评价 SCC 的高流动性、高稳定性和穿越钢筋间隙能力，发展了一些新试验方法，如倒坍落度筒、L 形仪、U 形箱、J 环、牵引球黏度计、密配筋模型填充试验等。本文对其中的四种做详细介绍。

4.3.1　坍落流动度

　　参考有关标准做坍落度的试验，垂直提起坍落度筒，记录混凝土坍落度流到 500mm 的时间，并量取流动终止后的最大直径即为坍落流动度。

4.3.2　漏斗流下时间

　　漏斗试验装置如图 4-1 所示，适用于最大粗集料颗粒粒径为 25mm 的混凝土试验。试验时将拌和物均匀地倒入漏斗内，直到混凝土面与漏斗上口齐平，然后打开下出口，记录混凝土全部流出所需的时间即为漏斗流下时间。

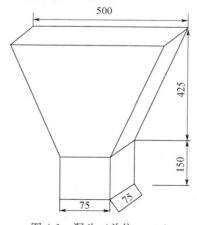

图 4-1　漏斗（单位：mm）

4.3.3　U 形箱填充高度试验

U 形装置适用于粗集料最大颗粒粒径为 25mm 的混凝土试验，试验装置如图 4-2 所示。试验时先向 A 室内加满混凝土，然后拉起活门，混凝土通过障碍流到 B 室，待混凝土停止流动后，量取 B 室混凝土的上升高度。

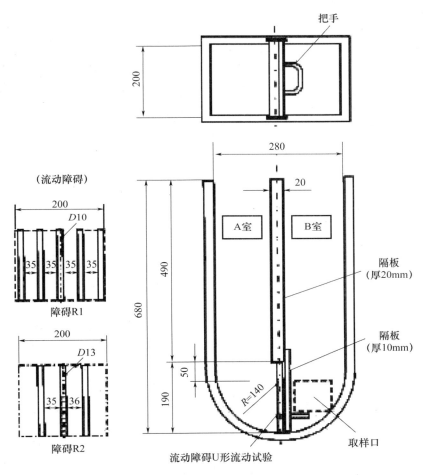

图 4-2　U 形填充高度试验装置（单位：mm）

4.3.4　填充度试验

试验装置如图 4-3 所示，试验时混凝土从无铜棒端加入，填到 220mm 高度，待箱内混凝土停止流动时停止加料，在箱体高度 220mm 下分为 A 和 B 两部分，A 为填满混凝土部分，B 为未填混凝土部分。填充密度＝$A/(A+B)×100\%$。自密实混凝土填充密度以不小于 90％为宜。

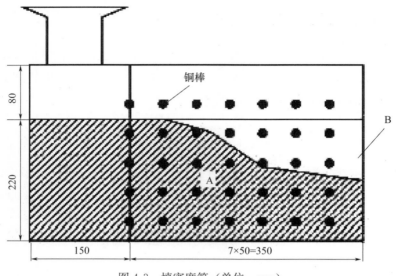

图 4-3　填密度箱（单位：mm）

4.3.5　L 形流动度试验方法

L 形试验装置如图 4-4 所示，往 L 形箱体垂直部分加入 12.7L 的混凝土拌和物，静置 1min，拉起活门，混凝土自垂直部分流向水平部分，测量流动 20mm 和 40mm 距离的时间，量取 H_1 和 H_2 的高度，H_2/H_1 不应小于 0.80。

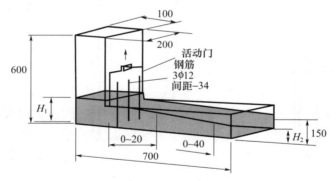

图 4-4　L 形流动度试验装置（单位：mm）

4.3.6　坍落扩展度试验

传统坍落度试验所测得的坍落度主要反映拌和物开始流动所需力（即屈服值 τ_0）的大小，而不能反映塑性黏度 η 的差异，在此基础上测得的坍落扩展度 D 同样主要由屈服值 τ_0 决定，τ_0 越大，D 越小。

试验表明，当混凝土拌和物的坍落度大于某一临界值时，它就不能正确地反映屈服值大小，而扩展度试验不存在这一临界值。SCC 通常具有较大的坍落度（240～270mm），因此可以用坍落扩展度试验代替坍落度试验做混凝土拌和物初步控制用。一般 SCC 坍落扩展度为 550～750mm。

4.3.7 倒坍落度筒试验

这种方法是我国山东学者最先采用的，实际上，它类似于 Orimet 仪及 V 形漏斗试验。其测试原理是根据混凝土从倒置的坍落度筒中流空的时间和落下后的坍落度、扩展度及中边差（中间与边部的高度差）来判断 SCC 的工作性质（图 4-5）。

流动时间主要反映拌和物的塑性黏度 η，同时也部分反映了屈服值 τ_0 的大小。扩展度则量化了混凝土在自重作用下克服屈服应力、黏度和摩擦后的流动状态；扩散越接近圆形表明混凝土匀质、变形能力良好，直径大则表明间隙通过能力强。中边差反映了石子在砂浆中的悬浮流动能力和抗离析性，其值越小表明这些性能越好。该方法简便实用，可重复性好。目前广泛采用倒坍落度筒在铁板装料后直接提起测定拌和物扩展度。

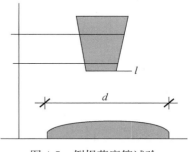

图 4-5 倒坍落度筒试验

4.3.8 牵引球粘度计

这种方法是日本学者发明并采用的，它不同于 Kelly 沉球试验通过测量沉球贯入数值来反映屈服强度 τ_0 的大小，而是靠测定球体向上牵引受到的黏滞力来确定屈服值并估计混凝土的黏度，从而判断自流平特性，如图 4-6 所示。

此方法问题在于其装置是采用电机牵引的方法提拉小球的，这使得该装置结构复杂；同时由于埋入混凝土中的测力物体为球体，故上拉时的拉力并非完全剪切力，从而可能为测试带来误差。

在自密实混凝土的研究中，应鼓励多种检测技术的发展，但鉴于目前尚未形成统一、成熟的检测方法，笔者认为，在施工条件下应该力求简单实用的原则，例如可以同时采用倒坍落筒和 L 形仪或 U 形箱试验综合评价实际工程中 SCC 的工作性能。

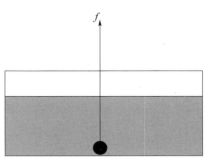

图 4-6 牵引球黏度试验

第5章 减水剂的合成及性能

5.1 常用免加热聚羧酸减水剂配方及合成工艺

5.1.1 配方1

1. 配方（表5-1）

表5-1 原材料配比表   单位：g

名称	异戊烯基聚氧乙烯醚	丙烯酸	马来酸酐	甲基丙烯磺酸钠	过硫酸铵	丙烯酸	硫代硫酸钠
作用	大单体	聚合单体	聚合单体	分子量调节剂	氧化剂	聚合单体	还原剂
用量	60	1.5	4	0.8	0.6	1	0.8
工艺水	90	—				10	10
顺序	进反应釜	直接进大单体溶液				滴定用	滴定用

2. 工艺流程

将60g异戊烯基聚氧乙烯醚溶解于90g水充分搅拌使之完全溶解；加入共聚单体1.5g丙烯酸、4g马来酸酐及0.8g分子量调节剂甲基丙烯磺酸钠和0.6g氧化剂过硫酸铵，搅拌均匀，在2～3h内滴加共聚单体1g丙烯酸和0.8g还原剂硫代硫酸钠使其聚合，期间温度不要超过40℃，滴定完毕继续搅拌20min；加入7g40％氢氧化钠溶液和并使其熟化升温，当温度不再升高时继续搅拌30min即得成品。

5.1.2 配方2

1. 配方（表5-2）

表5-2 原材料配比表   单位：g

名称	异戊烯基聚氧乙烯醚	丙烯酸	甲基丙烯磺酸钠	过硫酸铵	吊白块	液碱
作用	大单体	聚合单体	分子量调节剂	氧化剂	聚合单体	中和用
用量	60	4.5	0.8	0.6	0.5	7
工艺水	80	—	10	—		
顺序	进反应釜	直接进大单体溶液	滴定用	中和用		

2. 工艺流程

将 60g 异戊烯基聚氧乙烯醚溶解于 80g 水充分搅拌使之完全溶解；加入共聚单体 4.5g 丙烯酸及 0.8g 分子量调节剂甲基丙烯磺酸钠和 0.6g 氧化剂过硫酸铵，搅拌均匀，在 2～3h 内滴加 0.5g 还原剂吊白块使其聚合，期间温度不要超过 40℃，滴定完毕继续搅拌 20min；加入 7g40％氢氧化钠溶液中和并使其熟化升温，当温度不再升高时继续搅拌 30min 即得成品。

5.1.3　配方 3

1. 配方（表 5-3）

表 5-3　原材料配比表　　　　单位：g

名称	异戊烯基聚氧乙烯醚	丙烯酸	马来酸酐	乙酸乙酯	高锰酸钾	草酸	液碱
作用	大单体	聚合单体	聚合单体	分子量调节剂	氧化剂	还原剂	中和用
用量	60	3.5	1	1.2	0.5	0.3	7
工艺水	60	—				10	—
顺序	进反应釜	直接进大单体溶液				滴定用	中和用

2. 工艺流程

将 60g 异戊烯基聚氧乙烯醚溶解于 60g 水充分搅拌使之完全溶解；加入共聚单体 3.5g 丙烯酸、1g 马来酸酐及 1.2g 分子量调节剂乙酸乙酯和 0.5g 氧化剂高锰酸钾，搅拌均匀，在 2～3h 内滴加 0.3g 还原剂草酸使其聚合，期间温度不要超过 40℃，滴定完毕继续搅拌 20min；加入 7g40％氢氧化钠溶液中和并使其熟化升温，当温度不再升高时继续搅拌 30min 即得成品。

5.1.4　配方 4

1. 配方（表 5-4）

表 5-4　原材料配比表　　　　单位：g

名称	异戊烯基聚氧乙烯醚	丙烯酸	乙酸乙酯	重铬酸钾	丙烯酰胺	硫酸亚铁	液碱
作用	大单体	聚合单体	分子量调节剂	氧化剂	聚合单体	还原剂	中和用
用量	60	5	1.4	1	2	0.4	7
工艺水	60	—			15	15	—
顺序	进反应釜	直接进大单体溶液			滴定用	滴定用	中和用

2. 工艺流程

将 60g 异戊烯基聚氧乙烯醚溶解于 60g 水充分搅拌使之完全溶解；加入共聚单体 5g

丙烯酸及 1.4g 分子量调节剂乙酸乙酯和 1g 氧化剂重铬酸钾，搅拌均匀，在 2～3h 内滴加聚合单体 2g 丙烯酰胺和 0.4g 还原剂硫酸亚铁使其聚合，期间温度不要超过 40℃，滴定完毕继续搅拌 20min；加入 7g40％氢氧化钠溶液中和并使其熟化升温，当温度不再升高时继续搅拌 30min 即得成品。

5.1.5　配方5

1. 配方（表5-5）

表5-5　原材料配比表　　　　　　　　　　　　　　　单位：g

名称	烯丙基聚氧乙烯醚	丙烯酸	马来酸酐	乙酸乙烯酯	过氧化氢	丙烯酰胺	吊白块	液碱
作用	大单体	聚合单体	聚合单体	分子量调节剂	氧化剂	聚合单体	还原剂	中和用
用量	70	1	5.2	0.4	1.4	2	0.4	7
工艺水	50	—				15	15	—
顺序	进反应釜	直接进大单体溶液				滴定用	滴定用	中和用

2. 工艺流程

将 70g 烯丙基聚氧乙烯醚溶解于 50g 水充分搅拌使之完全溶解；加入聚合单体 1g 丙烯酸、5.2g 马来酸酐及 0.4g 分子量调节剂乙酸乙烯酯和 1.4g 氧化剂过氧化氢，搅拌均匀，在 2～2.5h 内滴加聚合单体 2g 丙烯酰胺和 0.4g 还原剂吊白块使其聚合，期间温度不要超过 40℃，滴定完毕继续搅拌 20min；加入 7g40％氢氧化钠溶液中和并使其熟化升温，当温度不再升高时继续搅拌 30min 即得成品。

5.1.6　配方6

1. 配方（表5-6）

表5-6　原材料配比表　　　　　　　　　　　　　　　单位：g

名称	异戊烯基聚氧乙烯醚	丙烯酸	马来酸酐	乙酸乙烯酯	过氧化氢	丙烯酸	马来酸酐	吊白块
作用	大单体	聚合单体	聚合单体	分子量调节剂	氧化剂	聚合单体	聚合单体	还原剂
用量	70	1.4	5	1	0.6	1.5	1.8	0.8
工艺水	70	—				15	15	15
顺序	进反应釜	直接进大单体溶液				滴定用		

2. 工艺流程

将 70g 异戊烯基聚氧乙烯醚溶解于 70g 水充分搅拌使之完全溶解；加入共聚单体 1.4g 丙烯酸、5g 马来酸酐及 1 克分子量调节剂乙酸乙烯酯和 0.6g 氧化剂过氧化氢，搅拌均匀，在 2～3h 内滴加共聚单体 1.5g 丙烯酸、1.8g 马来酸酐和 0.8g 还原剂吊白块使其聚合，期间温度不要超过 40℃，滴定完毕继续搅拌 20min；加入 7g40％氢氧化钠溶液中和并使其熟化升温，当温度不再升高时继续搅拌 30min 即得成品。

5.1.7　配方 7

1. 配方（表 5-7）

表 5-7　原材料配比表　　　　　　　　　　　单位：g

名称	异戊烯基聚氧乙烯醚	丙烯酸	马来酸酐	甲基丙烯磺酸钠	过硫酸铵	丙烯酸	草酸
作用	大单体	聚合单体	聚合单体	分子量调节剂	氧化剂	聚合单体	还原剂
用量	60	3.5	4	0.8	0.6	2.3	0.3
工艺水	60	—				10	10
顺序	进反应釜	直接进大单体溶液				滴定用	滴定用

2. 工艺流程

将 60g 异戊烯基聚氧乙烯醚溶解于 60g 水充分搅拌使之完全溶解；加入聚合单体 3.5g 丙烯酸、4g 马来酸酐及 0.8g 分子量调节剂甲基丙烯磺酸钠和 0.6g 氧化剂过硫酸铵，搅拌均匀，在 2～3h 内滴加共聚单体 2.3g 丙烯酸和 0.3g 还原剂草酸使其聚合，期间温度不要超过 40℃，滴定完毕继续搅拌 20min；加入 7g40％氢氧化钠溶液中和并使其熟化升温，当温度不再升高时继续搅拌 30min 即得成品。

5.1.8　配方 8

1. 配方（表 5-8）

表 5-8　原材料配比表　　　　　　　　　　　单位：g

名称	丁烯基聚氧乙烯醚	丙烯酸	丙烯酰胺	2-丙烯酰胺基-2-甲基丙磺酸	高锰酸钾	丙烯酸	草酸	液碱
作用	大单体	聚合单体	聚合单体	分子量调节剂	氧化剂	聚合单体	还原剂	中和用
用量	70	4	1.2	0.7	0.8	2.6	0.4	7
工艺水	70	—				15	15	—
顺序	进反应釜	直接进大单体溶液				滴定用	滴定用	中和用

2. 工艺流程

将 70g 丁烯基聚氧乙烯醚溶解于 70g 水充分搅拌使之完全溶解；加入聚合单体 4g 丙烯酸、1.2g 丙烯酰胺及 0.7g 分子量调节剂 2-丙烯酰胺基-2-甲基丙磺酸和 0.8g 氧化剂高锰酸钾，搅拌均匀，在 2～3h 内滴加聚合单体 2.6g 丙烯酸和 0.4g 还原剂草酸使其聚合，期间温度不要超过 40℃，滴定完毕继续搅拌 20min；加入 7g40％氢氧化钠溶液中和并使其熟化升温，当温度不再升高时继续搅拌 30min 即得成品。

5.1.9　配方9

1. 原材料配比表（表5-9）

表5-9　原材料配比表　　　　　单位：g

配比	大单体	过氧化氢	丙烯酸	巯基乙酸	抗坏血酸
兑水	1950	0	250	670	
用量	3600	15	380	16	36
滴定条件	大单体完全溶解后加入过氧化氢搅拌5min后开始				
滴定时间	0		3.0h	3.5h	
反应时间	滴定结束后继续搅拌30min				
稀释时间	加入3050kg水搅拌15min				
检测及调整	低于40℃检测				

2. 小试工艺流程

（1）配制物料A：在干燥洁净的烧杯中加入38g丙烯酸，25g去离子水。混合均匀，备用。

（2）配制物料B：在干燥洁净的烧杯中加入3.6g抗坏血酸，67g去离子水，混合均匀；加入1.6g巯基乙酸混合均匀备用。

（3）向干净的500mL三口烧瓶先将加入360g大单体，195g去离子水。充分溶解后。

（4）向三口烧瓶中加入1.5g（27.5%）过氧化氢，搅拌5min。

（5）向三口烧瓶中同时滴加入A和B物料，A料3h滴完，B料3.5h滴完。

（6）所有物料滴完后继续搅拌30min。

（7）向三口烧瓶中加入305g水，搅拌15min。

5.1.10　配方10（保坍）

1. 原材料配比表（表5-10）

表5-10　原材料配比表　　　　　单位：kg

配比	大单体	次亚磷酸	硫酸亚铁	过氧化氢	吊白块	羟丙乙酯	丙烯酸
兑水	1335	75	—	35	60	50	
用量	1650	40	1	24	14	25	225
滴定条件	大单体完全溶解后加入次亚磷酸搅拌10min后加入硫酸亚铁，30min后滴定后三种						
滴定时间	0			2h	2h	2h	
反应时间	滴定结束后继续搅拌30min						
稀释时间	加入片碱33.75kg和75kg水搅拌15min						
检测及调整	低于40℃检测						

2. 小试工艺流程

将1650kg大单体溶解于1335kg水充分搅拌使之完全溶解；然后加入40kg次亚磷酸（用75kg水溶解），10min后加入硫酸亚铁1kg，30min后开始滴定，A聚合单体225kg丙烯酸＋25kg丙羟乙酯＋50kg水；B过氧化氢24kg＋36kg水；C吊白块14kg＋60kg水，在2～3h滴定完毕，保温搅拌60min即得成品。

5.1.11 配方11（保坍）

1. 配方（表5-11）

表5-11 原材料配比表 单位：kg

名称	TPEG	过氧化氢	丙烯酸	抗坏血酸	巯基乙酸
作用	大单体	氧化剂	聚合单体	分子量调节剂	
用量	390	17	185	6	5
工艺水	400	—	—	47	
顺序	进反应釜	直接进大单体溶液		滴定用2.0h	

2. 工艺流程

将390kg大单体TPEG溶解于400kg水充分搅拌使之完全溶解；加入17kg氧化剂过氧化氢，然后加入聚合单体185kg丙烯酸，最后加入6kg抗坏血酸和5kg巯基乙酸，搅拌反应2h，保温1h即得成品。

5.1.12 配方12（保坍）

1. 配方（表5-12）

表5-12 原材料配比表 单位：kg

名称	TPEG	过氧化氢	丙烯酸	抗坏血酸
作用	大单体	氧化剂	聚合单体	分子量调节剂
用量	450	15	40	2
工艺水	280	—	—	
顺序	进反应釜	直接进大单体溶液		

2. 工艺流程

将450kg大单体TPEG溶解于280kg水充分搅拌使之完全溶解；加入15kg氧化剂过氧化氢，然后加入聚合单体40kg丙烯酸，最后加入2kg分子量调节剂抗坏血酸，搅拌反应2h，保温1h补水200kg降温即得成品。

5.1.13 常温合成聚羧酸减水剂过程中存在的问题及解决方法

近几年的常温合成聚羧酸减水剂的应用技术已经非常成熟，但是在生产和应用过程中仍然存在许多的问题。其中最主要的是产品质量季节性差异大、保坍性效果差和对含泥含水敏感是三个最突出的问题。

主要原因是常温合成的聚羧酸减水剂，夏天质量特别稳定，减水率高，保坍性好，一旦进入秋冬季节，经常出现减水率降低，保坍性变差，当外加剂掺量较低时配制的混凝土流动性差，保坍性差，当外加剂掺量较高时配制的混凝土流动性增加，仍然存在保坍性差，同时出现严重泌水的问题。造成这种问题的原因主要包括以下几个方面：（1）环境温度变化引起的；（2）空气的相对湿度变化引起的；（3）浓度的变化引起的；（4）合成工艺初始反应温度与低价工艺引起的。

5.2　固体聚羧酸减水剂配方及工艺

5.2.1　配方1

1. 配方（表5-13）

表5-13　原材料配比表　　　　　单位：g

名称	烯丙基聚氧乙烯醚（2000）	甲基丙烯磺酸钠	甲基丙烯酸	偶氮二异庚腈	备注
作用	聚合主体	氧化剂	聚合单体	引发剂	大单体熔解后依次加入后三种，时间间隔20min
小试用量	100	4.74	21.6	6.21	
顺序	直接进反应釜	进大单体	进混合液	最后进反应釜	

2. 工艺流程

将100g分子量2000的烯丙基聚氧乙烯醚加热至50℃以上搅拌使之完全溶解；加入氧化剂4.74g甲基丙烯磺酸钠搅拌20min，加入聚合单体21.6g甲基丙烯酸搅拌20min，最后加入引发剂6.21g偶氮二异庚腈，搅拌均匀，升温至75℃搅拌反应2～3h后从反应釜抽出冷却至25℃即得成品。

5.2.2　配方2

1. 配方（表5-14）

表5-14　原材料配比表　　　　　单位：g

名称	异丁烯基聚氧乙烯醚（2400）	巯基丙酸	甲基丙烯酸	苯甲基过氧化二苯甲酰	备注
作用	聚合主体	氧化剂	聚合单体	引发剂	大单体熔解后依次加入后三种，时间间隔10min
小试用量	96	3.18	9.29	0.48	
顺序	直接进反应釜	进大单体	进混合液	最后进反应釜	

2. 工艺流程

将 96g 分子量 2400 的异丁烯基聚氧乙烯醚加热至 50℃以上搅拌使之完全溶解；加入氧化剂 3.18g 巯基丙酸搅拌 10min，加入聚合单体 9.29g 甲基丙烯酸搅拌 10min，最后加入引发剂 0.48g 苯甲基过氧化二苯甲酰，搅拌均匀，升温至 95℃搅拌反应 2～3h 后从反应釜抽出冷却至 40℃即得成品。

5.2.3 配方 3

1. 配方（表 5-15）

表 5-15 原材料配比表　　　　　　　　　　　单位：g

名称	甲氧基聚乙二醇甲基丙烯酸酯（1000）	烯丙基磺酸钠	丙烯酸	马来酸酐	偶氮二异丁酯	备注
作用	聚合主体	氧化剂	聚合单体	聚合单体	引发剂	大单体熔解后依次加入后三种，时间间隔 10min
小试用量	100	0.72	1.8	12.25	1.64
顺序	直接进反应釜	进大单体	进混合液	进混合液	最后进釜

2. 工艺流程

将 100g 分子量 1000 的甲氧基聚乙二醇甲基丙烯酸酯加热至 60℃以上搅拌使之完全溶解；加入氧化剂 0.72g 烯丙基磺酸钠搅拌 10min，加入聚合单体 1.8g 丙烯酸搅拌 10min，加入聚合单体 12.25g 马来酸酐搅拌 10min，最后加入引发剂 1.64g 偶氮二异丁酯，搅拌均匀，升温至 85℃搅拌反应 1.5～2h 后从反应釜抽出冷却至 30℃即得成品。

5.2.4 配方 4

1. 配方（表 5-16）

表 5-16 原材料配比表　　　　　　　　　　　单位：g

名称	异戊烯基聚氧乙烯醚（3000）	巯基乙酸	丙烯酸	衣康酸	过氧化二碳酸二环己酯	备注
作用	聚合主体	氧化剂	聚合单体	聚合单体	引发剂	大单体熔解后依次加入后三种，时间间隔 10min
小实验用量	120	1.47	19.65	3.55	3.44
顺序	直接进反应釜	进大单体	进混合液	进混合液	最后进反应釜

2. 工艺流程

将 120g 分子量 3000 的异戊烯基聚氧乙烯醚加热至 50℃以上搅拌使之完全溶解；加入氧化剂 1.47g 巯基乙酸搅拌 10min，加入聚合单体 19.65g 丙烯酸搅拌 10min，加入聚合单体 3.55g 衣康酸搅拌 10min，最后加入引发剂 3.44g 过氧化二碳酸二环己酯，搅拌均匀，升温至 90℃搅拌反应 3.5～4.5h 后从反应釜抽出冷却至 35℃即得成品。

5.2.5 配方5

1. 配方（表5-17）

表5-17 原材料配比表　　　　　　　　　　　　　单位：g

名称	甲氧基聚乙二醇丙烯酸酯（1500）	巯基丙酸	丙烯酸	富马酸	苯甲基过氧化二苯甲酰	备注
作用	聚合主体	氧化剂	聚合单体	聚合单体	引发剂	大单体熔解后依次加入后三种，时间间隔10min
小实验用量	90	1.91	6.49	20.89	3.63	
顺序	直接进反应釜	进大单体	进混合液	进混合液	最后进反应釜	

2. 工艺流程

将90g分子量1500的甲氧基聚乙二醇丙烯酸酯加热至50℃以上搅拌使之完全溶解；加入氧化剂1.91g巯基丙酸搅拌10min，加入聚合单体6.49g丙烯酸搅拌10min，加入聚合单体20.89g富马酸搅拌10min，最后加入引发剂3.63g苯甲基过氧化二苯甲酰，搅拌均匀，升温至80℃搅拌反应4~5h，从反应釜抽出冷却至35℃即得成品。

5.2.6 配方6

1. 配方（表5-18）

表5-18 原材料配比表　　　　　　　　　　　　　单位：g

名称	异丁烯基聚氧乙烯醚（2500）	甲基丙烯磺酸钠	甲基丙烯酸	偶氮二异丁腈	备注
作用	聚合主体	氧化剂	聚合单体	引发剂	大单体熔解后依次加入后三种，时间间隔20min
小实验用量	100	0.63	17.2	2.63	
顺序	直接进反应釜	进大单体	进混合液	最后进反应釜	

2. 工艺流程

将100g分子量2500的异丁烯基聚氧乙烯醚加热至50℃以上搅拌使之完全溶解；加入氧化剂0.63g甲基丙烯磺酸钠搅拌20min，加入聚合单体17.2g甲基丙烯酸搅拌20min，最后加入引发剂2.63g偶氮二异丁腈，搅拌均匀，升温至85℃搅拌反应5~6h后从反应釜抽出冷却至35℃即得成品。

第6章　利用磨细钢渣粉作为混合材料生产水泥和混凝土的研究

6.1　磨细钢渣粉作为水泥混合材料的研究

6.1.1　概述

首钢的钢渣经过前期的预处理和粉磨，比表面积达到了 $300\sim500m^2/kg$，与水泥的细度相当。由于首钢钢渣的化学成分和矿物组成也接近于水泥熟料，因此有可能作为水泥的混合材料，制备具有较高强度的水泥。本章的研究的目的就是要确定经粉磨和分选后的首钢钢渣用作水泥混合材料时的适宜配比和性能。

本研究根据现有的水泥国家标准和行业标准，分别采用了两家水泥厂的水泥熟料、两个产地四个不同细度的磨细粒化高炉矿渣、首钢的五种不同细度的磨细钢渣，在钢渣掺加量从 10% 到 45% 的大范围内，经过 200 多组配比试验，得到了比较好的规律性结果。由此阐明了首钢磨细钢渣在水泥中的行为和对水泥性能的影响，提出了适合于高强度水泥的磨细钢渣的性能和成分要求以及钢渣和矿渣之间的合理匹配。通过本项研究，筛选出一批掺有适量钢渣的 52.5 级和 42.5 级普通硅酸盐水泥、矿渣硅酸盐水泥、复合硅酸盐水泥、钢渣矿渣水泥的配方及其制备工艺条件。这一研究成果为首钢磨细钢渣在水泥生产中的应用提供了技术依据。

6.1.2　试验用原材料

钢渣：取自首都钢铁公司，化学成分列于表 6-1。将钢渣在粉碎机上粉碎和分选，由于分选风力不同，磨细钢渣粉可以分成若干细度等级，表 6-2 列出了各种磨细钢渣粉的密度和比表面积。

可见经分级机分选出来的磨细钢渣粉的密度比粉碎机排出的粗钢渣粉小，其原因是金属铁的密度是其他组分的 2.5 倍以上，在分选时难以被风力抽出，而富集排出的粗钢渣粉中，分选出的钢渣粉中含铁量大大降低。由于含铁量不同，各个钢渣粉样品的密度波动值在 $3.1\sim3.4kg/m^3$ 之间。分选出的各细钢渣粉内金属铁的含量均低于 0.3%，密度也较小。

水泥熟料：分别取自北京水泥厂和燕山水泥厂，均为旋转熟料。为配制水泥，将北京水泥厂的水泥熟料预先粉磨至比表面积为 310m²/kg；将燕山水泥厂的水泥熟料预先粉磨至比表面积为 330m²/kg。

石膏：取自燕山水泥厂，为通常水泥所用的二水石膏，$SO_3 = 35.9\%$，预先粉磨至比表面积为 330m²/kg。

磨细矿渣粉：分别取自武钢和首钢。武钢的磨细矿渣粉比表面积为 383m²/kg；首钢的磨细矿渣粉有四种，比表面积分别为 161m²/kg、182m²/kg、202m²/kg、431m²/kg。

表6-1　首钢磨细钢渣粉的化学成分　　　　　　　单位：%

烧失量（Loss）	SiO₂	Al₂O₃	Fe₂O₃	CaO	MgO	SO₃	F	CaF	MnO	P₂O₅	R₂O	TiO₂	Fe
0.79	15.28	5.31	18.55	43.15	12.39	0.10	1.07	2.20	1.21	0.92	0.06	1.06	

表6-2　首钢磨细钢渣粉的密度和比表面积

生产方式	编号	样品说明	密度（10³kg/m³）	比表面积（m²/kg）
磨细后未经过选粉机分选，用0.08mm方孔筛筛分	未筛	未经分选，未经筛分	3.27	237
	筛下	全部通过0.08mm方孔筛	3.33	303
磨细后未经过选粉机分选，其中风机转速分为自转、慢速转和高速转	粗粉	排出的粗钢渣粉	3.30	68
	自转	自转选出的细钢渣粉	3.17	460
	慢速	慢速转选出的细钢渣粉	3.17	409
	高速	高速转选出的细钢渣粉	3.13	382

6.1.3　试验方案

水泥的国家标准规定了不同水泥品种中混合材料的允许掺加量范围（表6-3）和性能指标（表6-4）。磨细钢渣粉作为水泥的混合材料，按照掺加量不同，可以制成普通硅酸盐水泥、矿渣硅酸盐水泥、复合硅酸盐水泥、钢渣矿渣水泥等。为了确定首钢磨细钢渣粉作为水泥混合材料对水泥性能的影响规律，特制定以下几方面的研究方案。

（1）在水泥熟料中单独掺加磨细钢渣粉配成水泥，掺量在水泥中占10%～45%。

（2）复合掺加磨细钢渣粉和矿渣粉，混合材料掺加总量在水泥中占15%～60%，其中磨细钢渣粉掺量占水泥总量的10%～40%。

（3）调整磨细钢渣粉和矿渣粉的细度，将不同比表面积的磨细钢渣粉和矿渣粉交叉掺入，以考察二者的合理匹配。

（4）采用两家水泥厂的熟料，分别掺入不同比表面积的磨细钢渣粉。

（5）测定各个掺有磨细钢渣粉的水泥的强度。

（6）测定各个掺有磨细钢渣粉的水泥的标准稠度用水量和凝结时间。

（7）用压蒸法测定掺有磨细钢渣粉的水泥样品的安定性。

（8）调整水泥中的石膏加入量从4%到7%、水泥中 SO_3 从1.44%到2.51%，考察石膏量对掺有磨细钢渣粉的水泥强度的影响。

（9）除用原有水泥标准进行水泥性能测定外，还参照新修订的水泥国家标准规定的方法测定掺有磨细钢渣粉的水泥的强度，以确定磨细钢渣粉作为水泥混合材料对水泥新标准的适应性，使之满足新标准的要求。

表 6-3　国家标准规定的水泥混合材料掺加量　　　　　　　　单位：％

代号	水泥品种	熟料和石膏	矿渣掺量水泥的组成
P·Ⅰ	硅酸盐水泥	100	混合材料掺量
P·Ⅱ		≥95	0
P·O	普通硅酸盐水泥	85～94	≤12
P·S	矿渣硅酸盐水泥	30～80	6～15，非活性混合材料<8
P·C	复合硅酸盐水泥	50～85	15～50，混合材料不少于两种，不与矿渣水泥重复
	钢渣矿渣水泥	≤40	钢渣与矿渣≥60，其中钢渣≥30

表 6-4　国家标准规定的水泥性能指标

强度等级		硅酸盐水泥		普通硅酸盐水泥		矿渣硅酸盐水泥		复合硅酸盐水泥		钢渣矿渣水泥	
		3d	28d	3d	28d	3d	28d	3d	28d	3d	28d
抗折强度	32.5	—	—	—	—	—	—	2.5	5.5	3.0	5.5
	42.5	—	—	—	—	—	—	3.5	6.5	4.0	6.5
	52.5	4.0	7.0	4.0	7.0	4.0	7.0	4.0	7.0	—	—
抗压强度	42.5	—	—	17.0	42.5	16.0	42.5	17.0	42.5	21.0	42.5
	52.5	23.0	52.5	22.0	52.5	21.0	52.1	22.0	52.5	—	—
初凝时间		≥0：45		≥0：45		≥0：45		≥0：45		≥0：45	
终凝时间		≤6：30		≤10：00		≤10：00		≤10：00		≤12：00	

本研究中各种原料分别预先磨细，然后按比例配合、混合，制成水泥，其目的是为了确定各个组分的磨细程度对不同水泥性能的影响、确定适宜掺加量、确定最佳细度范围等。在实际生产中，除磨细钢渣粉外，其余组分可以不必预先磨细，而是在水泥制成时共同粉磨。

6.1.4　掺钢渣的水泥强度试验结果

1. 掺未分选细钢渣粉和磨细矿渣粉的水泥

将首钢钢渣磨细后，未经分级机分选，而是筛至全部通过 0.08mm 方孔筛，测得其比表面积为 303m²/kg，与燕山水泥厂旋窑熟料（330m²/kg）或北京水泥厂熟料（310m²/kg）混合后配制成水泥，在水泥中还掺入了武钢的磨细矿渣（比表面积为 383m²/kg）或首钢的较粗的矿渣粉（比表面积为 161m²/kg），按照有关国家标准和行业标准，测定各个水泥的强度，结果列于表 6-5 和表 6-6。

对于全部通过 0.08mm 方孔筛、比表面积为 303m²/kg 的首钢磨细钢渣粉而言，当与较细的矿渣粉相匹配时，由表 6-5 的数据看出：（1）与磨细矿渣粉配合时，磨细钢渣粉掺量在 10%～25% 的范围内、混合材料总掺量不高于 45%，都能制成 52.5 级水泥，包括 52.5 级普通硅酸盐水泥和 52.5 级复合硅酸盐水泥。与纯熟料水泥相比，掺入钢渣后早期强度有所降低，后期强度相当。（2）当磨细钢渣粉掺量在 30%～45% 的范围内时，水泥强度为 42.5 级，包括混合材料总掺量为 45% 的 42.5 级复合硅酸盐水泥和混合材料掺量为 60% 的 42.5 级钢渣矿渣水泥。（3）单掺 30%～45% 磨细钢渣粉时水泥强度也是 42.5 级，与单掺磨细钢渣粉的矿渣水泥相比，由于掺入的钢渣比表面积与水泥熟料相当，而矿渣粉远比水泥熟料细，因此单掺 30%～45% 磨细矿渣粉的矿渣硅酸盐水泥强度仍可达到 52.5 级，而单掺 30%～45% 磨细钢渣粉时水泥强度只能达到 42.5 级。

当比表面积为 303m^2/kg 的首钢磨细钢渣粉与较粗的矿渣粉相匹配时，由表 6-6 的数据看出，混合材料总量为 30% 时，水泥强度为 42.5 级，混合材料数量为 45% 时水泥强度仅为 32.5 级。因此，在同时掺加磨细钢渣粉和磨细矿渣粉作为混合材料时，矿渣粉的细度不能过粗。

表 6-5 水泥强度

序号	熟料（%）	石膏（%）	钢渣（%）	矿渣（%）	抗折强度（MPa）			抗压强度（MPa）			水泥品种与强度等级
					3d	7d	28d	3d	7d	28d	
Z1	95	5	0	0	7.1	7.9	8.1	39.8	47.1	56.6	硅 I52.5
Z2	80	5	0	15	5.6	6.9	8.2	35.9	42.4	55.8	普通 52.5
Z3	65	5	0	30	4.9	7.4	8.7	26.6	39.9	59.2	矿渣 52.5
Z4	50	5	0	45	4.5	6.5	8.3	22.4	34.0	55.2	矿渣 52.5
Z5	85	5	10	0	6.1	7.1	8.4	36.0	45.5	54.9	普通 52.5
Z6	80	5	15	0	5.2	6.4	7.2	34.3	43.8	53.0	普通 52.5
Z7	65	5	30	0	3.8	6.6	7.3	26.3	37.4	48.0	复合 42.5
Z8	50	5	45	0	4.4	5.3	6.8	22.2	31.4	44.0	复合 42.5
Z9	80	5	10	5	5.9	7.4	7.4	34.9	45.3	57.4	普通 52.5
Z10	65	5	15	15	5.4	6.4	8.1	27.6	38.6	55.4	复合 52.5
Z11	50	5	15	30	5.3	6.7	8.3	26.0	37.3	57.1	复合 52.5
Z12	50	5	25	20	4.9	6.4	7.9	24.9	36.7	55.4	复合 52.5
Z13	50	5	35	10	4.5	5.9	7.1	24.4	35.7	50.9	复合 42.5
Z16	35	5	30	30	3.5	5.7	7.8	17.6	29.8	52.4	钢矿 42.5

注：表中内容是燕山水泥厂熟料（比表面积为 330m^2/kg）掺加首钢磨细筛下钢渣粉（比表面积为 303m^2/kg）和武钢磨细细矿渣粉（比表面积为 383m^2/kg）的水泥强度。

表 6-6　水泥强度试验结果

（比表面积：北京水泥厂熟料为 310m²/kg，首钢磨细全部通过 0.08mm 方孔筛的钢渣粉为 303m²/kg，首钢矿渣粉为 161m²/kg）

编　号	序号	配比（%）				抗折强度（MPa）			抗压强度（MPa）			水泥品种与强度等级
		熟料	石膏	钢渣	矿渣	3d	7d	28d	3d	7d	28d	
首细钢 0 首粗矿 0	Z24	95	5	0	0	5.9	6.6	8.4	33.0	40.7	54.5	硅 I 52.5
首细钢 10 首粗矿 5	Z25	80	5	10	5	5.4	6.1	8.2	29.1	37.9	51.1	普通 52.5
首细钢 15 首粗矿 15	Z26	65	5	15	15	4.6	5.6	7.3	23.8	33.2	47.3	复合 42.5
首细钢 15 首粗矿 30	Z27	50	5	15	30	3.7	4.6	7.0	17.8	25.6	41.2	复合 32.5
首细钢 25 首粗矿 20	Z28	50	5	25	20	3.6	4.7	6.6	17.4	24.8	39.3	复合 32.5
首细钢 35 首粗矿 10	Z29	50	5	35	10	3.7	4.7	6.4	18.3	26.5	41.4	复合 32.5

2. 掺加较粗钢渣粉和矿渣粉的水泥强度

首钢的磨细钢渣粉未经过分选，比表面积为 237m²/kg，掺入到北京水泥厂熟料（310m²/kg）中，同时掺入首钢的较粗矿渣粉（比表面积为 161m²/kg，0.08mm 方孔筛筛余 4.5%），混合制成水泥，其强度测试结果列于表 6-7 和表 6-8。

表 6-7 和表 6-8 的数据表明，无论是单掺还是复合掺加粉磨后未经筛分的粗钢渣粉（比表面积为 237m²/kg）和首钢粗矿渣粉（比表面积为 161m²/kg，0.08mm 方孔筛筛余 4.5%）的水泥强度明显低于表 6-5 所列的掺较细钢渣粉和矿渣粉的水泥。此时混合材料掺加总量为 10%～30% 的水泥强度为 42.5 级，而单掺 45% 粗钢渣粉或复合掺加 45% 粗钢渣粉和粗矿渣粉的水泥强度为 32.5 级，均比表 6-5 所列的掺较细钢渣粉和矿渣粉的水泥强度低一个强度等级。由此可以得知，作为水泥混合材料的磨细钢渣粉应该达到一定的细度，至少不应比通常的水泥粗，比表面积应该在 300m²/kg 以上，不应有大于 0.08mm 的颗粒。

将首钢的粗矿渣粉用 0.08mm 方孔筛进行筛分，全部过筛，比表面积也仅达到 182m²/kg。用筛得的矿渣粉与未筛的粗钢渣粉复合掺加制成水泥，强度结果列于表 6-9。可见，混合材料掺量为 15% 时可制成 52.5 级普通硅酸盐水泥，混合材料掺量为 30% 时水泥强度只能达到 42.5 级，混合材料掺量为 45% 时水泥强度只能达到 32.5 级。与表 6-6 和表 6-7 的结论相同。

表 6-7　水泥强度

序号	配比（%）				抗折强度（MPa）			抗压强度（MPa）			水泥品种与强度等级
	熟料	石膏	钢渣	矿渣	3d	7d	28d	3d	7d	28d	
Z19	80	5	0	15	5.7	6.6	8.2	32.9	39.2	51.2	普通 42.5
Z20	85	5	10	0	5.8	7.1	7.4	32.7	39.0	49.0	普通 42.5
Z21	80	5	15	0	5.5	6.6	8.0	29.8	38.5	49.1	复合 42.5
Z22	65	5	30	0	4.9	6.1	6.4	24.5	33.8	44.8	复合 42.5
Z23	50	5	45	0	4.0	5.1	6.7	18.4	26.8	39.5	复合 32.5

注：此表内容是北京水泥厂熟料（比表面积为 310m²/kg）单掺未筛钢渣粉（比表面积为 237m²/kg）和粗矿渣粉（比表面积为 161m²/kg，0.08mm 方孔筛筛余 4.5%）的水泥强度。

表 6-8 水泥强度试验结果

编号	序号	配比（%）				抗折强度（MPa）			抗压强度（MPa）			水泥品种与强度等级
		熟料	石膏	钢渣	矿渣	3d	7d	28d	3d	7d	28d	
首粗钢 0 首粗矿 0	Z24	95	5	0	0	6.7	7.6	9.2	36.0	44.5	58.4	硅 I 52.5
首粗钢 10 首粗矿 5	Z30	80	5	10	5	5.2	5.8	7.5	28.3	36.5	50.6	普通 52.5
首粗钢 15 首粗矿 15	Z31	65	5	15	15	4.5	5.2	7.2	22.3	30.3	45.3	复合 42.5
首粗钢 15 首粗矿 30	Z32	50	5	15	30	3.1	3.6	6.3	15.7	23.4	38.4	复合 32.5
首粗钢 25 首粗矿 20	Z33	50	5	25	20	3.2	4.6	6.3	16.3	24.7	38.8	复合 32.5
首粗钢 35 首粗矿 10	Z34	50	5	35	10	3.5	4.6	6.3	16.9	25.6	40.9	复合 32.5

注：此表内容是北京水泥厂熟料（比表面积为 $310m^2/kg$）复合掺加首钢粗钢渣粉（比表面积为 $237m^2/kg$）和首钢粗矿渣粉（比表面积为 $161m^2/kg$）的水泥强度。

表 6-9 水泥强度试验结果

（比表面积：北京水泥厂熟料为 $310m^2/kg$，首钢磨细未筛 0.08mm 方孔筛的矿渣粉为 $182m^2/kg$）

编号	序号	配比（%）				抗折强度（MPa）			抗压强度（MPa）			水泥品种与强度等级
		熟料	石膏	钢渣	矿渣	3d	7d	28d	3d	7d	28d	
首细钢 0 首细矿 0	Z24	95	5	0	0	5.9	6.6	8.4	33.0	40.7	54.5	硅 I 52.5
首粗钢 10 首细矿 5	Z35	80	5	10	5	5.3	6.6	8.0	28.4	39.7	52.9	普通 52.5
首粗钢 15 首细矿 15	Z36	65	5	15	15	4.3	5.1	7.3	23.4	33.0	48.3	复合 42.5
首粗钢 15 首细矿 30	Z37	50	5	15	30	3.0	4.5	6.3	13.6	21.0	33.1	复合 32.5
首粗钢 25 首细矿 20	Z38	50	5	25	20	3.8	4.7	6.6	15.7	22.5	36.9	复合 32.5
首粗钢 35 首细矿 10	Z39	50	5	35	10	3.6	4.7	6.5	16.9	25.7	40.6	复合 32.5

3. 掺加磨细高速分选钢渣粉和磨细矿渣粉的水泥强度

将首钢钢渣磨细后再经分级机分选，依照电机转动速度和风力不同分成三种细钢渣粉：高速转动时得到的"高钢"、慢速转动时得到的"慢钢"、自转得到的"自钢"，比表面积分别是 $380m^2/kg$、$409m^2/kg$、$460m^2/kg$。

将磨细后经高速分选的钢渣粉分别与首钢的磨细矿渣粉（$300m^2/kg$）和武钢的磨细矿渣粉（$400m^2/kg$）复合掺加到北京水泥厂熟料中，制成各种水泥，强度测试结果列于表 6-10 和表 6-11。

对于采用比表面积为 $380m^2/kg$ 的钢渣粉和比表面积为 $300m^2/kg$ 的矿渣粉的情况而言，当钢渣粉和矿渣粉掺加总量在 15% 之内时，可以制成 52.5 级普通硅酸盐水泥；当钢渣粉和矿渣粉掺加总量在 30% 时，可以制成 52.5 级复合硅酸盐水泥；当钢渣粉和矿渣粉掺加总量在 45% 时，可以制成 42.5 级复合硅酸盐水泥；各组水泥的平均强度接近 52.5 级，如果进一步优化生产工艺，有可能生产出 52.5 级复合硅酸盐水泥；当钢渣粉和矿渣粉掺加总量在 60% 时，只能制成 32.5 级钢渣矿渣水泥。

表 6-11 的数据则说明，如果矿渣粉的比表面积提高到 $400m^2/kg$，水泥强度均有所提高。当钢渣粉和矿渣粉掺加总量在 15% 之内时，可以制成 52.5 级普通硅酸盐水泥；当钢

渣粉和矿渣粉掺加总量在 30% 时，可以制成 52.5 级复合硅酸盐水泥；当钢渣粉和矿渣粉掺加总量在 45%、其中钢渣为 25% 时，也可制成 52.5 级复合硅酸盐水泥；当钢渣粉和矿渣粉掺加总量在 45%、其中钢渣为 35% 时，复合硅酸盐水泥的强度为 42.5 级；当钢渣粉和矿渣粉掺加总量在 60% 时，钢渣粉为 30% 时能制成 42.5 级钢渣矿渣水泥，钢渣粉为 40% 时钢渣矿渣水泥的强度为 32.5 级。

表 6-10　水泥强度

编号	序号	熟料	石膏	钢渣	矿渣	抗折强度（MPa）			抗压强度（MPa）			水泥品种与强度等级
						3d	7d	28d	3d	7d	28d	
首高钢 0 首细矿 15	Zb52	80	5	0	15	5.2	6.9	8.6	29.7	41.8	54.9	普通 52.5
首高钢 10 首细矿 0	Zb21	85	5	10	0	7.6	8.1	9.0	38.7	47.3	55.9	普通 52.5
首高钢 10 首细矿 15	Zb20	70	5	10	15	6.0	7.8	8.9	29.5	41.5	55.6	普通 52.5
首高钢 15 首细矿 15	Zb19	65	5	15	15	5.6	7.5	8.5	29.0	38.0	54.2	复合 52.5
首高钢 15 首细矿 30	Zb18	50	5	15	30	4.3	6.0	7.3	23.2	31.8	51.2	复合 42.5
首高钢 25 首细矿 20	Zb17	50	5	25	20	5.0	6.5	7.1	28.6	39.6	52.0	复合 42.5
首高钢 35 首细矿 10	Zb16	50	5	35	10	4.9	6.2	7.1	25.9	35.2	50.2	复合 42.5
首高钢 30 首细矿 30	Zb15	35	5	30	30	3.6	5.1	6.6	19.7	23.4	38.9	钢矿 32.5
首高钢 40 首细矿 20	Zb14	35	5	40	20	3.7	5.3	6.4	20.3	24.5	37.1	钢矿 32.5

注：此表内容是北京水泥厂熟料（比表面积为 310m²/kg）复合掺加首钢磨细高速分选钢渣粉（比表面积为 380m²/kg）和首钢磨细矿渣粉（比表面积为 300m²/kg）制成的水泥强度。

表 6-11　水泥强度试验结果

（比表面积：北京水泥厂熟料为 310m²/kg，首钢磨细高速分选钢渣粉为 380m²/kg，武钢磨细矿渣粉为 400m²/kg）

编号	序号	熟料	石膏	钢渣	矿渣	抗折强度（MPa）			抗折强度（MPa）			水泥品种与强度等级
						3d	7d	28d	3d	7d	28d	
首高钢 10 武细矿 5	Zb21	80	5	10	5	7.6	8.1	9.0	38.7	47.3	55.9	普通 52.5
高首钢 10 武细矿 0	Zb29	85	5	10	0	5.6	6.9	9.1	30.0	40.4	59.7	普通 52.5
首高钢 15 武细矿 10	Zb30	70	5	15	10	4.6	6.4	8.7	27.7	38.9	57.1	复合 52.5
首高钢 15 武细矿 15	Zb31	65	5	15	25	4.3	6.1	8.4	21.7	37.0	54.7	复合 52.5
首高钢 25 武细矿 20	Zb32	50	5	25	20	4.4	6.1	8.0	24.1	38.0	55.8	复合 52.5
首高钢 35 武细矿 10	Zb33	50	5	35	10	4.0	5.9	7.6	21.8	34.7	46.3	复合 42.5
首高钢 40 武细矿 15	Zb34	40	5	40	15	2.9	5.1	7.7	13.1	27.5	41.5	钢矿 32.5
首高钢 30 武细矿 30	Zb36	35	5	30	30	3.5	5.5	8.3	15.2	31.6	46.7	钢矿 42.5

4. 掺加磨细慢速分选钢渣粉和磨细矿渣粉的水泥强度

将磨细后经慢速分选的钢渣粉分别与首钢的磨细矿渣粉（202m²/kg）和武钢的磨细矿渣粉（383m²/kg）复合掺加到北京水泥厂熟料中，制成各种水泥，强度测试结果列于表 6-12 和表 6-13。

对于采用比表面积为 409m²/kg 的钢渣粉和比表面积为 202m²/kg 的矿渣粉的情况而

言，当钢渣粉和矿渣粉掺加总量在 15％之内时，可以制成 52.5 级普通硅酸盐水泥；当钢渣粉和矿渣粉掺加总量在 30％时，可以制成 52.5 级复合硅酸盐水泥；当钢渣粉和矿渣粉掺加总量在 45％时，也可以制成 42.5 级复合硅酸盐水泥；当钢渣粉和矿渣粉掺加总量在 60％时，只能制成稳定 32.5 级钢渣矿渣水泥。

　　表 6-13 的数据则说明，如果矿渣粉的比表面积提高到 383m²/kg，当钢渣粉和矿渣粉掺加总量在 15％之内时，普通硅酸盐水泥强度为 52.5 级；当钢渣粉和矿渣粉掺加总量在 30％时，可以制成 52.5 级复合硅酸盐水泥；当钢渣粉和矿渣粉掺加总量在 45％，其中钢渣为 25％时，也可以制成 52.5 级复合硅酸盐水泥；当钢渣粉和矿渣粉掺加总量在 45％、其中钢渣为 35％时，复合硅酸盐水泥的强度为 42.5 级，接近于 52.5 级；当钢渣粉和矿渣粉掺加总量在 60％时钢渣矿渣水泥的强度为 42.5 级。

表 6-12　水泥强度试验结果

（比表面积：北京水泥厂熟料为 310m²/kg，首钢磨细慢速分选钢渣粉为 409m²/kg，首钢磨细矿渣粉为 202m²/kg）

编号	序号	熟料	石膏	钢渣	矿渣	抗折强度（MPa）			抗压强度（MPa）			水泥品种与强度等级
						3d	7d	28d	3d	7d	28d	
首慢钢 0 首细矿 0	Zb1	95	5	0	0	6.7	7.6	9.2	36.0	44.5	58.4	硅 I 52.5
首慢钢 5 首细矿 10	Zb52	80	5	5	10	5.2	6.9	8.6	29.7	41.8	54.9	普通 52.5
首慢钢 10 首细矿 5	Zb22	80	5	10	5	6.0	7.7	9.0	31.9	38.5	55.4	普通 52.5
首慢钢 15 首细矿 15	Zb23	65	5	15	15	5.7	6.9	7.8	25.9	33.9	54.9	复合 52.5
首慢钢 15 首细矿 30	Zb24	50	5	15	30	4.3	6.0	7.4	23.2	31.8	50.3	复合 42.5
首慢钢 25 首细矿 20	Zb25	50	5	25	20	5.0	6.5	7.3	26.9	31.8	48.9	复合 42.5
首慢钢 35 首细矿 10	Zb26	50	5	35	10	5.6	6.6	7.1	31.7	35.1	44.3	复合 42.5
首慢钢 40 首细矿 20	Zb27	35	5	40	20	4.3	5.7	6.4	21.5	24.4	33.5	钢矿 32.5
首慢钢 30 首细矿 30	Zb28	35	5	30	30	4.3	5.9	6.6	22.4	24.6	35.6	钢矿 42.5

表 6-13　水泥强度试验结果

（比表面积：北京水泥厂熟料为 310m²/kg，首钢磨细慢速分选钢渣粉为 409m²/kg，武钢磨细矿渣粉为 383m²/kg）

编号	序号	熟料	石膏	钢渣	矿渣	抗折强度（MPa）			抗压强度（MPa）			水泥品种与强度等级
						3d	7d	28d	3d	7d	28d	
首慢钢 0 武细矿 0	Zb1	95	5	0	0	6.7	7.6	9.2	36.0	44.5	58.4	硅 I 52.5
首慢钢 10 武细矿 0	Zb2	85	5	10	0	6.2	7.6	8.7	33.1	41.3	55.7	普通 52.5
首慢钢 10 武细矿 5	Zb3	80	5	10	5	6.1	7.2	8.5	33.2	41.8	54.8	普通 52.5
首慢钢 15 武细矿 15	Zb4	65	5	15	15	5.7	7.1	8.4	30.7	43.8	53.5	复合 52.5
首慢钢 15 武细矿 30	Z55	50	5	15	30	5.0	6.8	8.9	27.7	40.3	52.7	复合 42.5
首慢钢 25 武细矿 20	Zb6	50	5	25	20	4.8	6.4	7.9	25.9	35.5	52.7	复合 52.5
首慢钢 35 武细矿 10	Zb7	50	5	35	10	4.3	6.3	7.7	28.5	34.2	52.5	复合 42.5
首慢钢 40 武细矿 20	Zb8	35	5	40	20	4.8	6.2	8.5	23.8	34.8	52.1	钢矿 42.5
首慢钢 30 武细矿 30	Zb9	35	5	30	30	5.0	6.7	8.1	30.1	34.1	51.5	钢矿 42.5

5. 掺加磨细自转分选钢渣粉和磨细矿渣粉的水泥强度

将磨细后经自转分选的钢渣粉分别与首钢的磨细矿渣粉（202m²/kg）和武钢的磨细矿渣粉（383m²/kg）复合掺加到北京水泥厂熟料中，制成各种水泥，强度测试结果列于表 6-14 和表 6-15。

对于采用比表面积为 460m²/kg 的钢渣粉和比表面积为 202m²/kg 的矿渣粉的情况而言，当钢渣粉和矿渣粉掺加总量在 15％之内时，可以制成 52.5 级普通硅酸盐水泥；当钢渣粉和矿渣粉掺加总量在 30％和 45％时，可以制成 52.5 级复合硅酸盐水泥；当钢渣粉和矿渣粉掺加总量在 60％时，制得钢渣矿渣水泥的强度为 32.5 级；如果矿渣粉的比表面积提高到 383m²/kg（表 6-15），当钢渣粉和矿渣粉掺加总量在 15％之内时，普通硅酸盐水泥强度为 52.5 级；当钢渣粉和矿渣粉掺加总量在 30％和 45％时，可以制成 52.5 或 42.5 级复合硅酸盐水泥；当钢渣粉和矿渣粉掺加总量在 60％时钢渣矿渣水泥的强度为 42.5 级或 32.5 级。

表 6-14　水泥强度试验结果

（比表面积：北京水泥厂熟料为 310m²/kg，首钢磨细自转分选钢渣粉为 460m²/kg，首钢磨细矿渣粉为 202m²/kg）

编号	序号	熟料	石膏	钢渣	矿渣	抗折强度（MPa）			抗压强度（MPa）			水泥品种与强度等级
						3d	7d	28d	3d	7d	28d	
首自钢 10 首细矿 0	Zb52	80	5	0	15	5.4	7.1	8.9	31.2	43.9	57.6	普通 52.5
首自钢 10 首细矿 5	Zb37	80	5	10	5	5.1	7.0	8.5	27.6	39.5	57.3	普通 52.5
首自钢 15 首细矿 15	Zb38	65	5	15	15	5.1	6.3	7.8	28.7	38.2	54.6	复合 52.5
首自钢 15 首细矿 30	Zb39	50	5	15	30	4.7	5.3	7.2	24.3	31.3	52.8	复合 52.5
首自钢 25 首细矿 20	Zb40	50	5	25	20	4.9	5.7	7.2	23.9	33.7	54.5	复合 52.5
首自钢 35 首细矿 10	Zb41	50	5	35	10	5.4	6.0	7.3	25.7	36.1	54.1	复合 52.5
首自钢 40 首细矿 20	Zb42	35	5	40	20	2.8	3.7	5.4	11.6	20.3	34.2	钢矿 32.5
首自钢 30 首细矿 30	Zb43	35	5	30	30	3.5	3.7	6.0	12.0	20.4	37.8	钢矿 32.5

表 6-15　水泥强度试验结果

（比表面积：北京水泥厂熟料为 310m²/kg，首钢磨细自转分选钢渣粉为 460m²/kg，武钢磨细矿渣粉为 383m²/kg）

编号	序号	熟料	石膏	钢渣	矿渣	抗折强度（MPa）			抗压强度（MPa）			水泥品种与强度等级
						3d	7d	28d	3d	7d	28d	
首自钢 10 武细矿 0	Zb53	85	5	10	0	6.7	7.5	8.8	36.7	42.8	55.3	普通 52.5
首自钢 10 武细矿 5	Zb45	80	5	10	5	6.6	7.7	9.5	39.2	45.0	58.1	普通 52.5
首自钢 15 武细矿 15	Zb46	65	5	15	15	5.7	6.3	8.9	27.4	43.2	55.4	复合 52.5
首自钢 15 武细矿 30	Zb47	50	5	15	30	5.3	6.5	8.1	22.7	32.9	55.5	复合 52.5
首自钢 25 武细矿 20	Zb48	50	5	25	20	5.0	6.1	8.0	22.7	33.1	49.7	复合 42.5
首自钢 35 武细矿 10	Zb49	50	5	35	10	5.2	6.4	8.1	22.7	30.5	50.2	复合 42.5
首自钢 40 武细矿 20	Zb50	35	5	40	20	4.7	5.6	7.4	19.0	27.5	44.4	钢矿 32.5
首自钢 30 武细矿 30	Zb51	35	5	30	30	4.9	6.1	7.4	20.2	31.1	39.1	钢矿 42.5

6.1.5 参照新国家标准的试验结果及石膏掺加量的影响

从 2008 年开始我国通用水泥全部采用参照国际 ISO 标准修订的新的国家水泥标准《通用硅酸盐水泥标准》GB 175—2007。本项研究参照这一标准做了部分试验，其中，胶砂比为 1:3，水胶比为 0.5:1。但是，试验条件与新标准有所不同，采用的标准砂和试验仪器仍采用原有标准。即使如此，所得到的结果与新标准的结构仍将会有较好的可比性。

以上试验均采用同一石膏掺量 5%，石膏中 SO_3 含量为 35.9%，换算到水泥中的 SO_3 含量为 1.8%左右。为了考察石膏掺加量对含磨细钢渣粉的水泥性能的影响，本项研究还测定了石膏掺量为 4%、5%、6%、7%的水泥强度变化规律，相当于水泥中 SO_3 含量分别为 1.44%、1.80%、2.15%、2.51%，测定的结果列于表 6-16。

石膏掺量为 4%～7%的硅酸盐水泥强度都能达到 52.5 级，相对来说石膏掺量为 5%～6%时水泥抗压强度较高。

表 6-16 不同石膏掺量对水泥性能的影响

(北京水泥厂熟料，首钢磨细钢渣粉的比表面积为 $460m^2/kg$，首钢磨细矿渣粉的比表面积为 $202m^2/kg$)

序号	编号	熟料	石膏	钢渣	矿渣	SO_3	抗折强度（MPa）			抗压强度（MPa）			水泥品种与强度等级
							3d	7d	28d	3d	7d	28d	
1	首细钢 0 首细矿 0	96	4	0	0	1.44	5.4	6.8	8.1	31.7	39.2	56.5	硅 I 52.5
2	首细钢 10 首细矿 0	86	4	10	0	1.44	5.6	6.4	7.3	31.5	38.9	53.4	普通 52.5
3	首细钢 10 首细矿 5	81	4	10	5	1.44	5.6	6.3	7.6	30.9	38.1	53.9	普通 52.5
4	首细钢 40 首细矿 8	48	4	40	8	1.44	4.0	5.6	6.8	23.2	29.3	53.0	复合 52.5
5	首细钢 15 首细矿 15	66	4	15	15	1.44	5.4	6.5	7.8	27.2	36.0	45.6	复合 52.5
6	首细钢 30 首细矿 10	55	4	31	10	1.44	4.2	5.8	7.2	23.2	29.7	46.3	复合 42.5
7	首细钢 30 首细矿 30	36	4	30	30	1.44	3.1	5.1	7.6	14.2	20.6	42.1	钢矿 32.5
8	首细钢 0 首细矿 0	95	5	0	0	1.80	6.6	7.2	7.9	34.5	44.5	56.5	硅 I 52.5
9	首细钢 10 首细矿 0	85	5	10	0	1.80	5.9	6.8	7.5	30.9	41.0	53.0	普通 52.5
10	首细钢 10 首细矿 5	80	5	10	5	1.80	6.1	6.9	7.8	31.1	40.3	54.6	普通 52.5
11	首细钢 40 首细矿 8	47	5	40	8	1.80	4.2	6.7	7.8	19.5	37.4	55.2	复合 52.5
12	首细钢 15 首细矿 15	65	5	15	15	1.80	5.6	6.9	7.8	25.7	32.3	58.4	复合 52.5
13	首细钢 30 首细矿 10	56	5	31	10	1.80	4.7	5.7	7.1	21.8	31.5	49.2	复合 42.5
14	首细钢 30 首细矿 30	35	5	30	30	1.80	3.8	5.7	7.3	13.7	22.0	43.2	钢矿 42.5
15	首细钢 0 首细矿 0	94	6	0	0	2.15	6.8	7.2	8.8	27.6	43.2	56.5	硅 I 52.5
16	首细钢 10 首细矿 0	84	6	10	0	2.15	6.5	7.5	7.9	27.5	42.8	55.2	普通 52.5
17	首细钢 10 首细矿 5	79	6	10	5	2.15	6.5	7.3	8.4	24.9	41.0	55.5	普通 52.5
18	首细钢 40 首细矿 8	46	6	40	8	2.15	4.4	6.9	8.8	16.2	30.2	57.1	复合 52.5
19	首细钢 15 首细矿 15	64	6	15	15	2.15	5.9	6.7	8.1	21.5	37.9	57.2	复合 52.5

续表

序号	编号	熟料	石膏	钢渣	矿渣	SO₃	抗折强度（MPa）			抗压强度（MPa）			水泥品种与强度等级
							3d	7d	28d	3d	7d	28d	
20	首细钢30首细矿10	53	6	31	10	2.15	5.2	6.1	7.5	19.5	32.2	49.7	复合42.5
21	首细钢30首细矿30	34	6	30	30	2.15	3.4	5.3	6.9	14.4	21.4	41.8	钢矿32.5
22	首细钢0首细矿0	93	7	0	0	2.51	6.7	7.9	8.5	36.5	45.3	54.5	硅I52.5
23	首细钢10首细矿0	83	7	10	0	2.51	6.5	7.5	8.1	34.2	42.8	52.9	普通52.5
24	首细钢10首细矿5	78	7	10	5	2.51	6.5	7.4	8.1	31.8	42.4	52.9	普通52.5
25	首细钢40首细矿8	45	7	40	8	2.51	4.2	6.4	8.7	18.3	31.9	53.3	复合52.5
26	首细钢15首细矿15	63	7	15	15	2.51	5.7	6.9	8.1	27.2	39.1	53.2	复合52.5
27	首细钢30首细矿10	52	7	31	10	2.51	5.2	6.1	7.7	21.6	33.0	47.0	复合42.5
28	首细钢30首细矿30	33	7	30	30	2.51	3.2	5.2	7.7	12.3	30.1	38.7	钢矿32.5

SO₃ 为 1.44% 时，水泥熟料为 48%～96%、钢渣粉为 0～40% 的水泥强度均达到 52.5 级；熟料为 48%、钢渣粉为 40% 的复合硅酸盐水泥强度也可达到 52.5 级，但是熟料为 55%、钢渣粉为 31% 的复合硅酸盐水泥强度仅为 42.5 级；钢渣粉和矿渣粉各掺 30% 的钢渣矿渣水泥强度仅为 32.5 级。SO₃ 为 1.80% 时，除了钢渣粉和矿渣粉各掺 30% 的钢渣矿渣水泥强度为 42.5 级之外，其余水泥的强度等级均与 SO₃ 为 1.44% 时相同，但是强度数值普遍略高于 SO₃ 为 1.44% 的水泥。SO₃ 为 2.15% 时，各个水泥的强度等级与 SO₃ 为 1.44% 时相同，但是强度数值也普遍略高于 SO₃ 为 1.44% 的水泥，3d 强度略低于 SO₃ 为 1.80% 的水泥。钢渣粉和矿渣粉各掺 30% 的钢渣矿渣水泥强度为 32.5 级，但是其数值接近于 42.5 级。SO₃ 为 2.15% 时，各个水泥的强度等级也与 SO₃ 为 1.44% 时相同，但是强度数值普遍略低于 SO₃ 为 2.15% 的水泥。就本项研究所用的原材料而言，石膏用量应在 5% 左右或略高一点为最佳，水泥中 SO₃ 应控制在 1.8%～2%。当矿渣用量较多时石膏用量可以略多一点，钢渣粉掺量较高的水泥可以将石膏用量略减少一点。

6.1.6　掺磨细钢渣粉的水泥标准稠度用水量、凝结时间和安定性试验结果

按照国家标准规定《水泥标准稠度用水量、凝结时间、安定性检验方法》GB/T 1346—2011，测定了上述配制的各个水泥样品的标准稠度用水量和凝结时间。用北京水泥厂熟料（比表面积为 310m²/kg）掺加各种细度的磨细分选钢渣粉（比表面积分别为 380m²/kg、409m²/kg、460m²/kg）配制的普通硅酸盐水泥、复合硅酸盐水泥、钢渣矿渣水泥的测定结果分别列于表 6-17 至表 6-20，各表中同时还给出了未掺磨细钢渣粉的硅酸盐水泥的测定结果。

表6-17　掺磨细钢渣粉的普通硅酸盐水泥标准稠度用水量和凝结时间（北京水泥厂熟料比表面积为310m²/kg）

| 编号 | 序号 | 熟料 | 石膏 | 钢渣细度与掺量 | | 矿渣细度与掺量 | | 水泥品种与强度等级 | 标准稠度用水量（%） | 凝结时间（h：min） | |
				m²/kg	%	m²/kg	%			初凝	终凝
首慢钢0武细矿0	Zb1	95	5	—	0	—	0	硅 I 52.5	24.7	1：46	3：39
首慢钢10武细矿0	Zb2	85	5	409	10	400	0	普硅 52.5	25.0	1：53	3：48
首慢钢10武细矿5	Zb3	80	5	409	10	400	5	普硅 52.5	24.8	2：08	3：49
首高钢10首细矿0	Zb21	85	5	380	10	300	0	普硅 52.5	24.3	3：07	4：50
首慢钢10首细矿5	Zb22	80	5	409	10	300	5	普硅 52.5	24.3	2：31	4：12
首自钢10首细矿5	Zb37	80	5	460	10	300	5	普硅 52.5	24.5	2：12	3：36
首自钢10武细矿5	Zb45	80	5	460	10	400	5	普硅 52.5	25.9	1：58	4：14
首自钢0首细矿15	Zb52	80	5	—	0	300	15	普硅 52.5	25.8	2：49	4：40
首自钢10武细矿0	Zb53	85	5	460	10	—	0	普硅 52.5	24.5	2：52	4：42

表6-18　掺磨细钢渣粉的复合硅酸盐水泥标准稠度用水量和凝结时间（北京水泥厂熟料比表面积为310m²/kg）

| 编号 | 序号 | 熟料 | 石膏 | 钢渣细度与掺量 | | 矿渣细度与掺量 | | 水泥品种与强度等级 | 标准稠度用水量（%） | 凝结时间（h：min） | |
				m²/kg	%	m²/kg	%			初凝	终凝
首慢钢0武细矿0	Zb1	95	5	—	0	—	0	硅 I 52.5	24.7	1：46	3：39
首慢钢15武细矿15	Zb4	65	5	409	15	400	15	复合 52.5	25.3	2：30	4：26
首慢钢15武细矿30	Zb5	50	5	409	15	400	30	复合 52.5	26.5	3：00	6：21
首慢钢25武细矿20	Zb6	50	5	409	25	400	20	复合 52.5	26.1	2：53	5：32
首慢钢35武细矿10	Zb7	50	5	409	35	400	10	复合 42.5	25.8	3：07	5：03
首高钢35首细矿10	Zb16	50	5	380	35	300	10	复合 42.5	24.6	4：13	6：51
首高钢25首细矿20	Zb17	50	5	380	25	300	20	复合 42.5	24.1	4：11	7：00
首高钢15首细矿30	Zb18	50	5	380	15	300	30	复合 42.5	23.6	3：13	6：19
首高钢15首细矿15	Zb19	65	5	380	15	300	15	复合 52.5	24.4	3：18	5：26
首高钢10首细矿15	Zb20	70	5	380	10	300	15	复合 52.5	24.0	2：16	4：12
首慢钢15首细矿15	Zb23	65	5	409	15	300	15	复合 52.5	24.3	3：09	5：42
首慢钢15首细矿30	Zb24	50	5	409	15	300	30	复合 42.5	24.2	3：17	5：54
首慢钢25首细矿20	Zb25	50	5	409	25	300	20	复合 42.5	24.5	3：26	5：50
首慢钢35首细矿10	Zb26	50	5	409	35	300	10	复合 42.5	23.9	3：40	6：30
首细钢35首粗矿10	Zb29	50	5	303	35	161	10	复合 52.5	24.7	1：52	3：51
首高钢15武细矿15	Zb30	65	5	380	15	400	15	复合 52.5	24.9	2：44	5：49
首高钢15武细矿30	Zb31	50	5	380	15	400	30	复合 52.5	25.0	5：10	7：42
首高钢25武细矿20	Zb32	50	5	380	25	400	20	复合 52.5	24.7	3：53	6：40
首高钢35武细矿10	Zb33	50	5	380	35	400	10	复合 42.5	24.2	4：24	7：40
首自钢15首细矿15	Zb38	65	5	460	15	300	15	复合 52.5	24.7	2：35	4：20

续表

编号	序号	熟料	石膏	钢渣细度与掺量		矿渣细度与掺量		水泥品种与强度等级	标准稠度用水量（%）	凝结时间（h：min）	
				m²/kg	%	m²/kg	%			初凝	终凝
首自钢15首细矿30	Zb39	50	5	460	15	300	30	复合52.5	24.7	3：36	6：35
首自钢25首细矿20	Zb40	50	5	460	25	300	20	复合52.5	24.9	3：12	5：13
首自钢35首细矿10	Zb41	50	5	460	35	300	10	复合52.5	25.2	2：45	5：27
首自钢15武细矿15	Zb46	65	5	460	15	400	15	复合52.5	25.8	2：17	4：15
首自钢15武细矿30	Zb47	50	5	460	15	400	30	复合52.5	24.2	2：17	4：26
首自钢25武细矿20	Zb48	50	5	460	25	400	20	复合52.5	26.0	2：57	5：48
首自钢35武细矿10	Zb49	50	5	460	35	400	10	复合52.5	25.8	2：48	5：04

表 6-19　掺磨细钢渣粉的钢渣矿渣水泥标准稠度用水量和凝结时间（北京水泥厂熟料比表面积为 310m²/kg）

编号	序号	熟料	石膏	钢渣细度与掺量		矿渣细度与掺量		水泥品种与强度等级	标准稠度用水量（%）	凝结时间（h：min）	
				m²/kg	%	m²/kg	%			初凝	终凝
首慢钢0首细矿0	Zb1	95	5	—	0	—	0	硅Ⅰ52.5	24.7	1：46	3：39
首慢钢40首细矿20	Zb8	35	5	409	40	383	20	钢矿42.5	24.8	4：24	6：48
首慢钢30首细矿30	Zb9	35	5	409	30	383	30	钢矿42.5	25.6	4：11	6：45
首高钢40首细矿20	Zb14	35	5	380	40	202	20	钢矿32.5	23.9	4：29	8：03
首高钢30首细矿30	Zb15	35	5	380	30	202	30	钢矿32.5	23.8	4：58	7：51
首慢钢40首细矿20	Zb27	35	5	409	40	202	20	钢矿32.5	24.2	4：47	6：55
首慢钢30首细矿30	Zb28	35	5	409	30	202	30	钢矿32.5	24.7	4：56	7：07
首高钢40武细矿20	Zb34	35	5	380	40	383	20	钢矿32.5	25.3	5：25	8：26
首高钢30武细矿30	Zb36	35	5	380	30	383	30	钢矿42.5	24.9	4：12	7：34
首自钢40武细矿20	Zb42	35	5	460	40	202	20	钢框32.5	25.1	3：14	6：43
首自钢30武细矿30	Zb43	35	5	460	30	202	30	钢框32.5	24.5	3：47	6：44
首自钢40武细矿20	Zb50	35	5	460	40	383	20	钢框42.5	25.8	2：30	7：49
首自钢30武细矿30	Zb51	35	5	460	30	383	30	钢框42.5	26.5	3：29	6：30

　　各个水泥的标准稠度用水量均在合理范围内，波动于 23.5%～27%，与掺其他混合材料的水泥相当。

　　掺有磨细钢渣粉的普通硅酸盐水泥凝结时间比纯硅酸盐水泥稍有延长，初凝延长 6min 至 1h11min，终凝时间延长 0～70min。与单掺矿渣的普通纯硅酸盐水泥相比，还略有缩短，因此掺磨细钢渣粉制备的普通硅酸盐水泥凝结时间属于比较理想的，在使用中将不会有不良影响。

　　掺有磨细钢渣粉的复合硅酸盐水泥凝结时间比纯硅酸盐水泥和普通硅酸盐水泥明显延长，这符合水泥掺加混合材料的一般规律。与纯硅酸盐水泥相比，除个别样品之外，复合硅酸盐水泥初凝时间延长 0.5～3h，终凝时间延长 0.5～4h。一般地说，混合材料掺量越

智能+绿色高性能混凝土

大，凝结时间越长。

掺磨细钢渣粉的钢渣矿渣水泥凝结时间比纯硅酸盐水泥和普通硅酸盐水泥也明显延长，比复合硅酸盐水泥的凝结时间也长一些，这是因为水泥中混合材料掺加量进一步增加所致。钢渣矿渣水泥初凝时间最迟可至5h左右，终凝时间最长可达8h。

表6-20　燕山水泥厂熟料配制的掺磨细矿渣粉的水泥稠度用水量、凝结时间和（压蒸）安定性试验结果

（钢渣比表面积为303m²/kg，首钢磨细矿渣比表面积为182m²/kg，武钢磨细矿渣比表面积为383m²/kg）

编号	钢渣比表面积及掺量		矿渣比表面积及掺量		初凝	终凝	（压蒸）	水泥品种
	m²/kg	%	m²/kg	%	（h：min）	（h：min）	安定性	
A1	—	0	—	0	2：20	3：35	—	硅酸盐水泥
A2	—	0	383	15	3：17	4：18		普通硅酸盐水泥
A3	—	0	383	30	3：13	4：42		矿渣硅酸盐水泥
A4	—	0	383	45	3：35	5：15		矿渣硅酸盐水泥
A5	303	10	—	0	1：45	3：28	合格	普通硅酸盐水泥
A6	303	15	—	0	1：52	3：26		普通硅酸盐水泥
A7	303	30	—	0	2：01	4：27		
A8	303	45	—	0	2：53	5：29	合格	
A9	303	10	383	5	3：12	4：31	合格	普通硅酸盐水泥
A10	303	15	383	15	3：42	5：38		复合硅酸盐水泥
A11	303	15	383	30	3：29	5：11		复合硅酸盐水泥
A12	303	30	383	30	3：50	6：19		钢渣硅酸盐水泥
A13	—	0	182	15	2：46	4：29		普通硅酸盐水泥
A14	237	10	—	0	2：17	5：53	合格	普通硅酸盐水泥
A15	237	15	—	0	2：09	3：41		普通硅酸盐水泥
A16	237	30	—	0	3：00	4：55		
A17	237	45	—	0	3：42	5：59	合格	

表6-21　用北京水泥厂熟料配制的掺磨细钢渣粉和磨细矿渣粉的水泥凝结时间和（压蒸）安定性试验结果

编号	钢渣比表面积及掺量		矿渣比表面积及掺量		初凝	终凝	（压蒸）	水泥品种
	m²/kg	%	m²/kg	%	（h：min）	（h：min）	安定性	
B1	—	0	—	0	2：59	4：23		硅酸盐水泥
B2	303	10	182	5	3：17	5：12	合格	普通硅酸盐水泥
B3	303	15	182	15	3：57	5：29		复合硅酸盐水泥
B4	303	15	182	30	4：17	6：27		复合硅酸盐水泥
B5	303	25	182	20	3：30	5：40		复合硅酸盐水泥
B6	303	35	182	10	3：25	5：56	合格	复合硅酸盐水泥
B7	237	10	182	5	3：48	5：14	合格	普通硅酸盐水泥
B8	237	15	182	15	4：15	6：09		复合硅酸盐水泥

续表

编号	钢渣比表面积及掺量		矿渣比表面积及掺量		初凝 （h：min）	终凝 （h：min）	（压蒸） 安定性	水泥品种
	m²/kg	％	m²/kg	％				
B9	237	15	182	30	4：57	7：20	—	复合硅酸盐水泥
B10	237	25	182	20	4：50	7：28	—	复合硅酸盐水泥
B11	237	35	182	10	4：54	7：55	合格	复合硅酸盐水泥
B12	237	10	400	5	3：00	4：14	合格	普通硅酸盐水泥
B13	237	15	400	15	2：51	4：40	—	复合硅酸盐水泥
B14	237	15	400	30	—	—	—	复合硅酸盐水泥
B15	237	25	400	20	—	—	—	复合硅酸盐水泥
B16	237	35	400	10	3：32	5：01	合格	复合硅酸盐水泥

表 6-20 和表 6-21 分别列出用燕山水泥厂（330m²/kg）和北京水泥厂熟料掺加首钢磨细筛分的不同细度钢渣粉和矿渣粉配制的水泥的标准稠度用水量、凝结时间和（压蒸）安定性测定结果。

钢渣中影响水泥体积稳定性的组分有 4 种：游离 CaO、游离 MgO（方镁石）、金属铁（Fe）和二价铁（FeO）。对于首钢的磨细钢渣粉而言，由于经过分级机分选，金属铁（Fe）的含量已经降低到极少（<0.3％），对水泥安定性不会造成不良影响；根据经验，FeO 主要降低水泥的早期强度（这在前面的强度数据中也有所体现），尚不至于影响到水泥的安定性；所以首钢磨细钢渣粉中有可能影响水泥安定性的成分是游离 CaO 和游离 MgO（方镁石）。水泥中游离 CaO 对安定性的影响通常用水煮法进行测定，但是方镁石对水泥安定性的影响则必须用更苛刻的压蒸法进行鉴定。本项研究采用压蒸法测定钢渣粉对水泥安定性的影响。所用的钢渣为磨细后用 0.08mm 方孔筛筛下或未经筛分的钢渣粉，比表面积分别为 303m²/kg 和 237m²/kg。这些钢渣中金属铁含量略高于用分级机分选的钢渣粉，因此，如果它们对水泥安定性没有不良影响，则分选出的钢渣粉就更不会造成安定性不良。

表 6-20 和表 6-21 中部分水泥做了压蒸安定性试验，其中钢渣掺量从 10％ 到 45％，有单掺钢渣粉的样品，也有复合掺加钢渣粉和矿渣粉的样品，钢渣粉比表面积有 303m²/kg 和 237m²/kg 两种，矿渣粉比表面积有 383m²/kg 和 182m²/kg。所有测试结果都表明，掺首钢钢渣粉的水泥安定性合格。从表 6-20 和表 6-21 的凝结时间与钢渣粉及矿渣粉掺加量的关系可以看出，水泥的凝结时间随矿渣粉掺量增加而持续延长。当钢渣粉掺量为 15％时，水泥的初凝时间和终凝时间均未延长；当钢渣粉掺量提高到 30％，水泥的初凝时间未延长，但是终凝时间明显延长；钢渣粉掺量提高到 45％，水泥的初凝时间和终凝时间均明显延长。钢渣粉对水泥的终凝时间影响比初凝时间影响更大。

表 6-22 列出了首钢磨细分选钢渣粉对水泥流动度的影响，其中钢渣粉的掺加量分别为 30％ 和 50％。水泥流动度测定按照国家标准规定的方法进行。从表 6-22 的数据可以看出，掺入磨细钢渣粉后水泥的流动度均有所增加，从 110mm 提高到 116～119mm。

表 6-22　掺首钢磨细分选钢渣粉的水泥流动度试验结果

编号	混合材料种类	水泥配比						测流动度配比（g）			流动度（mm）
		熟料		钢渣粉		石膏		水泥	标准砂	水	
		g	%	g	%	g	%				
0 号	空白	480	96	0	0	20	4	250	625	110	110.5
自 30	自	723.9	70	316.8	30	44	5	270	675	119	118.0
自 50	自	528	50	528	50	44	5	270	675	119	118.9
慢 30	慢	723.9	70	316.8	30	44	5	270	675	119	116.2
慢 50	慢	528	50	528	50	44	5	270	675	119	117.2
高 30	高	723.9	70	316.8	30	44	5	270	675	119	116.5
高 50	高	528	50	528	50	44	5	270	675	119	117.4

6.1.7　结论

（1）首钢的磨细钢渣粉掺入水泥中作为混合材料，依据掺量不同，可以制备普通硅酸盐水泥、复合硅酸盐水泥、钢渣矿渣水泥及其他品种的水泥。所有试验结果均显示出制成的水泥强度较高。因此，首钢的磨细钢渣粉作为水泥混合材料是完全可行的。

（2）如果钢渣粉的比表面积大于 $300m^2/kg$ 且不存在大于 0.08mm 的颗粒，控制熟料和矿渣保持正常细度，可以制成高强度等级水泥；当钢渣掺量为 10%～15%，混合材料总量为 15% 以内时，可以制成 52.5 级普通硅酸盐水泥；当钢渣掺量为 10%～25%，混合材料总量为 45% 以内时，可以制成 52.5 级复合硅酸盐水泥；当钢渣掺量为 30%～45%，混合材料总量为 60% 以内时，可以制成 42.5 级复合硅酸盐水泥、钢渣矿渣水泥或其他品种的水泥。为确保能够生产高强度等级水泥，钢渣粉的比表面积控制在 $380m^2/kg$ 以上是必要的，首钢现在投产的设备生产的磨细钢渣粉的比表面积均在 $380m^2/kg$ 以上，完全适合于作为高强度等级水泥的混合材料。

（3）如果钢渣粉过粗，比表面积过小（小于 $300m^2/kg$），掺入水泥后水泥的强度将显著降低，水泥强度至少将比掺细钢渣粉时低一个强度等级。由于钢渣的破碎和粉磨均比较困难，若将粗钢渣与水泥熟料共同粉磨，势必造成钢渣颗粒比熟料粗，从而使水泥强度降低的结果。原有的钢渣水泥往往强度较低（大部分为 32.5 级甚至更低）而且不稳定，可能就是水泥中钢渣颗粒过粗造成的。因此，为了生产高强度等级的水泥，将钢渣预先磨细到比表面积大于 $300m^2/kg$ 再掺入是十分必要的。这样既可以充分发挥钢渣的作用，又可以最大限度地利用水泥熟料的活性，可以获得最高的资源利用率和最佳的社会经济效益。

（4）在复合掺入首钢钢渣粉和矿渣的水泥中，石膏的掺加量按 SO_3 计，应控制在 1.8%～2.2% 为最佳。矿渣量较高时，石膏量应偏高一些，钢渣量较高时，石膏量应偏低一些，其原因在于矿渣水化需要硫酸盐激发，而钢渣水化对硫酸盐激发的依赖性较小。

（5）首钢磨细钢渣粉对水泥的凝结时间的影响与一般的混合材料的影响规律相似，但是在磨得足够细之后在掺加量较少时影响不大。掺量在 15％ 时，几乎没有影响；掺量在 30％ 时，初凝时间影响不大，终凝时间有所延长；掺量进一步提高，初凝时间和终凝时间均延长，对终凝时间延长的量高于对初凝时间的影响，所有掺量范围内均完全符合国家的有关标准。掺有首钢磨细钢渣粉的水泥，标准稠度几乎不受钢渣粉的影响，完全在正常的范围内；掺入磨细钢渣粉后水泥的流动度略有改善，流动性略有提高，从而有利于改善水泥的使用性能。

（6）由于首钢的磨细钢渣粉中游离 CaO 含量较低（小于 3％），磨细后又加快了它的水化，加之经过分级机分选后钢渣粉中的金属铁含量降低，所以掺入到水泥中对水泥的安定性无影响。即使单独掺入高达 45％ 的首钢磨细钢渣粉，水泥的（压蒸）安定性也合格，不会出现体积不稳定现象。

（7）掺有首钢磨细钢渣粉的水泥对新修订的水泥国家标准有良好的适应性，其强度等级几乎不因检测标准的改变而降低，其原因在于首钢的磨细钢渣粉比表面积较大，即使采用新的检测标准，较高的用水量也不易造成水泥硬化浆体结构的劣化，这将十分有利于提高现有水泥厂的产品质量，以适应新的水泥标准。

6.2　磨细钢渣粉作为混凝土掺和料的研究

6.2.1　概述

掺和料作为混凝土的第六组分，不仅能降低混凝土的成本，更重要的是在改善混凝土性能方面可以起到重要作用。随着研究的不断深入，掺和料、尤其是优质高活性掺和料愈来愈成为混凝土中不可或缺的组分。近年来，磨细矿渣粉和一级粉煤灰在混凝土中的应用越来越受到重视，在配制高强度和高性能混凝土时几乎无一例外地要掺加一部分这些掺和料。硅灰作为一种超细粒掺和料，可以大幅度提高混凝土的致密性，从而提高混凝土的强度，也得到越来越多的应用。

首钢的钢渣中 CaO 含量较高，碱度系数达到 2.6 左右，其中的主要矿物为 C3S，与水泥熟料的成分相近，具有较高的活性，是具有较好水硬性的一种工业废渣。首钢钢渣经过四道破碎和磁选，已将绝大部分铁除去。再经过细磨和分级机分选，剩余金属铁含量在 0.8％ 以内。据研究得知，首钢的钢渣中游离 CaO 含量少于 3％，安定性合格，在水泥中掺入量高达 45％ 也不会造成安定性不良，理应也可以用来作为混凝土的掺和料。

本项目对首钢的磨细钢渣粉作为混凝土掺和料的适用性进行了研究，其中，混凝土的设计强度等级范围为 C20～C60。本项目研究了单掺磨细钢渣粉 15％～50％ 和复合掺加 25％～50％ 钢渣粉与矿渣粉的混凝土，并对钢渣粉与粉煤灰的效果进行了比较，还测定了掺入钢渣粉和其他掺和料对胶凝材料的水化热的影响。研究中所用的水泥为由几家水泥厂生产的普通 52.5 水泥和普通 42.5 水泥，外加剂也采用了几种不同的品种，并分别在几家不同的混凝土搅拌站进行试验，以便确定首钢的磨细钢渣粉作为掺和料对不同水泥、集料、外加剂的适应性。

6.2.2 单掺磨细钢渣粉取代水泥配制混凝土的试验

表 6-23 的试验设计混凝土强度等级为 C50，胶凝材料总量固定 $514kg/m^3$，所用水泥为新港产的普通 52.5 水泥，钢渣粉的比表面积为 $450m^2/kg$，钢渣掺量范围为 10％～35％。集料为卢沟桥产的中砂和 5～25mm 碎石；外加剂为 JSP-Ⅳ 减水剂，掺量为 1.8％，施工配合比为 1.25∶1.66∶2.59，水灰比为 0.37，砂率为 39％；实测坍落度 220mm。图 6-1 作出了 7d 和 28d 的抗压强度数据随钢渣取代水泥数量的关系。可以看出，四个配合比的混凝土 28d 抗压强度均高于 55MPa。钢渣粉掺量从 15％到 25％范围内，随钢渣粉掺量增加，混凝土的 7d 抗压强度几乎不变，但是 28d 抗压强度持续提高；当钢渣取代量为 25％时，混凝土的抗压强度最高；当钢渣粉掺量为 30％时，7d 抗压强度显著降低，28d 抗压强度降低到与掺 15％钢渣粉的混凝土相同的抗压强度。因此，掺加适宜数量的磨细钢渣粉作为掺和料，将有利于提高混凝土的抗压强度，尤其是提高后期抗压强度。对于本组试验的配合比而言，磨细钢渣粉掺加量以占胶凝材料总量的 25％为最佳；掺量提高到 30％能达到掺 15％时的 28d 抗压强度，这有利于提高混凝土性能和降低成本。

表 6-23　不同钢渣粉掺加量的混凝土配合比和抗压强度

编号	胶材总量（kg/m³）	钢渣取代量（％）	配合比（kg/m³）						坍落度（mm）	抗压强度（MPa）	
			水泥	钢渣	水	砂	石	外加剂		7d	28d
ZH-1	514	15	437	77	190	681	1065	9.3	220	30.7	55.4
ZH-2	514	20	411	103	190	681	1065	9.3	220	49.1	58.3
ZH-3	514	25	382	129	190	681	1065	9.3	220	51.0	63.0
ZH-4	514	35	334	180	190	681	1065	9.3	220	41.6	55.6

表 6-24 混凝土中的水泥为北京京都普通 42.5 水泥，水泥 28d 抗折强度为 8.6MPa、抗压强度为 52.8MPa；胶凝材料用量在 301～445kg/m³ 范围内，钢渣粉的比表面积为 $450m^2/kg$，钢渣对水泥的取代量在 25％～33％范围内；水胶比为 0.40～0.56；外加剂为 HH-2 防冻剂，掺量为 3％；砂为门头沟产的中砂，细度模数为 2.7，含泥量为 0.7％，泥块含量为 0.4％。粗集料为卢沟桥的 5～

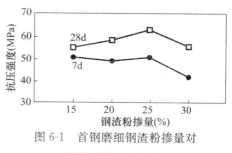

图 6-1　首钢磨细钢渣粉掺量对混凝土强度的影响

25mm 碎石，含泥量为 0.5％，泥块含量为 0.1％，针片状含量为 2.9％，压碎指标值为 5.0％。

表 6-24　钢渣粉掺加量和水胶比变化的混凝土配合比和抗压强度

编号	水胶比	砂率（%）	胶材总量（kg/m³）	钢渣取代量（%）	配合比（kg/m³）						坍落度（mm）	抗压强度（MPa）	
					水泥	钢渣	水	砂	石	HH-2		7d	28d
16-1	0.40	43	445	25	334	111	169	764	1013	13.35	225	33.9	41.3
16-2	0.44	44	405	27	296	109	170	799	1018	12.15	230	29.6	37.0
16-3	0.48	45	371	29	263	108	170	833	1018	11.13	230	25.5	35.9
16-4	0.52	46	337	31	233	104	168	868	1020	10.11	220	21.2	28.0
16-5	0.56	47	301	33	201	99	162	908	1024	9.0	220	20.6	27.1

图 6-2 作出抗压强度随胶凝材料总量、钢渣掺量和水胶比的变化关系，图 6-3 为抗压强度随水胶比变化的线性拟合直线。表 6-25 和图 6-2、图 6-3 的数据表明，混凝土抗压强度随胶凝材料料用量的增加而提高，随水胶比的降低而提高，这符合混凝土强度的一般规律。水胶比大于 0.50、胶凝材料总量小于 340kg/m³ 的混凝土在钢渣掺量为 31% 和 33% 时的强度等级为 C20，水胶比为 0.44～0.48、胶凝材料总量为 370kg/m³ 和 405kg/m³、钢渣掺量为 27% 和 29% 的混凝土的强度等级为 C30。水胶比为 0.40～0.48、胶凝材料总量为 145kg/m³、钢渣掺量为 25% 的混凝土 28d 抗压强度大于 40MPa。

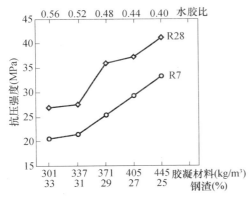

图 6-2　胶凝材料总量、钢渣掺量和水胶比对混凝土抗压强度的影响

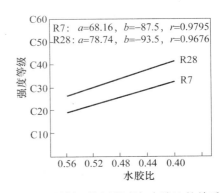

图 6-3　混凝土抗压强度与水胶比的关系

表 6-25 和图 6-4 将钢渣粉比表面积（450m²/kg）的掺量固定为 30%，水泥采用北京京都普通 52.5 水泥，水泥的 28d 抗折强度为 9.2MPa，抗压强度为 55.2MPa；外加剂仍用 HH-2 防冻剂，掺量为 3%；砂取自门头沟，细度模数为 2.7，含泥量为 0.7%，泥块含量为 0.4%；碎石产于卢沟桥，颗粒粒径为 5～25mm，含泥量为 0.5%，泥块含量为 0.1%，针片状含量为 2.9%，压碎指标值为 5.0%。水胶比从 0.35 到 0.47 范围内变化，胶凝材料用量在 385～550kg/m³ 范围内变化。

表6-25　胶凝材料和水胶比不同的混凝土配合比和抗压强度

编号	水胶比	砂率（%）	胶材总量（kg/m³）	钢渣取代量（%）	配合比（kg/m³）						坍落度（mm）	抗压强度（MPa）	
					水泥	钢渣	水	砂	石	HH-2		7d	28d
8-1	0.35	40	505	30	335	152	166	687	1031	15.15	210	44.0	52.1
8-2	0.38	41	475	30	333	142	171	715	1030	14.25	220	37.7	49.9
8-3	0.41	42	445	30	311	134	173	745	1028	13.35	230	34.4	49.6
8-4	0.44	43	415	30	291	124	174	775	1028	12.45	220	32.0	44.0
8-5	0.47	44	385	30	269	116	173	807	1027	11.55	210	30.1	37.8

可见混凝土抗压强度在C30～C50之间，随胶凝材料用量增加和水胶比降低，混凝土的强度提高。当水泥用量为269kg/m³、胶凝材料为385kg/m³、水胶比为0.47时，混凝土的强度等级为C30；当水泥用量为291～333kg/m³、胶凝材料为415～475kg/m³、水胶比为0.44～0.38时，混凝土的强度等级为C40；当水泥用量为353kg/m³、胶凝材料为505kg/m³、水胶比为0.35时，混凝土的强度等级为C50。

可见掺入首钢磨细钢渣粉的混凝土强度变化规律与未掺钢渣粉时是相同的。图6-5是抗压强度随水胶比变化的线性拟合关系。

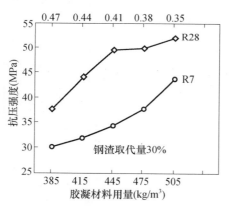

图6-4　掺30%钢渣粉的混凝土的胶凝材料和水胶比与抗压强度的关系

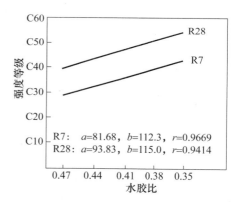

图6-5　混凝土抗压强度随水胶比的变化

表6-26的混凝土配合比中也将钢渣粉（比表面积为450m²/kg）的掺量固定为30%，水泥采用新港普通42.5水泥；外加剂用JYD-3防冻剂，掺量为3%；砂取自门头沟，细度模数为2.5，含泥量为2.0%，泥块含量为0.4%；石取自门头沟，颗粒粒径为5～25mm，含泥量为0.5%，泥块含量为0.2%，针片状含量为5.6%，压碎指标值为3.9%。水胶比从0.37到0.55范围内变化，胶凝材料用量在340～510kg/m³范围内变化。

图6-6作出了混凝土抗压强度与胶凝材料总量的关系，图6-7是混凝土抗压强度随水胶比的变化规律及线性拟合关系。总的来说，这些数据与前述的规律一致，这组混凝土抗

压强度也在 C30～C50，随胶凝材料用量增加和水胶比降低，混凝土的抗压强度提高。当水泥用量为 238kg/m³ 和 266kg/m³、胶凝材料为 340kg/m³ 和 380kg/m³、水胶比为 0.5～0.55 时，混凝土的强度等级为 C30；当水泥用量为 294kg/m³ 和 328kg/m³、胶凝材料为 420kg/m³ 和 460kg/m³、水胶比为 0.4～0.45 时，混凝土的强度等级为 C40；当水泥用量为 357kg/m³、胶凝材料为 510kg/m³、水胶比为 0.37 时，混凝土的强度等级为 C50。将这些数据与表 6-26 的结果相比较，可见对于掺入 30％首钢磨细钢渣粉的混凝土而言，水泥本身的强度对混凝土抗压强度的影响不如水胶比的影响大。对于普通强度的混凝土，相同的水泥用量和水胶比时，用 42.5 普通硅酸盐水泥和用 52.5 普通硅酸盐水泥混凝土的抗压强度相差不大。

表 6-26　掺 30％钢渣粉的混凝土配合比和抗压强度

编号	水胶比	砂率（％）	胶材总量（kg/m³）	钢渣取代量（％）	配合比（kg/m³）						坍落度（mm）	抗压强度（MPa）	
					水泥	钢渣	水	砂	石	HH-2		7d	28d
11-1	0.550	52.5	340	30	238	102	187	991	897	10.2	185	23.0	31.8
11-2	0.492	49.5	380	30	266	114	187	315	933	11.4	210	26.8	40.4
11-3	0.445	46.5	420	30	294	126	187	841	967	12.6	195	31.6	43.1
11-4	0.409	43.5	460	30	328	138	188	769	998	13.8	200	34.9	50.5
11-5	0.372	40.5	510	30	357	153	190	695	1020	15.3	205	40.5	51.9

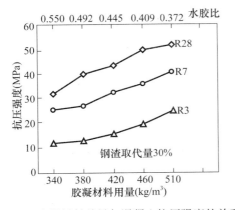

图 6-6　胶凝材料总量与混凝土抗压强度的关系

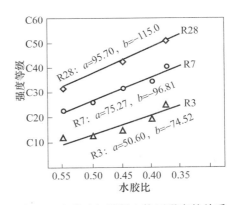

图 6-7　水胶比与混凝土抗压强度的关系

6.2.3　复合掺入磨细钢渣粉和矿渣粉的混凝土试验

磨细矿渣粉是现在配制高强和高性能混凝土最常用的掺和料之一，在钢渣水泥中也往往同时加入部分矿渣，其目的是为了保证水泥的安定性，同时可以增加抗压强度。表 6-27 的混凝土配合比中同时掺加了首钢的磨细钢渣粉和矿渣粉（比表面积约 400m²/kg），其中，水泥用量最低达到 132kg/m³，最高为 387kg/m³；除 3-1 和 3-2 试样单掺 50％钢渣粉外，其余样品中均含有33％～70％掺和料，钢渣粉和矿渣粉各占一半。水胶比因设计的混凝土强度逐渐提高而由0.46逐步降低到0.31。

表6-27　复合掺入磨细钢渣粉和矿渣粉的混凝土配合比

编号	水胶比	水泥		矿渣粉（kg）	钢渣		水（kg）	外加剂		砂（kg）	石（kg）	砂率	实际砂率
		品种	用量（kg）		比表面积（m²/kg）	掺量（kg）		品种	用量（kg）				
3-1	0.46	P·O 42.5	200	—	380	200	180	QJ-7	10.0	889	926	0.49	0.44
3-2	0.46	P·O 42.5	266	—	380	144	180	QJ-7	9.5	889	926	0.49	0.44
4-1	0.38	P·O 42.5	240	120	380	120	175	QJ-7	12.0	788	962	0.45	0.41
4-2	0.37	P·O 42.5	150	175	382	175	178	QJ-7	12.5	778	952	0.45	0.41
4-3	0.40	P·O 42.5	230	115	409	115	179	QJ-7	11.5	796	974	0.45	0.41
4-4	0.41	P·O 42.5	135	160	409	160	178	QJ-7	11.4	799	976	0.45	0.41
4-5	0.42	P·O 42.5	220	110	460	110	178	QJ-7	11.0	799	976	0.45	0.41
4-6	0.40	P·O 42.5	132	154	460	154	170	QJ-7	11.0	806	984	0.45	0.41
6-1	0.31	P·O 52.5	387	97	409	97	180	F31	11.6	680	1019	0.40	0.36
6-2	0.31	P·O 52.5	290	145	409	145	180	F31	11.6	680	1020	0.40	0.36
6-3	0.32	P·O 52.5	360	90	460	90	175	F31	10.8	696	1044	0.40	0.36
6-4	0.31	P·O 52.5	270	135	460	135	170	F31	10.8	696	1044	0.40	0.36

注：砂细度模数为2.3，含石量10％左右，实际砂率为扣除砂中含石量后的砂率。

表6-28　复合掺入磨细钢渣粉和矿渣细粉的混凝土试验结果

编号	强度等级	胶凝材料（kg/m³）	钢渣细粉（％）	矿渣细粉（％）	坍落度		凝结时间（h）		抗折强度（MPa）				备注
					初始	1h损失	初凝	终凝	7d	28d	60d	100d	
3-1	C20	400	50	—	220	60			16.4	26.9	—	29.4	
3-2	C30	410	35.1	—	220	80	11	18	25.4	39.0	—	42.8	
4-1	C40	480	25	25	220	80	12	19	31.2	51.6	62.7	—	
4-2	C40	500	35	35	220	70	12	19	23.1	48.4	55.1	—	
4-3	C40	460	25	25	220	110	11	18	27.3	48.8	50.6	—	
4-4	C40	455	35	35	220	60	13	20	19.3	45.9	50.1	—	
4-5	C40	440	25	25	220	50	12	19	26.8	49.7	45.0	—	
4-6	C40	440	35	35	220	20			16.8	42.1	50.4	—	流动性好
6-1	C50	581	16.7	16.7	220	0	11	17	52.5	65.9	68.4	—	黏聚性好
6-2	C60	580	25	25	220	0	11	18	46.8	52.2	63.6	—	黏聚性好
6-3	C60	540	16.7	16.7	220	0	11	17	52.0	66.5	69.1	—	黏聚性好
6-4	C40	540	25	25	220	0	12	19	40.2	59.2	—	—	黏聚性好

由表6-28的数据得出，复合掺入适量磨细钢渣粉和矿渣粉可以配制出C30～C60混凝土。

3-2号样品的410kg/m³胶凝材料中掺了35％磨细钢渣粉（比表面积380m²/kg），28d

抗折强度达到 39.0MPa。

掺和料占 50％ 的三个样品 4-1、4-3、4-5 的胶凝材料总量分别为 480kg/m³、460kg/m³、440kg/m³，钢渣比表面积也各不相同，7d 抗折强度分别为 31.2MPa、27.3MPa、26.8MPa，28d 抗折强度分别为 51.6MPa、48.8MPa、49.7MPa。可以看出，胶凝材料总量为 440～480kg/m³、掺和料掺加量占胶凝材料总量的 50％，其中，磨细钢渣粉为 25％时，可以配制出 C40 混凝土。比较而言，7d 抗折强度随胶凝材料总用量增加而提高，28d 抗折强度则以胶凝材料总量为 480kg/m³ 的 6-3 最高，胶凝材料总量为 460kg/m³ 的 6-1 次之。估计是因为钢渣粉的细度对抗折强度有一定的影响。4-1 至 4-6 号混凝土 60d 抗折强度达到 45.0～62.7MPa。

4-2、4-4、4-6 三个样品中胶凝材料总量分别为 500kg/m³、455kg/m³、440kg/m³，分别掺加了三个比表面积磨细钢渣粉 35％ 和矿渣粉 35％，水泥用量仅有 150kg/m³、135kg/m³ 和 132kg/m³，28d 抗折强度分别为 48.4MPa、45.9MPa、42.1MPa。除水泥和胶凝材料均最少的 4-6 号样品的抗折强度较低之外，另两个样品的抗折强度均可以达到 C40。这说明 4-4 号样品的配合比是掺加磨细钢渣粉和矿渣粉配制 C40 混凝土的最少胶凝材料总用量和水泥用量。另外，配制 C40 混凝土时，磨细钢渣粉的比表面积从 409m²/kg 提高到 460m²/kg，对抗折强度的影响似乎不如胶凝材料总用量和水泥用量增加的影响明显。

总的来说，用普通 42.5 水泥掺加 50％～70％ 的磨细钢渣粉和矿渣粉，不难配制出 C40 混凝土，水泥用量非常低，对于降低大体积混凝土的温升是十分有利的。

6-1 和 6-3 号配合比中胶凝材料总用量分别为 581kg/m³ 和 540kg/m³，掺和料占三分之一，其中磨细钢渣粉和矿渣粉各占一半。28d 抗折强度均在 66MPa 左右。而且混凝土拌和物黏聚性好，1h 坍落度没有损失。6-2 和 6-4 样品的胶凝材料总用量分别为 580kg/m³ 和 540kg/m³，掺和料占 50％，其中磨细钢渣粉和矿渣粉各 25％。28d 抗折强度分别为 52.2MPa 和 59.2MPa，混凝土拌和物黏聚性好，1h 坍落度没有损失，可以满足 C50 混凝土的强度要求。

由于掺入较多掺和料，所以可以大幅度降低混凝土的绝热温升，对于提高高强混凝土耐久性、使之成为高性能混凝土极为有利。

6.2.4　掺钢渣粉和一级粉煤灰的比较试验

一级粉煤灰是混凝土较好的掺和料，其价格相对于矿渣粉来说比较便宜，后期强度也较高，因而被广泛应用。在市场上常用的还有性能指标略低于一级的准一级粉煤灰。钢渣粉与一级和准一级粉煤灰对混凝土性能的影响是令人关心的问题。

表 6-29 的配合比中，分别采用了磨细钢渣粉（比表面积 450m²/kg）、一级粉煤灰、硅灰作为掺和料，设计的混凝土强度等级为 C20～C60，还设计了几组掺膨胀剂 CEA-B 的 C40S 和 C50S 膨胀混凝土。

由表 6-30 看出，各配合比的混凝土强度均较高，约高出设计强度一个等级。各掺

30.7％掺和料取代水泥的 1 号和 2 号 C20 配合比，掺钢渣粉的 2 号混凝土 28d 抗压强度比掺粉煤灰的 1 号混凝土抗压强度高 1.2MPa。设计为 C30 混凝土的配合比中，掺 20％钢渣粉的 4 号混凝土 28d 抗压强度比掺 17.6％粉煤灰的 3 号混凝土抗压强度高 1.5MPa。设计为 C40 混凝土的配合比中，掺 20％钢渣粉的 6 号混凝土 28d 抗压强度比掺 15.8％粉煤灰的 5 号混凝土抗压强度高 3.6MPa。

表 6-29 钢渣与一级粉煤灰效果对比的混凝土配合比

编号	强度等级	水胶比	砂率（％）	水（kg）	砂（kg）	石（kg）	钢渣（kg）	硅灰（kg）	粉煤灰（kg）	水泥		外加剂	
										品种	用量（kg）	品种	用量（kg）
1	C20	0.521	49.3	194	903	930	—	—	118	P·O 42.5	266	JYD-3	10.0
2	C20	0.521	49.3	194	903	930	118			P·O 42.5	266	JYD-3	10.0
3	C30	0.453	46.5	180	839	965	—	—	73	P·O 42.5	342	JYD-3	12.5
4	C30	0.451	46.5	179	841	967	83			P·O 42.5	332	JYD-3	12.4
5	C40	0.376	40.3	182	688	1018	—		80	P·O 42.5	425	JYD-3	15.3
6	C40	0.375	40.0	180	693	1019	102			P·O 42.5	406	JYD-3	15.2
7	C50	0.351	40.0	175	675	1020	60			P·O 42.5	470	JYD-5	18.6
8	C50	0.366	42.5	170	742	1004	94	26		P·O 52.5	380.	JYD-5	20.0
9	C50	0.365	40.5	177	690	1014	45	80		P·O 52.5	395	JYD-5	20.8
10	C60	0.331	40.0	166	680	1020	70	50	—	P·O 52.5	430	JYD-5	22.01
11	C60	0.311	40.0	166	680	1020		50	70	P·O 52.5	430	JYD-5	22.0
12	C40S	0.365	40.3	186	688	1018	—	—	63	P·O 42.5	384	CEA-B	63
13	C40S	0.373	40.3	190	688	1018	—	—	63	P·O 42.5	393	CEA-B	54
14	C40S	0.365	40.3	186	688	1018	63			P·O 42.5	384	CEA-B	63
15	C40S	0.373	40.3	190	688	1018	63			P·O 42.5	393	CEA-B	54
16	C50S	0.365	41.0	177	702	1011	—	42	50	P·O 52.5	372	JYD-5 CEA-B	20.8 56
17	C50S	0.365	41.0	177	702	1011	—	42	50	P·O 52.5	380	JYD-5 CEA-B	20.8 56

注：C50S 用邯郸普通 52.5 级水泥外，其余均为新港水泥。

表 6-30 钢渣与一级粉煤灰效果对比试验结果

编号	强度等级	胶凝材料（kg/m³）	碱含量（kg/m³）		掺和料（％）				坍落度（mm）	抗压强度		
			实际	标准	钢渣	硅灰	粉煤灰	CEA		3d	7d	28d
1	C20	384	2.23	<3	—	—	30.7	—	225	—	21.6	33.7
2	C20	384	2.23	<3	30.7				215	—	20.7	34.9
3	C30	415	2.45	<3	—	—	17.6	—	220	16.5	28.8	43.6
4	C30	415	2.06	<3	20				215	16.8	28.9	45.1
5	C40	505	2.98	<3	—	—	15.8	—	225	27.8	38.7	52.3

续表

编号	强度等级	胶凝材料 (kg/m³)	碱含量 (kg/m³)		掺和料 (%)				坍落度 (mm)	抗压强度		
			实际	标准	钢渣	硅灰	粉煤灰	CEA		3d	7d	28d
6	C40	508	2.52	<3	20	—	—		215	27.1	40.1	55.9
7	C50	530	2.97	<3	11.3	—	—		230	39.2	54.8	62.7
8	C50	500	2.93	<3	18.8	5.2	—		220	31.8	46.2	68.8
9	C50	520	3.56	<4	—	8.7	15.4		220	36.8	51.4	—
10	C60	550	3.46	<4	12.7	9.1	—		225	38.2	55.3	74.5
11	C60	550	3.77	<4	—	9.1	12.7		225	37.6	54.8	73.2
12	C40S	510	2.93	<3	—	—	12.4	12.4	215	15.3	29.8	50.4
13	C40S	510	2.89	<3	—	—	12.4	10.6	210	15.7	33.8	47.2
14	C40S	510	2.64	<3	12.4	—	—	12.4	215	16.2	32.7	45.2
15	C40S	510	2.60	<3	12.4	—	—	10.6	215	15.6	33.4	47.6
16	C50S	520	3.54	<4	—	8.1	9.6	10.8	230	36.8	50.1	—
17	C50S	520	3.54	<4	—	8.1	9.6	9.2	230	35.2	49.2	—

设计为 C50 混凝土的三个配合比中，单掺 11.3％钢渣粉的 7 号混凝土 3d 和 7d 抗压强度高于 8 号和 9 号混凝土，复合掺 18.8％钢渣粉和 5.2％硅灰的 8 号混凝土 28d 抗压强度最高，达到 68.8MPa，实际上已经达到 C60 的抗压强度要求。设计为 C60 的两个配合比中，复合掺 12.7％钢渣粉和 9.1％硅灰的 10 号混凝土 28d 抗压强度比复合掺 12.7％粉煤灰和 9.1％硅灰的 11 号混凝土高 1.3MPa。抗压强度达到 74.5MPa，可以成为 C70 混凝土。所以用磨细钢渣粉和硅灰复合，有很好的适应性，可以达到制备高强和高性能混凝土的要求。

所有这些数据均表明，磨细钢渣粉作为混凝土掺和料，在掺量高于一级粉煤灰时混凝土抗压强度仍然高于掺一级粉煤灰的混凝土。所以，磨细钢渣粉是比一级粉煤灰优越的混凝土掺和料。

表 6-30 中还列出了 6 组膨胀混凝土试验结果。12、13、14 和 15 号配合比为 C40S 混凝土。掺 12.4％粉煤灰（63kg/m³）的 12 号、13 号混凝土 7d 抗压强度以膨胀剂掺量 10.6％的 13 号混凝土较高，而 28d 抗压强度以膨胀剂掺量 12.4％的 12 号混凝土较高。掺 12.4％磨细钢渣粉（63kg/m³）的 14 号、15 号混凝土 7d 抗压强度和 28d 抗压强度均以膨胀剂掺量 10.6％的 15 号混凝土较高。相比之下，掺 10.6％膨胀剂时，掺和料为粉煤灰和磨细钢渣粉的 13 号和 15 号混凝土几乎相同；而掺 12.4％膨胀剂时，掺和料为粉煤灰 12 号混凝土强度高于磨细钢渣粉的 14 号混凝土。因此，采用磨细钢渣粉作为膨胀混凝土掺和料时，膨胀剂掺加量应控制在一定限度之内。其原因可能是粉煤灰本身的多孔结构可以吸收一部分膨胀能，而磨细钢渣粉不具有多孔结构，所以对膨胀能的消纳作用就不如粉煤灰大。反之，如果产生同样的膨胀量，采用磨细钢渣粉掺和料时可能就需要较少的膨胀剂，这还需进一步的试验证实。

16 号和 17 号配合比为 C50S 膨胀混凝土，看来两者差别不大。所以，磨细钢渣粉也可以用作膨胀混凝土的掺和料。

表 6-31 的混凝土配合比主要比较掺钢渣粉、粉煤灰和矿渣粉的效果。所用水泥是冀东 52.5 普通水泥，中砂、碎石颗粒粒径为 5～25mm。钢渣粉比表面积为 $450m^2/kg$，矿渣粉比表面积为 $450m^2/kg$，粉煤灰为准一级。表 6-32 列出了掺钢渣粉、矿渣粉、粉煤灰对比试验的混凝土性能试验结果，图 6-8 作出掺钢渣、矿渣、粉煤灰的混凝土强度对比。

表 6-31　掺钢渣粉、矿渣粉、粉煤灰对比试验的配合比

掺和料		编号	外加剂		材料用量（kg/m³）					
名称	用量（%）		名称	用量（%）	水泥	掺和料	水	砂	石	外加剂
钢渣	30	钢1	HH-6	3	385	165	175	682	1023	16.5
		钢2	AS	3	385	165	180	682	1023	16.5
		钢3	LNG-5	3	385	165	178	682	1023	16.5
矿渣	23	矿1	HH-6	3	423	127	180	682	1023	16.5
		矿2	AS	3	423	127	180	682	1023	16.5
		矿3	LNG-5	3	423	127	178	682	1023	16.5
粉煤灰	20	灰1	HH-6	3	440	110	175	682	1023	16.5
		灰2	AS	3	440	110	170	682	1023	16.5
		灰3	LNG-5	3	440	110	170	682	1023	16.5

表 6-32　掺钢渣粉、矿渣粉、粉煤灰对比试验的混凝土性能试验结果

掺和料		编号	外加剂	水胶比	坍落度（mm）	抗压强度（MPa）		
名称	用量（%）		名称			3d	7d	28d
钢渣	30	钢1	HH-6	0.318	195	29.8	49.1	60.0
		钢2	AS	0.327	210	27.2	45.1	60.2
		钢3	LNG-5	0.324	210	30.4	51.0	56.5
矿渣	23	矿1	HH-6	0.327	205	32.1	45.6	59.1
		矿2	AS	0.327	220	32.6	46.7	61.1
		矿3	LNG-5	0.324	235	34.2	48.1	62.2
粉煤灰	20	灰1	HH-6	0.318	225	35.3	49.6	58.9
		灰2	AS	0.309	220	35.3	49.4	65.9
		灰3	LNG-5	0.309	225	33.0	53.8	63.0

混凝土的抗压强度与外加剂的种类有关。用 HH-6 时，掺 30% 钢渣粉的混凝土抗压强度略高于掺 23% 矿渣粉或 20% 粉煤灰的混凝土；用 AS 时，掺 20% 粉煤灰的混凝土强度高于掺 23% 矿渣粉或 30% 钢渣粉的混凝土；用 LNG-5 时，掺 30% 钢渣粉的混凝土强度低于掺 23% 矿渣粉或 20% 粉煤灰的混凝土。但是，本组试验中各个掺

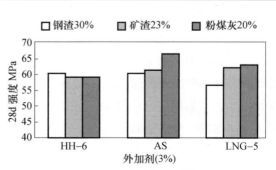

图 6-8　掺钢渣、矿渣、粉煤灰的混凝土强度比较

和料的用量不同，难以准确说明相互的优劣。但前面的试验已经证明，钢渣粉掺加量占胶凝材料总量的 25% 时，混凝土强度最高，因此，本组试验的矿渣粉掺量可能略高于其最佳掺量。

6.2.5　掺钢渣粉对水化热的影响

在 52.5 级中热硅酸盐水泥中分别掺入磨细矿渣粉（比表面积为 $431m^2/kg$）、磨细钢渣粉（比表面积为 $460m^2/kg$）、一级粉煤灰，按照国家标准测定混合物的水化热。表 6-33 列出了混合物的配合比以及 1d、3d、7d 的水化热，图 6-9 作出了各个样品水化放热量随时间的变化曲线。

表 6-33　水化热试验的样品配比和测定结果

编号	配比（%）				水化热（kJ/kg）		
	水泥	钢渣	矿渣	粉煤灰	1d	3d	7d
1	100	0	0	0	176.3	228.0	255.0
2	60	0	40	0	117.7	180.7	240.5
3	60	40	0	0	117.9	165.4	198.9
4	60	0	0	40	112.0	159.9	196.4
5	60	20	20	0	115.9	181.0	232.6
6	60	20	0	20	108.9	159.2	191.2

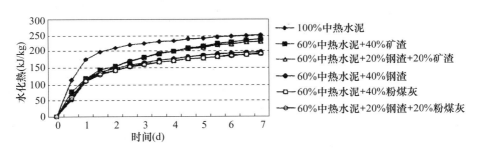

图 6-9　中热水泥掺不同混合材料后的水化热随时间的增长曲线

由测试结果得知，6 个样品按照水化热数值大小可以分成三组。第一组是水化热最高的 1 号样品未掺混合材料的纯中热水泥；第二组是水化热次之的两个样品：掺 40% 磨细矿渣粉的 2 号样品、掺 20% 磨细矿渣粉和 20% 磨细钢渣粉的 5 号样品，即复合掺钢渣粉和矿渣粉的水化热与单掺矿渣粉相近；第三组为水化热最低的三个样品：掺 40% 磨细钢渣粉的 3 号样品、掺 40% 粉煤灰的 4 号样品、掺 20% 磨细钢渣粉和 20% 粉煤灰的 6 号样品，即单掺钢渣粉或复合掺入钢渣粉和粉煤灰的水化热与单掺粉煤灰相近。这三个样品 12h 的水化热仅为纯中热水泥的 1/2 左右，1d 水化热仅为其 2/3 左右，7d 水化热为其 3/4 左右。可见掺钢渣粉可以显著降低水化放热量，因而可以大大降低混凝土的绝热温升，这对于大体积混凝土和夏季施工来说是十分有利的。

6.2.6　结论

（1）所有的试验均表明，首钢的磨细钢渣粉是一种性能优越的混凝土掺和料。在混凝土中掺加比表面积为 $450m^2/kg$ 左右的钢渣粉取代 $10\%\sim50\%$ 的水泥，同时掺加 $0\sim35\%$ 的磨细矿渣粉，水泥用量在 $130\sim440kg/m^3$，胶凝材料总量在 $550kg/m^3$ 时，可以配制成 C20～C60 混凝土，再作进一步的优选配合比，完全可以配制出 C70 混凝土。

（2）掺加首钢磨细钢渣粉的混凝土强度符合一般的混凝土强度规律，即强度随水胶比降低而提高，随胶凝材料用量和水泥用量增加而提高，随水泥强度等级提高而提高。因此，掺有磨细钢渣粉的混凝土配合比设计完全可以用通常的方法和规范来进行。掺入适合数量的磨细钢渣粉的混凝土，后期强度提高比较明显。

（3）首钢的磨细钢渣粉可以单独掺入混凝土中，也可以与矿渣粉、粉煤灰、硅灰等复合掺入混凝土中。单独掺钢渣粉时，以 25% 左右的钢渣粉替代水泥时混凝土的强度最高。钢渣粉对混凝土后期强度的增长更为有利。钢渣粉与其他掺和料复合掺入时可以发挥出各自的优势，起到优势叠加的效应，使混凝土的综合性能得到提高。

（4）掺首钢磨细钢渣粉的混凝土强度高于掺一级粉煤灰的混凝土，与掺磨细矿渣粉的混凝土相当；对于膨胀混凝土来说，以掺粉煤灰的混凝土强度较好，但是这些掺和料对于膨胀量的影响还需进一步研究。

（5）首钢的磨细钢渣粉与水泥品种、外加剂、集料有普遍的良好适应性。掺钢渣粉的混凝土坍落度损失较小，也与外加剂有关。在采用适宜的外加剂品种和掺量时，复合掺加钢渣粉和矿渣粉的 C50 和 C60 混凝土在 1h 内可以没有坍落度损失，有利于制备泵送混凝土。

（6）掺入首钢的磨细钢渣粉可以大大降低胶凝材料的水化热。无论是单独掺加钢渣粉，还是与粉煤灰复合掺入，其降低水化热的效果都与单掺粉煤灰时相近，优于掺矿渣粉。这十分有利于降低混凝土的绝热温升，适宜于制备大体积的混凝土。复合掺钢渣粉时对水化热的降低效果与单掺矿渣粉时相近。

第7章 FK 新型胶凝材料及其配制高性能混凝土的研究

7.1 简 述

1. 混凝土的可持续发展与开发 FK 新型胶凝材料的必要性

传统水泥混凝土耐久性问题日益突出,因混凝土材质劣化和环境因素的侵蚀作用,会出现混凝土建筑物破坏失效甚至崩塌等事故,造成巨大损失,加上施工损耗、劳动保护与环境保护,尤其是混凝土匀质性对工程安全性的极端重要性,致使传统混凝土不能适应可持续发展的需要,同时,混凝土的主要原材料——水泥的生产历来是一种污染源。我国由于工艺落后,生产 1t 熟料由燃料生成的 CO_2 约 400kg。由 $CaCO_3$ 分解生成 CaO 620kg,同时产生 CO_2 490kg,比燃料产生的 CO_2 还多,再加上电耗,则生产 1t 熟料所排放的 CO_2 总量约为 1t。1997 年,我国生产的 5.1 亿 t 水泥中,按少量估计熟料约 3.5 亿 t,即已增加了 3 亿多 tCO_2 的排放。不仅我国的能源和环境的负担难以承受,而且将为整个地球环境增加不可想象的负担。从可持续发展的角度来说,必须立即采取有效措施,减少水泥熟料的产量。我国水泥熟料的年产量保持在 3 亿 t 左右的水平比较合理。

混凝土可持续发展的出路就是应用现代混凝土的科学技术增加混凝土的使用寿命,尽量减少造成修补或拆除的建设垃圾,大量利用优质的工业副产品和废弃物,尽量减少自然资源和能源的消耗,减少对环境的污染。在 20 世纪末出现的高性能混凝土,适应了人类更大规模改善和保护环境的需要。高性能混凝土科学地大量使用矿物细掺料,既是提高混凝土性能的需要,又可减少对增加水泥产量的需求;既可减少煅烧熟料时 CO_2 的排放,又因大量利用粉煤灰、矿渣及其他工业废料而有利于保护环境,同时由于以耐久性为设计目标,因而符合可持续发展战略。

在高性能混凝土中,由于加入大量的矿物细掺料,既可以明显降低混凝土的温升,消除其温度裂缝,又可以改善新拌混凝土的和易性(流动性和抗离析性),使施工简便。掺用矿物细掺料的混凝土,其密实度得到提高,因此在 28d 以后强度有较大的增长率,其抗化学侵蚀的能力也得到改善。此外,要保证足够高的强度和工作性,还必须添加超塑化剂,有时还要加入适当的增稠剂、膨胀剂等。如法国专利 FR2640962 A(1990 年 6 月 29 日公布)提出用硅酸盐水泥、流化剂、消泡剂、硅灰、石英砂粉、钢纤维与普通砂石配制高性能混凝土;日本用于高性能混凝土的掺和料,一般是从矿渣、硅灰、粉煤灰、石英砂粉、石灰石粉等矿物掺和料中选择 1～3 种，有时还需再加入增稠剂、膨胀剂、高效减水剂等有机或无机添加剂。这样就要求施工部门同时采购多种原材料，在施工现场或混凝土搅拌站多次计量和加料，造成工艺复杂，成本提高，为避免加料和计量的差错，对管理和施工人员素质要求也较高。此外，目前国内市售的水泥质量差异很大，存在水泥和高效减水剂相容性差不稳定的问题，不能满足低水胶比的高性能混凝土的需要，给高性能混凝土施工质量控制造成很大困难。

预先在工厂按高性能混凝土的需要，选择合适的水泥熟料，按流变性能、强度和体积稳定性进行石膏、细掺料和外加剂等各组分的选择和配比的优化，以合适的参数共同磨细，制成专用掺和料，再调节其他辅助材料，即可制成适用于不同强度等级高性能混凝土的胶凝材料。例如熟料用量只占 50% 左右，配制混凝土时，不需再使用任何添加剂，即可得到坍落度为 16～21cm、抗压强度为 40～80MPa 的高性能混凝土。拌和物不离析、不泌水，有良好的可泵性和填充性，可大大简化施工过程，稳定混凝土的质量。这种 FK 新型胶凝材料，从生产来说，可减少煅烧熟料的能耗和 CO_2 的排放，大量利用工业废料；从使用来说，具有高强度、低需水性、低水化热、低收缩、高抗化学侵蚀性等优点，有利于提高混凝土的耐久性，因此是可持续发展的。

2. FK 新型胶凝材料的技术路线及其可行性

FK 新型胶凝材料并不是高性能混凝土所用的胶凝材料简单的预先混合，而是通过熟料与外加剂共同粉磨、不同矿物细掺料的组合与大量掺用，按流变性能、强度和体积稳定性优化石膏品种与掺量等主要措施实现其上述的高性能，其技术路线如下：

（1）在生产 FK 新型胶凝材料时加入外加剂

在生产 FK 新型胶凝材料时加入外加剂（主要是高效减水剂）比生产混凝土时加入外加剂效率高，有利于混凝土的流变性能。

V. Alunno Rossetti 等的试验研究在意大利一家水泥厂投产了一种特种超塑化水泥（special superplasticized cement，SPC），该水泥是在意大利 52.5 级硅酸盐水泥生产时掺入超塑化剂而制成的。试验出发点是使用水泥时，在加水之前，超塑化剂已经先吸附在水泥颗粒的表面，以提高流化的效果，同时可避免超塑化剂掺在混凝土中时被集料吸附而降低效率的问题。Rossetti 等将超塑化剂用三种方式掺入水泥，测定溶液中超塑化剂溶出量，并用微型坍落度仪测定坍落度的经时变化：① 在工厂中试时生产 SPC（即在生产水泥时加入超塑化剂）；② 在使用水泥时加入超塑化剂（称 SpAD 试样）；③ 将超塑化剂溶于水中（称 AD 试样）。

瑞典用中热水泥和硅灰生产出一种强力改性水泥（energetically modified cement，EMC），EMC 是一种用于高强和超高强混凝土的低需水量专用水泥。水泥在掺入超塑化剂粉磨的同时还掺入了硅灰。改进后的水泥比基准水泥的强度提高 60% 以上，可以用 0.19 的水灰比配制出抗压强度为 170MPa 超高强混凝土。

1993 年俄罗斯正式注册 BHB（该符号为俄文，译为英文为 VNV）水泥，且已有数家水泥厂生产。BHB 水泥相对于普通水泥标准稠度用水量为 25％～30％，BHB-40～BHB-100 的标准稠度用水量为 16％～20％。BHB 的后缀数字代表该水泥中熟料的用量。BHB 水泥减少熟料用量可达 50％～70％，但所配制的混凝土抗压强度可达 80～100MPa；该水泥中熟料取代量最多可达 70％，强度却比基准水泥的高。例如 BHB-50 水泥用量只有 350m³/kg 时，其混凝土抗压强度可达 55.9MPa。

因此，在粉磨水泥时掺入高效减水剂以实现水泥的塑化，是生产 FK 新型胶凝材料的重要技术措施。

（2）大量掺入矿物细掺料及其不同品种的复合

2000 多年前，罗马人用石灰-火山灰混合物建造了大型的建筑物，至今仍然完好，如著名的万神殿；罗马 Caligula 皇帝时期用石灰和火山灰混合物建造的那不勒斯海港，至今虽然被海浪磨光了表面，长满青苔，但混凝土仍完好无损，数百米长的墙几乎无一裂缝。

硅酸盐水泥使用 100 多年来，由于使用部门不断提高强度，尤其是早期强度的要求，水泥强度等级不断提高。近 50 年来，片面提高强度而忽视其他性能的倾向造成水泥生产向大幅度提高细度和硅酸三钙、铝酸三钙含量发展。提高混凝土强度的方法除采用高强度等级水泥外，更多的是增加每立方米混凝土中的水泥用量，降低水灰比与每立方米加水量，因此混凝土的流动性随之下降，甚至不得不采用高频振捣以期保证密实性和均匀性，增加了劳动强度与能耗。与此同时，一方面建设速度加快，另一方面操作人员素质下降，混凝土质量得不到保证。直到 20 世纪 80 年代前后，混凝土耐久性问题愈来愈尖锐，因混凝土材质劣化和环境等因素的侵蚀作用，出现混凝土建筑物破坏失效甚至崩塌等事故，造成巨大损失。因此目前生产的水泥不能适应高性能混凝土的要求。优质矿物细掺料的大量使用应运而生，目前在美国预拌混凝土中粉煤灰掺量已达 37％；英国已将粉煤灰体积用量 60％～80％的混凝土用于水坝、路面、机场停机坪等工程，在油罐、高架桥后张预制块、给水塔等工程中，粉煤灰体积掺量为 40％～60％；日本新建世界上最长的悬索跨海大桥——明石大桥，采用了免振捣的高性能混凝土。28d 抗压强度为 51.9MPa 的缆索锚固基础混凝土中，矿渣和粉煤灰总产量为 60％；28d 平均抗压强度为 24MPa 的主桥墩混凝土中细掺料用量为 80％。

2000 年前古罗马人使用石灰-火山灰胶凝材料的成功先例中，混凝土大量掺用优质矿物细掺料后的耐久性是较好的。由于高效减水膨胀剂等外加剂的出现，以及其他技术措施的采用，现在使用大量掺用优质矿物细掺料的 FK 新型胶凝材料绝不是以前石灰-火山灰胶凝材料的简单重复，而是具有高强度、高抗化学侵蚀性、低需水量、低水化热、低收缩等高性能的新型胶凝材料。

（3）按混凝土性能的需要优化石膏掺量

一般石膏只按符合水胶比为 0.5 左右的混凝土所需凝结时间的最小掺量加入，此后几乎是不变的，和熟料化学组成与细度无关。试验表明，水泥中 SO_3 含量达到 3.5％之前，随 SO_3 含量的增加，凝结时间延长，强度提高；超过 3.5％以上，结果则相反。因此，我国现行水泥标准规定水泥中 SO_3 含量不得超过 3.5%（对矿渣水泥，为 4.0%），欧洲水泥试行标准中则规定 42.5 级以上任何品种水泥 SO_3 含量上限均为 4.0%，较我国标准的稍高。但实际生产的水泥中，几乎没有超过 2.5% 的，甚至不超过 2.0%。对水灰比较大的普通混凝土来说，没有明显的影响，而对掺用高效减水剂、水灰比很低的高性能混凝土就有显著的影响。掺入高效减水剂后，水泥的需水量随石膏掺量的增加而明显降低，当高效减水剂掺量足够大时，高效减水剂超过饱和点，石膏掺量的影响就不显著了。

实际上，水泥中 SO_3 含量应与熟料中的 C_3A 和碱含量、水泥细度相匹配，否则对水泥及其制品的性质会有不利影响。但当用于较大水灰比的传统混凝土时，通常不考虑这种影响。高性能混凝土使用很低的水胶比，水泥中的水很少，水化速率极快的 C_3A 和石膏争夺水。溶解速率比 C_3A 低得多的石膏在液相中溶出的量不足，会引起混凝土流变性能不良、流动性差、流动性损失快，因此用传统水泥配制高性能混凝土时，为得到高工作性，对原材料要求较苛刻，水泥用量较大。在生产 FK 新型胶凝材料时，按流变性能的需要对石膏掺量进行优化，则可保证混凝土拌和物有良好的流变性能。

此外，石膏不仅影响水泥的需水量、流动性损失的快慢，而且影响硬化水泥浆体的强度和变形性质，因此优化石膏掺量可提高混凝土抗压强度，减小收缩。

3. 项目研究目标及结果

（1）研究目标

① 使用粉煤灰和磨细矿渣，总掺量不少于 50%，硅酸盐水泥熟料用量不大于 50%。

② FK 新型胶凝材料的性能指标

需水量：标准稠度用水量≤20%；

水化热：达到中热水泥水化热的指标；

收缩：在水中养护 14d 后继续在空气中养护 28d，限制不大于收缩率 0.02%；

强度：28d 抗压强度不小于 56MPa；

凝结时间：初凝不早于 2h，终凝不迟于 12h。

③ 在生产线上试生产 200t FK 新型胶凝材料，并用于实际工程的中等强度等级的混凝土。

（2）该产品实验室试验结果性能

需水量：标准稠度用水量为 16%～20%；

水化热：比通用水泥的水化热 3d 低 20%～30%，7d 低 10～15%；

收缩：在水中养护 14d 后继续在空气中养护 28d，限制收缩率小于 0.01%，远低于普通水泥的收缩；

强度：28d 抗压强度在 50～70MPa 之间；

凝结时间：初凝 4～7.5h，终凝 6～9.5h。

此后清华大学和北京城建集团混凝土公司合作，进行了该产品的生产和高性能混凝土的试验研究，目标为试生产 200t 用于 C50 以下高性能混凝土的 FK 新型胶凝材料，28d 抗压强度不低于 55MPa，适用于实际工程，所配制的混凝土坍落度不低于 200mm，1h 坍落度损失不大于 10%，绝热温升低于 45℃，其他性能符合工程要求。

该产品因大量利用工业废料，节省能源和资源，保护环境，故称之为 FK 新型胶凝材料。

7.2　FK 新型胶凝材料及其配制高性能混凝土的研究报告

7.2.1　FK 新型胶凝材料的组成及配比优化

FK 新型胶凝材料的主要组成为硅酸盐水泥熟料、矿物掺和料、高效减水剂及其他必要的外加剂。熟料与矿物质粉体和外加剂的合理组合与匹配，可以获得最密实填充的胶凝材料，从而使流动度和强度均达到最优，进而对胶凝材料需水量、抗压强度、收缩、水化热均产生影响，因此必须对不同原材料配制成的 FK 新型胶凝材料的组成和配比进行优化试验。

1. 原材料

（1）水泥熟料

所用水泥熟料化学成分和矿物组成见表 7-1。

表 7-1　水泥熟料化学成分和矿物组成

名称	化学成分（%）									矿物组成（%）				R_{28}
	SiO_2	Al_2O_3	Fe_2O_3	CaO	Mg	K_2O	Na_2O	SO_3	烧失量	C_3S	C_2S	C_3A	C_4AF	(MPa)
首都	19.29	5.40	4.83	58.92	3.10	0.35	0.31	1.33	4.63	46.27	20.41	6.12	14.68	54.7
燕山	21.38	5.22	3.42	59.76	3.16	0.47	0.22	0.91	4.86	38.20	32.49	8.03	10.40	57.8
江南	20.02	5.05	4.61	60.92	1.08	0.48	0.40	0.87	4.36	50.02	17.54	5.56	14.01	—
房山	21.03	6.85	3.84	61.18	0.96	0.26	0.3	0.46	4.81	36.96	32.43	11.63	11.67	—
香河	19.42	5.52	4.06	60.96	1.69	1.69	0.84	1.13	4.30	54.44	14.62	7.74	12.34	46.5
丰南	21.32	5.57	4.20	63.00	1.94	1.07	0.38	0.87	1.12	49.4	23.87	7.63	12.77	—
冀东	—	—	—	—	—	—	—	—	—	51.8	23.8	9.2	8.2	>60

（2）矿物掺和料

主要使用粉煤灰和高炉水淬矿渣，其化学成分和粉煤灰的主要性能指标见表 7-2 和表 7-3。

表 7-2　粉煤灰和高炉水淬矿渣的化学成分　　　　　　　　单位：%

掺和料品种	SiO_2	Al_2O_3	Fe_2O_3	CaO	MgO	K_2O	Na_2O	TiO_3	MnO	烧失量
北京东郊粉煤灰	51.96	32.61	5.61	2.61	0.63	0.78	0.17	1.12	0.06	3.46
元宝山粉煤灰	58.64	19.78	9.56	4.42	2.08	2.64	0.87	0.91	—	0.89
首钢矿渣	33.56	11.40	0.33	40.39	11.20	0.57	0.57	1.34	0.09	0.07

表 7-3　粉煤灰技术指标

序号	技术指标	元宝山粉煤灰	北京东郊粉煤灰	分级标准	
				I	II
1	细度（45μm 方孔筛筛余）（%）	6.0	18	12	20
2	需水量比（%）	94	103	95	105
3	烧失量（%）	0.89	3.46	5	8
4	含水量（%）	0.70	1.0	1	1
5	SO_3 含量（%）	0.68	0.96	3	3
6	活性率（%）	19.71	14.60	—	—
7	28d 胶砂强度比（%）	96.0	78.2	≥75	≥62

（3）石膏

石膏主要使用北京大红门石膏板厂提供的二水石膏和燕山水泥厂提供的天然石膏，其化学成分见表 7-4。

表 7-4　石膏的化学成分　　　　　　　　　　　　　　　单位：%

石膏来源	SiO_2	Al_2O_3	Fe_2O_3	MgO	CaO	SO_3	结晶水	烧失量
大红门石膏	0.80	0.21	0.15	2.19	31.25	44.78	15.02	20.34
燕山石膏	4.82	1.34	0.54	2.91	34.51	39.60	9.09	15.86

（4）高效减水剂

高效减水剂主要使用山东莱芜汶河化工厂的 FDN、雍阳外加剂厂的 UNF-5 和 UNF-5A 及其复配产品。

2. 矿物掺和料品种与掺量对水泥性能的影响

矿物掺和料主要使用粉煤灰和高炉矿渣。

粉煤灰是配制高性能混凝土最常用的矿物掺和料。由于粉煤灰对改善混凝土性能所起的重要作用，同时从节约能源和保护环境的需要出发，粉煤灰应该与水泥、砂、石并列为混凝土必不可少的组分。优质的粉煤灰不仅能减少混凝土需水量，而且可减少混凝土的泌水和离析，改善工作性，并能减少混凝土坍落度随时间的损失；掺粉煤灰还能减少混凝土的自收缩和干燥收缩，降低混凝土温升，提高混凝土后期强度增长率，提高抗化学侵蚀的能力。掺入粉煤灰的缺点是当掺量较大时会降低混凝土抗碳化的能力。

矿渣具有很大的潜在反应活性，只有磨细时，才能发挥出来。这种活性可促进混凝土的强度发展，阻止产生粗大的 $Ca(OH)_2$、生成结晶，改善混凝土微结构使之致密，并可降低水化温升。由于矿渣需水量较低，所以能改善混凝土工作性、减少坍落度随时间的损失。矿渣同粉煤灰一样，对混凝土的各种性能有明显改善作用，与粉煤灰相比，其抗碳化能力强，但当细度超过 $4000cm^2/g$ 后化学收缩和自收缩较大。根据复合效应的原理，将粉煤灰和矿渣按适当比例复合掺入，使其取长补短，以达到高性能的目的。

固硫渣是循环流化床锅炉燃煤脱硫的废渣，掺用固硫渣可使混凝土减小干燥收缩，增加后期强度增长率，常用来做对比试验。

（1）掺和料种类对胶凝材料性能的影响

用北京水泥厂熟料掺入大红门石膏、FDN，并分别掺入 30％东郊Ⅱ级粉煤灰、元宝山Ⅰ级粉煤灰、首钢矿渣与贵阳固硫渣，所得到的胶凝材料的需水量试验结果见表 7-5。将首钢矿渣分别与东郊粉煤灰和元宝山粉煤灰复合使用与三者单独使用做平行试验，掺和料对胶凝材料需水量影响的试验结果见表 7-6，对胶凝材料强度的影响见表 7-7。

表 7-5 与表 7-6 中的结果表明，首钢矿渣和元宝山粉煤灰需水量比较低，可明显降低水泥需水量。东郊粉煤灰和贵阳固硫渣的掺入则不能降低水泥需水量。矿渣分别与两种粉煤灰复合后，在对胶凝材料需水量的影响上只是简单的叠加。

表 7-5　掺和料种类对胶凝材料需水量的影响

	1	2	3	4	5
掺和料品种	—	东郊粉煤灰	元宝山粉煤灰	首钢矿渣	贵阳固硫渣
掺量（％）	0	30	30	30	30
标准稠度用水量（％）	19.5	20.0	17.5	17.8	19.0

表 7-6　掺和料对胶凝材料需水量的影响

编号	首钢矿渣（％）	东郊粉煤灰（％）	元宝山粉煤灰（％）	标准稠度用水量（％）
1	50	—	—	15.8
2	—	40	—	19.8
3	—	—	40	16.0
4	40	10	—	17.5
5	30	20	—	18.0
6	40	—	10	16.0
7	30	—	20	16.0

表 7-7　掺和料对胶凝材料强度的影响

编号	矿渣（％）	东郊粉煤灰（％）	元宝山粉煤灰（％）	抗折强度（MPa）		抗压强度（MPa）	
				3d	28d	3d	28d
1	50	—	—	9.10	11.76	43.5	68.5
2	40	10	—	6.46	9.73	28.0	56.4
3	30	20	—	5.56	9.30	27.7	50.0
4	—	40	—	4.90	8.23	24.6	48.3
5	40	—	10	9.75	11.25	43.6	65.6
6	30	—	20	9.15	11.05	42.5	63.0
7	—	—	40	8.55	10.75	40.7	59.4

从表 7-7 可以看出：

① 在掺量相同时，掺入元宝山粉煤灰的胶凝材料抗折和抗压强度明显高于掺入东郊

粉煤灰的水泥抗折和抗压强度。

② 掺入矿渣时，尽管熟料量比掺入粉煤灰时减少10%，但其胶凝材料的抗折和抗压强度仍高于掺入粉煤灰的水泥，说明所用矿渣活性高于粉煤灰。

③ 矿渣与两种粉煤灰共同使用时，在强度方面也只有叠加效应。

（2）掺和料掺量对胶凝材料性能的影响

用北京水泥厂熟料掺大红门石膏、FDN和MG，再分别掺入10%～50%元宝山粉煤灰，10%～50%矿渣所得到的胶凝材料需水量和胶砂强度试验结果见表7-8、表7-9。

表7-8　粉煤灰掺量对胶凝材料需水量与强度的影响

编号	粉煤灰（%）	标准稠度用水量（%）	抗折强度（MPa）		抗压强度（MPa）	
			3d	28d	3d	28d
1	0	20.0	11.28	11.65	48.5	68.0
2	10	18.5	11.20	11.75	47.4	68.5
3	20	17.7	10.54	11.90	45.0	69.4
4	30	16.8	10.05	11.65	43.8	65.6
5	40	16.0	9.05	10.86	41.5	61.5
6	50	15.7	7.56	9.95	37.2	55.0

表7-9　矿渣掺量对胶凝材料需水量与强度的影响

编号	熟料（%）	矿渣（%）	标准稠度用水量（%）	抗折强度（MPa）		抗压强度（MPa）	
				3d	28d	3d	28d
1	94	0	20.0	11.28	11.65	49.5	69.0
2	84	10	18.7	11.14	11.74	48.4	69.5
3	74	20	17.8	10.68	11.60	48.0	70.5
4	64	30	17.0	10.15	11.37	46.5	68.4
5	54	40	16.3	9.67	11.42	43.8	66.8
6	44	50	15.8	9.00	11.35	42.0	66.5

作图表示表7-8、表7-9的结果，如图7-1～图7-3所示。

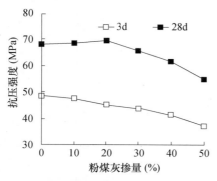

图7-1　粉煤灰掺量与水泥抗压强度的关系

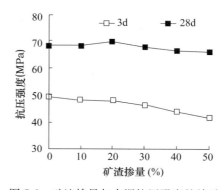

图7-2　矿渣掺量与水泥抗压强度的关系

由表 7-8、表 7-9 和图 7-1～图 7-3 可见：

① 水泥需水量随着元宝山粉煤灰和首钢矿渣掺量的增加而明显降低，当掺量到 50% 时，需水量降低到 15% 左右。

② 水泥 3d 抗压强度随着两种掺和料掺量的增加呈降低趋势，28d 抗压强度随着掺和料掺量的增加则呈先提高后降低的趋势；在掺和料掺量为 20% 时强度达到最高，掺量为 30% 时 28d 抗压强度也低于纯熟料水泥的 28d 抗压强度。矿渣与粉煤灰相比，抗压强度降低相对小些，掺到 50% 时抗压强度也降低较少。

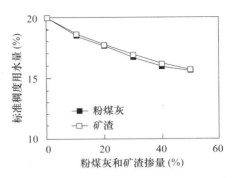

图 7-3　粉煤灰和矿渣掺量与水泥需水量的关系

③ 因考虑低需水量的要求，在抗压强度降低不很大的情况下，掺和料掺量越多越好。单掺矿渣时掺量可选 50%，单掺粉煤灰时掺量则可选 40%。

使用不同来源、相同种类的掺和料时，随掺和料的活性和需水量的不同，对水泥性质会有不同的影响，因此掺和料的用量应由对不同掺和料进行配比的优化试验来确定。

3. 熟料品种的影响

水泥熟料是 FK 新型胶凝材料中的主要组分之一，熟料的化学成分、强度和需水性对胶凝材料的性质都有重要的影响。

由于高效减水剂的加入，存在水泥与高效减水剂的相容性问题，而水泥熟料的矿物组成中的 C_3A 含量与活性是影响水泥与高效减水剂相容性的主要因素，C_3A 含量高的水泥容易出现与减水剂相容性不好的问题。因此，选用 C_3A 含量较低的熟料对配制出各方面性能比较好的 FK 新型胶凝材料更有利一些。通过优化石膏掺量，对水泥与高效减水剂的相容性会有很大改善，即使 C_3A 含量较高的熟料，在石膏优化后也表现出与高效减水剂有较好的相容性。所以，原则上，研制 FK 新型胶凝材料时熟料品种可不作专门要求，但最好选用 C_3A 含量较低的熟料。

用北京熟料、燕山熟料、香河熟料中分别加入 FDN、大红门石膏、50% 首钢矿渣所得胶凝材料的需水量见表 7-10。表 7-10 结果表明，三种熟料配制的水泥标准稠度用水量均达到 18% 以下，无太大差别。

表 7-10　不同熟料的胶凝材料标准稠度用水量

熟料来源	北京	燕山	香河
标准稠度用水（%）	17.3	17.2	17.8

将三种熟料中分别掺入适量石膏，制成硅酸盐水泥，在水泥熟料中加入一定量的高效减水剂、50% 的矿渣和石膏，配制出 FK 新型胶凝材料，进行强度检验，结果列于表 7-11。

由表 7-11 可见，在其他条件相同的情况下，不同熟料所配制的水泥强度主要取决于各熟料的自身强度，而与其他因素关系不大。

表 7-11　熟料强度与 FK 新型胶凝材料强度的关系

熟料品种	硅酸盐水泥强度（MPa）				FK 新型胶凝材料强度（MPa）			
	抗折强度		抗压强度		抗折强度		抗压强度	
	3d	28d	3d	28d	3d	28d	3d	28d
北京	6.58	7.82	37.1	54.7	6.18	9.42	35.2	57.5
燕山	7.50	9.10	42.8	57.8	7.10	10.32	40.5	60.8
香河	5.61	7.90	25.5	46.5	4.82	6.94	22.5	44.8

由以上试验结果分析可知，要配制强度较高的 FK 新型胶凝材料，需要对熟料本身有强度要求，一般要求熟料强度在 52.5 级以上。

4. 高效减水剂品种与掺量选择

高效减水剂品种的选择应综合考虑单价、减水效果及与水浆中其他组分的兼容性。目前国内生产和用量最大的是萘系高效减水剂。为了尽量降低胶凝材料的需水量，应选用硫酸钠含量低于 5% 的高浓产品。不同减水剂复合使用可提高加水效果，减小流动性的经时损失。用北京熟料、大红门石膏，分别掺和不掺粉煤灰（元宝山粉煤灰），再分别掺入萘系高效减水剂 FDN、NF-2 与木钙（MG）和缓凝剂（NM）复合，检测胶凝材料的需水量和凝结时间，结果见表 7-12。

表 7-12　不同外加剂对胶凝材料需水量与凝结时间的影响

编号	粉煤灰（%）	FDN（%）	NF-2（%）	MG（%）	NM（%）	需水量（%）	初凝时间	终凝时间
1	0	1.5	0	0	0	19.0	2：30	3：20
2	0	1.5	0	0.2	0	17.6	3：00	4：20
3	0	2.0	0	0	0	18.5	—	—
4	0	0	1.5	0	0	19.7	—	—
5	40	1.5	0	0	0	17.5	3：40	6：00
6	40	1.5	0	0.2	0	16.5	4：20	6：50
7	40	1.5	0	0	0.04	18.0	6：00	7：40

由表 7-12 可见：

① 1.5%FDN 与 0.2%MG 混合不但可以延长混凝土的凝结时间，而且与单独使用 1.5%FDN 相比，胶凝材料需水量降低一个百分点以上，与加入 2.0%FDN 的水泥相比，需水量也降低接近一个百分点，说明这两种减水剂的复合有超叠效应，可带来更大的技术经济效果。

② 缓凝剂 NM 虽对混凝土有较好的缓凝效果，但使水泥需水量有所增大，不宜使用；掺入元宝山粉煤灰后不但使水泥需水量得以降低，而且其缓凝作用比缓凝剂还要明显，可能对抑制混凝土的坍落度损失有所贡献。

我们根据对石膏掺量的优化和外加剂的试验结果，选用（1.0％FDN＋0.1％MG）配制 C50 以上混凝土，用（1.5％FDN＋0.2％MG）配制 C35～C70 各强度等级的混凝土，进行系列 FK 新型胶凝材料的试验研究。

7.2.2　FK 新型胶凝材料中石膏的优化

1. 优化水泥中石膏掺量的必要性

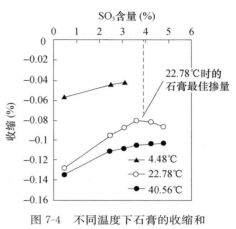

图 7-4　不同温度下石膏的收缩和 SO_3 含量的关系

　　水泥是用熟料加入适量石膏共同粉磨至一定的细度而生产出来的，加入石膏主要是为了控制熟料中 C_3A 的水化速度，从而调节水泥的凝结时间。实际上，石膏在水泥中的作用不仅是调节凝结时间，而且对水泥的强度、流变性能和收缩性能都有较大的影响。根据 Verbeck.J.J 的试验结果，在常温情况下，水泥的收缩随石膏掺量的增加而减小，达到一定量后，又随之增加（图 7-4）。图 7-4 为在不同温度下石膏的收缩和 SO_3 含量的关系。它表明，该水泥的 SO_3 在常温下的最佳含量为 4％；水泥的 SO_3 最佳含量与水泥中的 C_3A 和 R_2O 含量及水泥细度有关，见表 7-13。

表 7-13　SO_3 含量和 C_3A、R_2O 的关系

C_3A（W％）	R_2O（W％）	SO_3（W％）
＜6	0.5	2
＜6	＞1.0	3～4
＞10	0.5	2.5～3
＞10	＞1.0	3.5～4

　　水泥的 SO_3 最佳含量还和使用温度有关。C_3A 和碱含量越大，水泥细度越细，温度越高，SO_3 最佳含量越大。在实际工程中，由于水泥水化放热，构件内早期水化温度较高，混凝土收缩最小而强度最高，SO_3 最佳含量更高些。S.M.Khalil 使用 C_3A 含量为 9.22％的 I 型水泥和萘磺酸盐超塑化剂进行了 SO_3 含量对混凝土的温升和坍落度损失的试验研究。结果表明，SO_3 含量对混凝土保持坍落度和提高强度有一个最优范围，并且这一最佳范围随养护温度的不同而不同，养护温度为 25℃ 时 SO_3 最佳含量为 3.15％（对比相同水泥的商品混凝土中 SO_3 含量为 2.15％）；养护温度为 40℃ 时，最佳 SO_3 含量为 5.65％（一般混凝土的温升使构件内部混凝土实际养护温度＞40℃）。在 SO_3 最佳含量下，浇筑后 30～70min 的混凝土坍落度等于或大于对比混凝土浇筑后 20min 的坍落度，28d 强度提高 12％。

　　目前 ISO 标准是在水胶比为 0.5 而不掺外加剂的砂浆的条件下制定的。在这样的拌和

物中，所存在的大量拌和水使水泥颗粒分散，并使离子在溶液饱和前自由地进入溶液，对这种砂浆的流变性能起主导作用。说明：超塑化剂的使用，使水胶比可降低到小于 0.4，甚至小于 0.3。水泥颗粒间距减小，能进入溶液的离子数量减少，水泥开始水化的动力学与水胶比为 0.5 时的情况大不相同，因为水泥中的水很少时，SO_3 在水泥浆体的溶出量很少。尤其当水泥 C_3A 含量和比表面积较大时（如为了提高水泥早期强度和降低烧成温度而生产的 R 型水泥），水泥水化加快，其中水化速度极快的 C_3A 要和石膏争夺水，溶解速率和溶解度比 C_3A 低得多的石膏在液相中溶出的更加不足，因此，市售水泥中的 SO_3 含量就不能满足高性能混凝土流变性能的要求。

2. 石膏掺量对水泥需水量的影响

（1）对相同熟料的影响

用北京水泥厂熟料（琉璃河熟料、房山熟料），分别掺入 0、0.5%、1.0%、1.5%、2.0% 的 FDN，检测石膏掺量从 3% 到 7% 时的水泥需水量，结果如图 7-5 所示。

由图 7-5 可见，不掺 FDN 时，水泥的需水量随石膏掺量的变化很小，掺入 FDN0.5% 后，随着石膏掺量的增加，水泥的需水量显著降低，但随着 FDN 掺量的增加，水泥的需水量随石膏掺量的增加而降低的幅度减小。当 FDN 掺量超过饱和点（此处为 1.5%）后，石膏掺量的影响就不明显了。在 FDN 的各掺量下，石膏增加到 6% 以后，影响变小。

（2）对不同熟料的影响

分别用 4 种熟料，掺入高效减水剂，改变石膏掺量制成水泥，测定水泥的需水量和凝结时间，结果如图 7-6 所示。

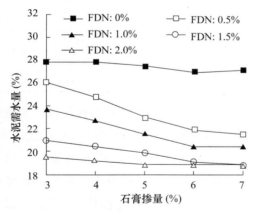 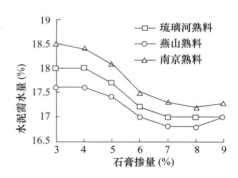

图 7-5 不同熟料石膏掺量对水泥需水量
和凝结时间的影响

图 7-6 在不同减水剂的不同掺量下
石膏对水泥需水量的影响

由图 7-6 可见，水泥需水量随石膏掺量的增加而降低，熟料中 C_3A 含量越高，水泥需水量降低得越多。如南京熟料中 C_3A 比其他熟料明显要高，石膏掺量的影响显著，其他熟料中 C_3A 含量相差不多，影响趋势也一致。

（3）熟料种类对 FK 新型胶凝材料的影响

以南京、琉璃河、燕山、房山熟料掺入 50％磨细矿渣，测定在高效减水剂作用下石膏掺量对水泥需水量的影响，结果如图 7-7 所示。

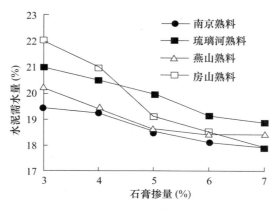

图 7-7　石膏掺量对水泥需水量的影响

由图 7-7 可见，与纯熟料水泥相比，掺入 50％磨细矿渣后，由于矿渣的需水量比较小，水泥需水量降低，但仍随石膏掺量的增加而进一步降低，只是降低的幅度减小。3 种熟料的 C_3A 含量相差不大，石膏掺量的影响趋势一致，石膏的饱和掺量为 6％～7％，水泥中 SO_3 含量为 3.5％～4％。当 SO_3 含量超过 4％以后，再增加石膏掺量时，水泥需水量不再降低。

3. 石膏掺量对水泥凝结时间的影响

上述试样凝结时间见表 7-14。掺入矿渣后，水泥的凝结时间有所延长，石膏掺量对凝结时间的影响不大。

表 7-14　石膏掺量对水泥凝结时间的影响

SO_3（w%）		3		4		5		6		7	
凝结时间		初凝（h：m）	终凝（h：m）	初凝（h：m）	终凝（h：m）	初凝（h：m）	终凝（h：m）	初凝（h：m）	终凝（h：m）	初凝（h：m）	终凝（h：m）
无掺料	南京熟料	3：00	4：20	3：20	4：30	3：40	4：50	3：40	4：50	3：50	5：00
	北京熟料	2：40	3：40	2：50	4：00	2：50	3：50	3：10	4：10	3：00	4：20
	燕山熟料	2：50	4：00	3：00	4：20	3：10	4：30	3：20	4：30	3：00	4：30
掺矿渣	南京熟料	3：00	4：30	5：10	3：00	5：20	3：00	5：20	3：40	6：00	
	北京熟料	3：00	6：00	3：20	6：10	3：30	6：10	3：50	6：40	3：40	6：30
	燕山熟料	5：00	6：50	5：20	7：00	5：30	7：00	5：30	6：50	5：40	7：00

4. 石膏品种对水泥需水量的影响

不同品种的石膏溶解速率和溶解度差别较大，对水泥性质的影响不同。例如生石膏（天然二水石膏）和天然硬石膏的溶解度相近，但溶解速率差别很大，半水石膏则不仅溶解速率很快，而且溶解度也大得多。严格地说，不仅应当优化石膏的掺量，而且应当根据熟料中C、A的不同活性优化石膏的品种。按我国的国情，一般不宜使用半水石膏，相反，根据熟料情况掺适量的天然硬石膏倒是有利的。本试验用两种石膏测定石膏掺量对水泥需水量的影响，结果见表7-15。从表7-15可以看出，产地不同的石膏及不同的掺量对水泥需水量均有影响，究其原因主要是化学成分的差异。

表 7-15　不同石膏对水泥需水量的影响　　　　　　　　　　单位：%

SO_3 （$w\%$）	3	4	5	6	7
大红门石膏	23.6	22.6	21.6	20.5	20.5
燕山石膏	22	21.5	21.2	20.8	20.7

大红门石膏中的 $CaSO_4$ 含量较大，其结晶水比纯二水石膏的结晶水少5.17%；而燕山石膏中的 $CaSO_4$ 含量较小，其结晶水比纯二水石膏的结晶水少8.71%。表明其中含有共生的无水石膏。无水石膏比二水石膏的溶解速率低，但溶解度相当，掺量足够大时，由于"短时多溶"，从而与二水石膏作用的差别减小；掺量越大，二者差别越小，因此在本试验中暂不计其差别。如果品种差异更大，则不可忽视，需做更进一步的试验。

5. 石膏掺量对水泥强度的影响

石膏不仅影响 C_3A 的水化，而且也会影响 C_3S 的水化，还可能进入 C—S—H 的层间，对水泥强度产生影响，加之水泥的需水量随石膏掺量的增加而降低，这也会影响到强度。因此，石膏掺量的优化，还要考虑强度的因素。

用北京水泥厂琉璃河熟料和燕山水泥厂熟料，加入 FDN 和大红门石膏。改变石膏掺量，测定水泥强度，结果如图7-8所示。

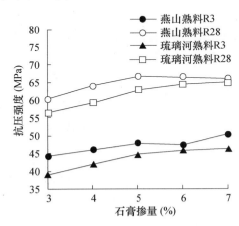

图 7-8　石膏掺量对水泥抗压强度的影响

由图7-8可见，在 SO_3 含量为2%～4.5%的范围内，水泥的抗压强度随石膏掺量的增加而提高，强度值与熟料强度有关。

6. 石膏掺量和水泥收缩的关系

石膏在水泥中会生成体积膨胀的反应物，SO_3 含量合适时，在限制条件下，可补偿水泥因干燥而引起的收缩。因此，石膏掺量的优化应考虑石膏掺量对水泥收缩的影响。

用燕山熟料掺入 FDN，改变石膏掺量，按《混凝土膨胀剂》GB 23439—2009 规定的方法测定水泥砂浆在限制条件下的变形。养护条件和测定结果如图 7-9 所示，其中水养护温度为 (20±3)℃，空气养护的条件为温度 (20±3)℃、相对湿度 (55＋5)％，所用试件使砂浆钢筋骨架限制水泥砂浆的变形。

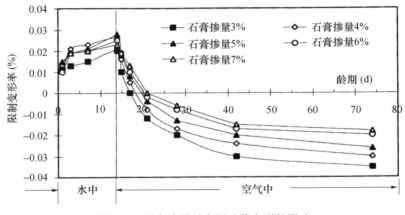

图 7-9　石膏掺量对水泥砂浆变形的影响

由图 7-9 可见，砂浆的收缩随石膏掺量的增加而减小。当石膏掺量超过 5％（SO_3 含量为 3.57％）以后，该试件在水中养护 14d 后，再在空气中养护 28d 的限制收缩率不大于 2％，符合 GB 23439—2009 规定的掺膨胀剂补偿收缩的要求。而当石膏掺量达到 6％时，空气中养护 60d 的限制收缩率也不超过 2％。石膏掺量超过 6％时，再增加掺量时，体积收缩的变化就不大了。

7. 结论

① 石膏在水泥中的作用不仅是调节凝结时间，还影响水泥的流变性能、强度和变形性质。这一点对使用高效减水剂且水胶比很低的高性能混凝土来说，尤其重要。

② 用于高性能混凝土的高性能水泥并非混凝土胶凝材料各组分的简单混合，优化石膏掺量是获得高性能水泥的一项重要技术措施。

③ 高性能水泥中石膏掺量优化的目标是使水泥的流变性能好、强度高、体积稳定性好、凝结时间合适。

④ 在本试验所用原材料的条件下，SO_3 的优化掺量为 3.5％～4％。

7.2.3　粉磨工艺对胶凝材料性能的影响

选择合理的粉磨工艺和粉磨时间，应综合考虑提高水泥性能和降低能耗两方面因素，尽量争取在较低能耗情况下得到各方面性能都比较好的水泥。通常情况下，水泥细度越细，水化速度越快，水化程度越深，对水泥凝胶性质的有效利用率也就越高，水泥强度，特别是早期强度也越高，而且还改善水泥的泌水性、和易性、粘结力等，但需水量增大，水化热增加，后期强度增长率较低。硅酸盐水泥中 $3\sim30\mu m$ 的颗粒起增大强度的主要作用，大于 $60\mu m$ 的颗粒则对强度不起作用。因此 $3\sim30\mu m$ 的颗粒应当约占 90%；小于 $10\mu m$ 的颗粒起增加早期强度的作用，但需水量大，而其中小于 $3\mu m$ 的颗粒，只起增加早强作用。因此流变性能好的水泥 $10\mu m$ 的颗粒应当小于 10%。一般 $3\sim30\mu m$ 的颗粒是水泥主要的活性部分，应占约 90% 以上。

一般在通用水泥生产中，认为粉磨到比表面积为 $300m^2/kg$ 左右比较合适。但掺用矿渣的水泥则由于矿渣比熟料易磨性差，往往在细度合适的矿渣水泥中矿渣太粗，而熟料太细，造成矿渣水泥易泌水、抗冻性和抗渗性差的缺点。国外有的水泥厂将矿渣和熟料分别粉磨，矿渣磨得细些，以发挥其潜在的活性和超微粉的效应；熟料磨得粗些，以降低需水量，克服了以上缺点，混磨可以简化操作，与高效减水剂和粉煤灰共同粉磨对矿渣可起助磨作用，但产品需水量可能会增大。

FK 新型胶凝材料由于掺入有机和无机掺和料，与通用水泥水化动力学不同，通用水泥的细度未必恰当，需要重新进行试验研究。

为此，需要对 FK 新型胶凝材料粉磨工艺进行试验研究，选择适当的助磨剂与粉磨工艺，以得到对提高流变性能和强度有利的比表面积和颗粒级配。

为了对比，安排粉磨工艺流程如下：

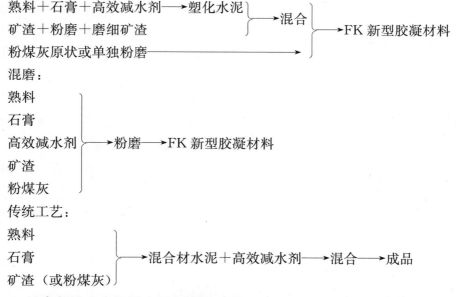

1. 粉磨条件下水泥需水量与强度试验

将掺入高效减水剂的熟料与矿渣分别磨成不同的细度，相互组合，进行需水量与胶砂强度试验。以水泥标准稠度用水量与 3d、28d 抗压强度为指标，以北京熟料细度与首钢矿渣细度为因素，二者各选三种细度值为水平（表 7-16），试验设计见表 7-17，正交试验结果见表 7-18，直观分析计算结果见表 7-19 和图 7-10、图 7-11。

表 7-16　因素水平表

因素 水平	熟料比表面积（m²/kg） （A）	矿渣比表面积（m²/kg） （B）
1	275	342
2	370	410
3	450	505

表 7-17　二因素三水平全面试验设计表

编号		1	2	3	4	5	6	7	8	9
因素	A	1	1	1	2	2	2	3	3	3
	B	1	2	3	1	2	3	1	2	3
试验方案		A_1B_1	A_1B_2	A_1B_3	A_2B_1	A_2B_2	A_2B_3	A_3B_1	A_3B_2	A_3B_3

表 7-18　全面试验结果

试验编号	标准稠度需水量（%）	抗折强度（MPa）		抗压强度（MPa）	
		3d	28d	3d	28d
1	16.8	5.03	7.00	20.5	38.0
2	17.2	5.32	7.80	22.6	40.8
3	17.5	5.40	8.09	22.8	44.6
4	17.2	6.48	9.06	26.8	46.8
5	17.5	6.62	9.28	30.4	52.0
6	18.0	7.05	10.02	34.0	65.5
7	18.2	6.80	9.08	28.4	47.8
8	18.6	7.08	9.10	32.0	54.2
9	19.0	7.29	9.40	39.2	66.8

表 7-19　直观分析计算结果

指标 因子	标准稠度需水量（%）		3d 抗压强度（MPa）		28d 抗压强度（MPa）	
	A	B	A	B	A	B
K_1	51.5	52.2	65.9	75.7	123.4	132.6
K_2	52.7	53.3	91.2	85.0	164.3	147.0
K_3	55.8	54.5	99.6	96.0	168.8	176.9
K_1	17.2	17.4	22.0	25.2	41.1	44.2
K_2	17.6	17.8	30.4	28.3	54.8	49.0
K_3	18.6	18.2	33.2	32.0	56.3	59.0
R	1.4	0.8	11.2	6.80	15.2	14.8

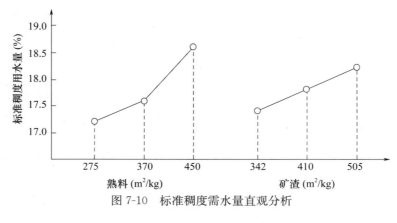

图 7-10　标准稠度需水量直观分析

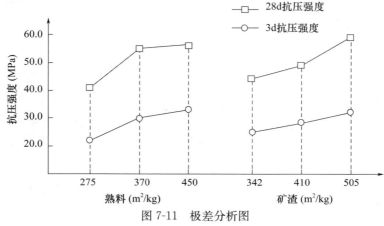

图 7-11　极差分析图

表 7-18、表 7-19 和图 7-10、图 7-11 的结果表明：

① 当熟料细度一定时，随着矿渣比表面积在一定范围内的增大，胶凝材料标准稠度需水量略有增长，抗压强度呈增长趋势。

② 胶凝材料标准稠度需水量随熟料比表面积的增大而增大。

③ 当矿渣细度不变时，随着水泥熟料细度在一定范围内变化，对水泥抗压强度的影响则同时存在着完全相反的作用，一方面是细度变细，本身对水泥抗压强度的促进作用；另一方面则是由于熟料比表面积增长，使水泥标准稠度需水量增加，进而导致水泥抗压强度有所降低。当水泥熟料比表面积从 $275m^2/kg$ 升高到 $370m^2/kg$ 时，水泥抗压强度有明显提高。此时细度变小对抗压强度的有利作用远胜于因细度变小所引起水泥标准稠度需水量增加而导致抗压强度降低的作用。而当熟料比表面积从 $370m^2/kg$ 升到 $450m^2/kg$ 时，虽然水泥抗压强度仍是提高的趋势，但这种趋势只是在早期比较明显，而到了 28d 几乎消失。

④ 对于本次所研制的 FK 新型胶凝材料，矿渣细度是越细越好。但对于熟料，细度不能太粗，熟料粗到一定程度时，对胶凝材料抗压强度的不利影响太大，无法从水灰比的降低和矿渣磨细对抗压强度的有利作用中得到补偿。而且，水泥熟料也不需要太细，否则不但不经济，胶凝材料抗压强度的提高也不大，是得不偿失的。

⑤ 由表 7-19 和图 7-10、图 7-11 可以看出，熟料细度的变化对水泥标准稠度需水量的影响明显比矿渣细度变化的影响大；对 3d 抗压强度也是如此；对 28d 抗压强度的影响则二者相差无几。另外，当比表面积大到一定程度时，熟料变细对水泥抗压强度的提高作用已很不明显。

经以上分析，熟料比表面积初步定为 370m²/kg，矿渣比表面积为 505m²/kg，进行 FK 新型胶凝材料的研制。矿渣虽然是越细越好，但是要提高 100m²/kg 左右，比表面积几乎需要一倍的时间，因此考虑经济因素再继续对矿渣磨细是得不偿失的。

2. 混磨工艺对水泥性能影响分析

熟料选用香河熟料和燕山熟料，掺和料用首钢矿渣，分别用 FND、UNF、NF-2 三种高效减水剂兼作助磨剂。对是否掺加助磨剂、助磨剂掺量、助磨剂品种以及粉磨时间对水泥细度和需水量、抗压强度几方面性能的影响进行试验研究，并对结果进行分析。

（1）高效减水剂的助磨作用

在水泥粉磨过程中，加入少量的外加剂，可消除细粉的黏附和凝聚现象，加速物料粉磨过程，提高粉磨效率，降低单位粉磨电耗，提高产量，这类外加剂统称为助磨剂。常用的助磨剂有煤、焦炭等碳素物质，以及表面活性物质。表面活性物质的助磨机理有资料认为主要是由于其具有强烈的吸附能力，可吸附在物料细粉颗粒表面，使颗粒之间不再相互粘结；并由于其可以吸附于物料颗粒的裂缝间，减弱分子力所引起的"愈合作用"，促使外界作功时颗粒裂缝的扩展，从而提高粉磨效率。据了解，日本的水泥厂均采用助磨剂，韩国、新加坡等国水泥生产都使用减水剂作为助磨剂。

在水泥粉磨时加入高效减水剂共同粉磨，使其起助磨剂作用，而在使用时又起减水的作用，可提高高效减水剂的使用效率。

将香河熟料和 40% 首钢矿渣、大红门石膏混合在一起，分别加入 FDN 作为助磨剂粉磨后检测其细度，与不加助磨剂的试样进行对比。将掺助磨剂的试样与不掺助磨剂而在使用时外掺相同量的相同外加剂的试样分别进行需水量和胶砂强度检测。将所得试样进行颗粒级配试验，对试验结果用 RRB（Rosin－Rammlar－Bennet）公式进行统计分析，求出其特征粒径 x 均匀性系数 n：

$$R = 100e\left(\frac{x}{\bar{x}}\right)^{n} \tag{7-1}$$

式中　R——粉磨产品中某一粒径 x 的筛余；

　　　e——自然对数的底，$e = 2.718$；

　　　$\bar{x}$——特征粒径，筛余为 36.8% 时粒径，μm；

　　　n——均匀性系数。

n 值越大，颗粒越均匀，$\bar{x}$ 越大粉磨产品越粗。对水泥的颗粒级配一般希望 n 值大、x 值小，使产品颗粒均匀且粗颗粒少。对式（7-1）取二次对数可得式（7-2），只要有两个或两个以上筛析值就可由式（7-2）算出粉磨物料的 n 和 x 值。

$$\lg\lg\frac{100}{R}=n\lg x-n\lg\overline{x}+\lg\lg e \tag{7-2}$$

以上试验结果见表7-20。

表7-20　高效减水剂的助磨作用

编号	FDN（%）	比表面积（m²/kg）	标准稠度用水量（%）	n	$\overline{x}$	3～32μm颗粒（%）	抗折强度（MPa）		抗压强度（MPa）	
							3d	28d	3d	28d
1	0	304	—	1.31	20.1	84.1	—	—	—	—
2	共磨	350	18.5	1.37	13.8	86.6	6.54	10.10	40.8	58.2
3	外掺		19.0	—	—		6.45	9.43	38.9	54.2

由表7-20可见，在粉磨时掺入高效减水剂比不掺的水泥比表面积增加约15%，与不经助磨而外掺相同高效减水剂的试样相比，比表面积增大，而需水量反而不增加，强度却有所提高。从颗粒分布来看，经助磨的试样颗粒更加均匀。

（2）在助磨剂相同的情况下粉磨时间的影响

燕山熟料加50%首钢矿渣和大红门石膏，再加相同量FDN作助磨剂，在试验室小磨中装料10kg分别研磨30min、48min、72min，所得水泥比表面积和需水量、强度等见表7-21。

表7-21　不同粉磨时间对水泥细度、需水量和强度的影响

编号	研磨时间（min）	比表面积（m²/kg）	标准稠度用水量（%）	n	$\overline{x}$	3～32μm颗粒（%）	抗折强度（MPa）		抗压强度（MPa）	
							3d	28d	3d	28d
1	30	325	16.0	1.08	30.1	58.9	5.68	8.58	35.4	54.4
2	48	414	16.7	1.14	20.5	72.1	6.85	10.48	43.0	66.8
3	72	485	17.0	1.12	17.3	75.8	7.23	10.76	47.3	67.9

表7-21的结果表明，随着研磨时间在一定范围内的延长，水泥需水量增加，强度也呈增长趋势。但在30～48min时，变化比较大，而在48～72min时则变化很小。粉磨时间对颗粒均匀性的影响并不大。因此，综合考虑技术指标和经济指标，以48min为宜。

（3）同种助磨剂在相同研磨时间下不同掺量对水泥性能的影响

用燕山熟料加50%首钢矿渣和大红门石膏，再分别加入1.0%、1.5%和2.0%FDN作助磨剂，研磨条件相同，所得水泥比表面积和需水量、强度等见表7-22。

表7-22　助磨剂不同掺量对水泥细度、需水量和强度的影响

编号	助磨剂掺量（%）	比表面积（m²/kg）	标准稠度用水量（%）	n	$\overline{x}$	3～32μm颗粒（%）	抗折强度（MPa）		抗压强度（MPa）	
							3d	28d	3d	28d
1	1.0	398	18.2				5.87	9.76	39.9	61.5
2	1.5	402	17.2	1.07	17.4	73.5	6.83	10.40	42.2	65.4
3	2.0	414	16.7	1.14	20.5	72.1	6.85	10.48	43.0	66.8

由表 7-22 的结果可见，助磨剂掺量从 1.0% 到 2.0% 变化时，对水泥比表面积影响不大，这说明从助磨角度讲，FDN 掺到 1.0% 已经足够了。掺量对水泥性能影响主要是因为减水量不同造成的。从其对强度影响来看，FDN 掺量从 1.5%～2.0%，水泥强度并未见明显提高，而从 1.0%～1.5% 时强度提高得要显著些，因此掺 1.5% 和 1.0% 都是可行的。

（4）不同品种助磨剂对水泥性能的影响

用燕山熟料加 50% 首钢矿渣和 6.0% 大红门石膏，再分别加入 FDN、NF-2 和 UNF-5 三种高效减水剂 2.0% 作助磨剂，加 10kg 研磨 48min，所得水泥比表面积和需水量、强度以及颗粒分布参数见表 7-23。

表 7-23   不同品种助磨剂对水泥性能的影响

编号	助磨剂品种	比表面积（m²/kg）	标准稠度用水量（%）	抗折强度（MPa）		抗压强度（MPa）	
				3d	28d	3d	28d
1	FND	414	16.7	6.85	10.48	43.0	66.8
2	NF—2	390	17.4	5.92	9.22	37.5	54.5
3	UNF	401	18.0	6.09	9.63	39.9	58.3

表 7-23 的结果表明，不同的高效减水剂所起的助磨作用稍有不同，但影响不大。对水泥性能的影响主要是因为减水效果存在差距，所以对水泥需水量和强度的作用显得各不相同。三种助磨剂以 FDN 效果最好，因此在以后的试验中选用 FDN。

3. 分、混磨水泥性能比较

用首都熟料加入优化量的石膏，再加入掺和料进行分磨和混磨水泥性能比较。分磨时，是将加高效减水剂磨好的首都熟料、大红门石膏、首钢矿渣以及不经处理的原样粉煤灰按一定比例混合均匀，即成分磨水泥；混磨水泥则是在粉磨前先按同样的比例混合好，然后共同粉磨成水泥。比较各试样的标准稠度用水量和强度见表 7-24、表 7-25。

表 7-24   粉末方式对水泥标准稠度用水量的影响

编号	首钢矿渣（%）	东郊粉煤灰（%）	元宝山粉煤灰（%）	粉磨方式	标准稠度用水量（%）
1	50	—	—	分磨	15.8
2	50	—	—	混磨	16.5
3	—	40	—	分磨	19.8
4	—	40	—	混磨	20.0
5	—	—	40	分磨	16.0
6	—	—	40	混磨	19.0
7	40	—	10	分磨	16.0
8	40	—	10	混磨	17.5

表 7-25　粉磨方式对水泥强度的影响

编号	矿渣（%）	东郊灰（%）	元宝山灰（%）	粉磨方式	抗折强度（MPa）		抗压强度（MPa）	
					3d	28d	3d	28d
1	50	—	—	分磨	9.10	11.76	43.5	68.5
2	50	—	—	混磨	9.15	11.55	45.0	70.3
3	—	40	—	分磨	4.90	8.23	24.6	48.3
4	—	40	—	混磨	7.71	11.40	40.2	62.7
5	—	—	40	分磨	8.55	10.75	40.7	59.4
6	—	—	40	混磨	9.50	11.32	48.7	64.0
7	40	—	10	分磨	9.75	11.25	43.6	65.6
8	40	—	10	混磨	9.97	11.38	44.6	66.7

由表 7-24、表 7-25 可见：

① 分磨后需水量普遍比混磨的低；混磨后强度普遍比分磨的高。

② 掺元宝山粉煤灰的水泥混磨后需水量增长最大，而东郊粉煤灰则变化不大。这说明越是优质的粉煤灰，粉磨对其需水量产生的不利影响越大，这是因为对粉煤灰的粉磨会带来两种不同的效果，一是将粉煤灰中含有的较粗的且多孔的碳粒、玻璃状海绵体、粘连体等颗粒碾成微细粒粉，不但不会增加水泥需水量，还可能带来有利影响；而且，粉煤灰的玻璃体在粉磨过程中表面会出现擦痕，有些大的玻璃体还有可能造成破裂，这必将使水泥需水量增加。对于优质灰来说，因其玻璃体含量高，后一种作用将是主要的，因此需水量降低较大。而质量相对较差的粉煤灰，则可能是前者起了主导作用，因此其需水量降低得少些。

③ 对粉煤灰的粉磨，将由于使较大玻璃体出现破裂等原因而激发其活性，即所谓的对粉煤灰进行机械活化，从而提高胶凝材料的强度。

7.2.4　FK 系列高性能水泥的性能及其检测

本次高性能水泥研制选择以熟料、粉煤灰、矿渣为主要组分，进行配合比及粉磨工艺的优化，编号为 FK 系列。选用其中的 FK-Ⅰ型和 FK-Ⅱ型，检测其物理力学性能。其中FK-Ⅰ型用于低于 C50 的中、低强度等级混凝土，FK-Ⅱ型用于 C50～C70 的混凝土。

1. 需水量和凝结时间

优化的 FK 系列高性能水泥标准稠度用水量和凝结时间检测结果见表 7-26。表 7-26 表明，FK 型高性能水泥的需水量远低于同样熟料的普通水泥的标准稠度用水量，也低于在水泥中掺入同量外加剂和掺和料时的标准稠度用水量。

此外，送由国家建材院和冶金建筑科学院检测的编号为 DF4K1（属于 FK-Ⅱ系列）的标准稠度用水量分别为 18% 和 17.4%。

表 7-26　FK 型高性能水泥的标准稠度用水量和凝结时间

编号 性质	YFK-Ⅰ		YFK-Ⅱ			对比样		
	1	2	2	3	5	首普 525 号	首普＋FDN	首普＋FDN＋FA＋K+
比表面积（m²/g）	390	396	430	415	420	—	—	—
需水量（%）	17.5	18.5	19.0	20.0	16.5	27.0	23.0	23.0
初凝时间（h:m）	4:20	5:00	4:50	5:00	4:30	3:00	2:20	3:50
终凝时间（h:m）	6:30	7:00	6:30	7:30	7:00	6:20	4:30	6:50

2. 强度

分别用北京水泥、冀东水泥掺入与 FK 新型胶凝材料中相同量的高效减水剂和粉煤灰，检测其强度，与 FK 新型胶凝材料、42.5 级北京普通水泥、52.5 级北京硅酸盐水泥、52.5 级冀东硅酸盐水泥做对比，结果见表 7-27。

表 7-27　FK 型高性能水泥强度试验结果　　　　　单位：MPa

强度	龄期 编号	YFK-Ⅰ		YFK-Ⅱ			北京普通水泥 42.5 级	北京硅酸盐水泥 52.5 级	北京普通水泥 52.5 级＋FDN＋FA	冀东硅酸盐水泥 52.5 级	冀东硅酸盐水泥 52.5 级＋FDN＋FA
		1	2	2	3	5					
抗折	3d	7.28	7.05	9.20	7.75	7.35	5.81	6.58	5.02	5.48	5.26
	28d	9.48	9.35	11.2	11.1	11.3	8.62	8.82	8.05	8.70	8.54
抗压	3d	32.8	30.6	42.5	41.2	40.6	25.9	37.1	23.6	30.6	26.5
	28d	56.5	55.6	67.2	65.5	68.7	47.7	54.7	48.9	53.6	51.5

由表 7-27 可见：

① FK 新型胶凝材料比用同样北京水泥厂熟料生产的普通水泥的强度高。

② 与掺入相同掺量和掺料的水泥相比，在粉磨时掺入优化掺量的掺料（石膏、矿物掺和料、外加剂）的 FK 新型胶凝材料可得到更好的效果。

为了取得统计性数据，用 YFK-Ⅱ-2、YFK-Ⅱ-5 进行批量性试验，试验进行 15 批，并以燕山水泥厂硅酸盐水泥进行平行对比试验，结果见表 7-28。

用相同配比试样分别送国家建材院和冶金建筑研究院检验，结果见表 7-29。

表 7-28　FK 型高性能水泥强度批量试验结果　　　　　单位：MPa

	YFK-Ⅱ-2				YFK-Ⅱ-5				燕山水泥			
	抗折强度		抗压强度		抗折强度		抗压强度		抗折强度		抗压强度	
	3d	28d	3d	28d	3d	28d	3d	28d	3d	28d	3d	28d
最小值	8.26	10.05	39.8	66.6	6.65	9.90	39.8	67.4	6.96	8.65	36.8	53.0

续表

	YFK-Ⅱ-2				YFK-Ⅱ-5				燕山水泥			
	抗折强度		抗压强度		抗折强度		抗压强度		抗折强度		抗压强度	
	3d	28d	3d	28d	3d	28d	3d	28d	3d	28d	3d	28d
最大值	10.02	12.10	45.6	72.4	8.60	11.96	44.9	74.0	7.85	10.04	42.6	58.5
平均值	9.27	11.09	43.1	70.0	7.73	10.91	42.6	71.4	7.4	9.3	40.1	55.5
标准差	0.52	0.59	1.78	1.72	0.57	0.59	1.64	1.84	0.32	0.45	1.85	1.61

表 7-29　FK 型高性能水泥强度复验检测结果　　　　单位：MPa

编号	检测单位	抗折强度			抗压强度		
		3d	7d	28d	3d	7d	28d
YFK-Ⅱ-2	建材院	5.3	7.0	9.2	30.5	47.0	71.3
YFK-Ⅱ-5	冶建院	4.9	6.2	8.2	28.9	40.2	64.5
DFK-Ⅱ-2	建材院	4.7	6.8	8.9	9.8	44.8	69.9

3. 收缩

因实际使用的混凝土绝大多数都处于限制条件下，故用限制膨胀测定方法来检验 FK 新型胶凝材料的收缩并与普通水泥比较，即在 20℃ 的水中养护 14d 后，取出再置于相对湿度为（50±5）％、20℃ 的空气中养护 28d。由北京建工院第一检测所检测的结果见表 7-30。

表 7-30　水泥收缩（变形性质）检测　　　　单位：％

种类	FK-Ⅱ型 FK 新型胶凝材料			普通水泥			标准水泥		
龄期	14d 水中	28d 空气中	落差	14d 水中	28d 空气中	落差	14d 水中	28d 空气中	落差
变形	+0.014	−0.014	0.028	+0.029	−0.050	0.079	+0.014	−0.022	0.036

由表 7-30 可见，FK 新型胶凝材料的收缩值明显低于普通水泥，而且低于混凝土的开裂极限。在水中养护膨胀到 14d 后，再在空气中干燥到 28d，FK 新型胶凝材料比普通水泥和标准水泥的变形落差都小得多，因此使用 FK 新型胶凝材料时，无需加膨胀剂即可实现低收缩。

4. 水化热

分别用溶解热法和直接法测定水泥水化热结果见表 7-31。

由表 7-31 可见，高性能水泥水化热明显低于通用水泥的水化热，但由于混磨水泥（如 FOK4-2 细度 0.8％、FOK5-2 细度 1.2％）过细，比表面积可达约 5000cm²/g，水化热降低不十分显著；比表面积较小的 FK-Ⅱ-2（0.8mm 筛筛余 1.8％，比表面积约为 4000cm²/g）则水化热明显降低，相当于标准中对低热矿渣水泥水化热的规定。

表 7-31　FK 新型胶凝材料水化热　　　　　　　　　　单位：J/g

编号	检测方法	3d	7d
空白	溶解热法	263	276
F4K0-2	溶解热法	212	259
F0K5-2	溶解热法	183	235
F0K4-1	直接法	167	188
F0K4-2	直接法	184	205
F0K5-2	直接法	146	184
FK-Ⅱ-2	直接法	111	176

5. 储存性能

因 FK 新型胶凝材料粉磨细度较细，需了解存放过程中其强度的变化。将 FK-Ⅱ-2 水泥和 FK-Ⅱ-5 分别用塑料袋密封存放（简称"密封"）和袋装存放于相对湿度为 30% 的空气中（简称"防潮"），分别在 1 个月、3 个月和 5 个月或 2 个月、3 个月和 4 个月检验其28d 强度。结果表明，FK 新型胶凝材料在密封或防潮的条件下储存 3 个月后强度损失不大于 10%；密封存放 5 个月后强度损失小于 15%，防潮存放 5 个月后强度损失小于 20%；夏季露天袋装存放 3 个月，强度损失小于 20%，因此高性能水泥应采用内套塑料袋封装出厂，储存时间一般可到 5 个月。

6. 结论

① FK 型、FK 新型胶凝材料标准稠度用水量为 16%～21%；

② FK 型、FK 新型胶凝材料比通用水泥的水化热 3d 低 20%～30%，7d 低10%～15%；

③ FK 型、FK 新型胶凝材料在水中养护 14d 后继续在空气中养护 28d，收缩率不到万分之二，远低于普通水泥的，并低于混凝土的收缩限（万分之二），而且膨胀结束后的变形落差（即从水养护转到空气中养护至 28d 的相对收缩）很小；

④ FK 型、FK 新型胶凝材料强度可达 50～70MPa；

⑤ FK 型、FK 新型胶凝材料凝结时间，初凝 4～7h，终凝 6～10h；

⑥ FK 型、FK 新型胶凝材料采用内套塑料袋封装出厂，储存时间一般可到 3～5 个月。

7.2.5　FK 系列、FK 新型胶凝材料配制高性能混凝土的试验研究

1. 配合比设计原理及特点

FK 新型胶凝材料的主要组分是硅酸盐水泥、活性矿物掺和料和兼做助磨剂的高效减水剂，因此用于配制混凝土应当与掺用高效减水剂的普通混凝土有相同的原理和相似的规律。俄罗斯学者用他们研制的新型低需水量水泥配制的混凝土是先假定用通用水泥配制相同坍落度的混凝土，求得一个用水量，然后认为混凝土单方用水量与胶凝材料标准稠度用水量成正比，根据低需水量水泥与通用水泥的标准稠度用水量比，最后确定用低需水量水

泥配制混凝土的单方用水量；水泥用水量的确定，则完全是按照通用水泥配制混凝土的强度公式确定水灰比后进行的。

由于 FK 新型胶凝材料研制的目的是用于高性能混凝土，按照高性能混凝土配制的特点，对混凝土配制的基本要求为：

① 水胶比不大于 0.4；

② 坍落度为 200mm 左右；

③ 按混凝土的不同强度等级，胶凝材料总量不少于 400kg/m³，但不多于 550kg/m³（混凝土拌和物体积稳定性和混凝土耐久性要求）；

从混凝土的试配情况来看，混凝土和胶凝材料性能之间的关系有两个特点：

① 混凝土用水量与胶凝材料标准稠度用水量虽近似有线性关系，但决不是简单的正比关系；

② 由于界面的影响，混凝土和胶凝材料强度随水胶比的变化而变化的规律是不同的，如图 7-12 所示为 FK-Ⅱ系列胶凝材料与其混凝土的对比。

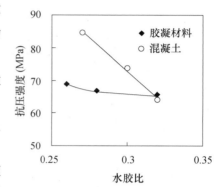

图 7-12　FK 新型胶凝材料与其混凝土强度和水胶比

关系对比委托北京市建设工程质量检测中心检测所配制的 FK 新型胶凝材料及其混凝土强度。混凝土目标强度为 60MPa，所用水胶比与胶凝材料强度检验所用水胶比相当。结果见表 7-32。

表 7-32　FK 新型胶凝材料与其混凝土性能的关系

FK 新型胶凝材料 ZY-Ⅰ性能					ZY-Ⅰ配制的混凝土性能					
80μm 筛余（%）	标准稠度用水量（%）	凝结时间（h：m）		28d 强度（MPa）	凝结时间		28d 强度（MPa）	施工性		
		初凝	终凝		初凝	终凝		检测时间（min）	坍落度（mm）	坍落流动度（mm）
1.5	22	30：2	51：2	67.8	17：59	20：10	65.6	0	230	590
							60.2	30	200	550
							59.5	60	220	575
							68.4	90	205	540
							67.8	120	200	510

根据以上分析，使混凝土坍落度达到 200mm 左右，水胶比接近胶凝材料强度检验所用水胶比时，所得混凝土强度也与胶凝材料的强度接近。当混凝土配制强度改变时，可改变胶凝材料总量和水胶比，予以适当调整。

用于进行 C35 和 C60 高性能混凝土试配工作的 FK 新型胶凝材料所用熟料为琉璃河熟料，石膏为大红门石膏，矿渣是首钢矿渣，粉煤灰则是元宝山粉煤灰和东郊粉煤灰两种，具体试验中将指明。

2. C35 混凝土试配

（1）胶凝材料总量 450kg/m³，$W/C=0.36$ 按重量法计算配合比，设混凝土湿密度为 2450kg/cm³。所用粉煤灰为东高井Ⅱ级灰和元宝山粉煤灰。另用北京水泥熟料与相同量石膏制成硅酸盐水泥 450kg/m³、$W/C=0.36$、掺相同外加剂（编号为 LS-2）进行对比。混凝土强度和坍落度见表 7-33。

表 7-33　混凝土强度与坍落度

胶凝材料编号		LS-2	DFKⅠ-31	DFKⅠ-51	DFKⅠ-62	DFKⅠ-82	LS-2	YFKⅡ-11	YFKⅡ-31	YFKⅡ-62
强度（MPa）	R_3	39.7	20.5	20.4	21.3	47.2	24.5	22.5	21.3	21.2
	R_{28}	49.9	42.7	46.6	52.9	63.0	42.8	47.6	46.8	49.2
	R_{70}	58.6	55.0	55.7	67.9	65.8	58.1	58.0	57.5	57.0
坍落度（cm）		16.0	19.0	21.0	—	16.0	18.7	19.5	21.0	21.0

注：1. 强度等级尾数为 1 的为分磨，尾数为 2 的是混磨；
　　2. DFK 系列用东高井粉煤灰，YFK 用元宝山粉煤灰；
　　3. DFK 系列成型时温度为 1℃，相对湿度为 50%，YFK 系列成型温度为 9℃，相对湿度为 50%。

（2）用燕山熟料、东高井Ⅱ级粉煤灰，胶凝材料总量 450kg/m³，$W/C=0.38$，配制强度和坍落度见表 7-34。

表 7-34　混凝土强度与坍落度

胶凝材料编号		DFKⅠ-62	DFKⅠ-82	yDFKⅠ-62	yDFKⅠ-82
强度（MPa）	R_3	25.8	22.0	20.9	20.8
	R_{28}	54.5	45.8	45.2	44.2
	R_{90}	62.0	54.7	58.2	50.5
坍落度（cm）		20.0	18.5	19.5	18.0

注：1. "y"表示用的是燕山熟料；
　　2. 编号为 2 表示的是混磨胶凝材料。

表 7-33、表 7-34 的结果表明：

① FK 新型胶凝材料所配制的混凝土早期强度稍低，但 28d 强度已赶上甚至超过纯熟料水泥，后期强度更高；

② 相同水灰比下，混磨水泥所配制的混凝土比分磨的强度高，但分磨水泥坍落度大，仍可降低水灰比，以提高强度；

③ 北京熟料与燕山熟料本身的强度相差不大，所以混凝土强度相差不大；

④ 对 C35 混凝土，强度均有富余，实际应用时，可再降低水胶比，用本配合比可配制 C40～C50 的高性能混凝土；

⑤ 由于成型时温度太低，养护条件也不太好，对混凝土性能会产生不良影响，当成型温度接近于 0℃时，对强度有更大影响，实际应用时，对 C35 混凝土，胶凝材料总量可减少些，水胶比可增大些。

（3）C60 高性能混凝土试配

分别用东高井粉煤灰（DFK 系列）、元宝山粉煤灰（YFK 系列）、北京熟料，$W/C=$ 0.3，胶凝材料总量 550kg/m³，所配制的混凝土强度和坍落度见表 7-35。

表 7-35　混凝土强度与坍落度

胶凝材料编号		DFK Ⅰ-51	DFK Ⅰ-71	DFK Ⅰ-62	YFK Ⅱ-11	YFK Ⅱ-31	YFK Ⅱ-51	YFK Ⅱ-71
强度 （MPa）	R_3	34.4	35.3	32.8	33.9	37.8	38.4	34.9
	R_{28}	70.5	62.3	56.3	64.2	69.1	70.9	74.3
	R_{90}	81.9	70.4	70.4	72.4	73.9	72.9	83.8
坍落度（cm）		21.0	19.5	19.0	22.3	22.5	22.0	21.5

注：1. 成型温度为 1.5℃、相对湿度为 40%；
　　2. 表中相关符号意义同前。

用于 C60 高性能混凝土的 YFK Ⅱ 系列混磨的试样以与表 7-35 相同的配合比，可以配制出 C80 高性能混凝土，见表 7-36。

表 7-36　C80 高性能混凝土强度与坍落度

编号		YFK2 Ⅱ-42	YFK Ⅱ-62	YFK Ⅱ-82
强度（MPa）	R_3	42.6	45.5	42.9
	R_{28}	85.3	83.0	82.9
	R_{90}	88.4	90.3	89.6
坍落度（cm）		16.0	19.0	19.0

（4）C80 高性能混凝土专用胶凝材料及其混凝土的性能

调整胶凝材料中各组分的比例，进一步降低胶凝材料的需水量，以适应 C80 高性能混凝土更低水胶比的需要，所用熟料必须保证实际强度有 1.13 的富余系数，使用需水量较低的优质粉煤灰。用于 C80 高性能混凝土的专用胶凝材料及其混凝土的性能见表 7-37。

表 7-37　C80HPC 专用胶凝材料及其混凝土的物理性质

编号	标准稠度 需水量（%）	凝结时间		抗折强度（MPa）			抗压强度（MPa）			W/C	坍落度 （%）	抗压强度（MPa）		
		初凝	终凝	3d	7d	28d	3d	7d	28d			3d	7d	28d
J2	12.4	2∶30	5∶05	9.54	11.13	12.5	61.1	73.6	91.0	—	—	—	—	—
J3	12.4	2∶30	4∶35	8.96	12.07	14.65	60.4	76.6	92.0	—	—	—	—	—
L2	12.8	2∶20	4∶40	10.07	11.57	13.50	57.5	76.2	90.5	0.29	23	55.7	74.3	91.3
L3	12.8	3∶00	4∶50	9.99	11.58	15.85	64.3	79.5	97.5	0.275	20	48.3	73.2	94.3
L4	—	—	—	9.79	12.15	16.29	58.8	72.7	96.2	0.28	22	50.8	68.3	90.5

（表头上方跨列标题）用于的胶凝材料

7.2.6　关于 FK 新型胶凝材料检测方法

1. 关于标准稠度用水量

目前水泥标准稠度用水量的测定方法符合不加超塑化剂的普通混凝土的需要，而不能反映加入超塑化剂后水泥的需水性。适合用于高性能混凝土的 FK 新型胶凝材料的流变性质，只有在使用超塑化剂时才能反映出来。因此需做适当调整：①由于需水量的大大降低，需用调整用水量的方法；②试验表明对掺超塑化剂的净浆，现行标准搅拌时间不足，以反转时延长 15s 为宜。

2. 关于强度

水泥、混凝土的强度应在达到相同流动性的条件下进行对比、FK 新型胶凝材料的需水量很低，不能按现行水泥标准中规定的加水量 0.44 或 0.46 进行强度检验。参考复合硅酸盐水泥标准中的规定："当流动度小于 116mm 时，须将水灰比调整至胶砂流动度不小于 116mm。"和微集料火山灰水泥、微集料粉煤灰水泥标准中的规定："当使用需水量较大的活性混合材料时，应按胶砂流动度在 120～130mm 时的水灰比加水。"以及硫铝酸盐、铁铝酸盐水泥标准中的有关规定，考虑到高性能水泥用于流动度大的混凝土，建议强度检验时按胶砂流动度在 125～135mm 时的水灰比加水。

3. 关于收缩

混凝土结构工程施工及验收规程中规定："混凝土浇水养护的时间，对采用硅酸盐水泥、普通硅酸盐水泥或矿渣硅酸盐水泥拌制的混凝土，不得少于 7d，因此掺有膨胀剂的混凝土或使用具有微膨胀性质的水泥，应当先在水中养护 14d 后，再存放于空气中检测其干缩值；同时因一般混凝土都处于受限制的条件下，故检测这类胶凝材料的变形性能时，宜采用限制的条件。因此，建议按混凝土膨胀剂限制膨胀率的方法来检验 FK 新型胶凝材料收缩的性质，并增加膨胀-收缩落差值的指标与普通混凝土和掺膨胀剂混凝土的对比值。

7.3　试生产和工程应用技术报告

7.3.1　FK 新型胶凝材料的试生产

1. FK 新型胶凝材料试生产的技术指标

（1）FK 新型胶凝材料试生产的质量指标

① 细度：水筛法筛余不大于 2％，比表面积 $400\pm20\text{m}^2/\text{kg}$；

② 标准稠度用水量不大于 18％；

③ 3d 抗压强度为 28d 的 50％以上，28d 的抗压强度不低于 56MPa；

④ 水中养护 7d 后继续在空气中养护 28 天，砂浆限制收缩率不大于 0.02％。

（2）用 FK 新型胶凝材料配制高性能混凝土的技术指标

本次生产的 FK 新型胶凝材料目标用于 C30 和 C40 的高性能混凝土。

① 试配强度 $= f_{\text{cu,k}} + 1.6456$；

② 拌和物坍落度为 200mm，坍落流动度为 500×500mm，不离析，不泌水；

③ 抗渗性不低于工程的要求；

④ 用于大体积时内部温升不高于 45℃；

⑤ 在满足各项质量指标的情况下，尽量节省材料用量，降低成本。

2. FK 新型胶凝材料试生产的配合比的确定

1999 年清华大学与城建集团有限责任公司混凝土分公司进一步合作，进行 FK 新型胶凝材料的试生产和工程应用的研究。由清华大学建材试验室容量 10kg 小磨混磨制成不同配比的 FK 型、FK 新型胶凝材料，由城建混凝土公司进行复验检测。所用原材料为 52.5 级硅酸盐熟料和石膏（均由北京水泥厂提供），高效减水剂为天津雍阳外加剂厂的 UNF-5A，元宝山发电厂Ⅰ级粉煤灰、北京钢铁厂高炉水淬矿渣。熟料和石膏总量占胶凝材料的 50％，粉煤灰和矿渣的比例变化。检验结果见表 7-38。

表 7-38 FK 系列 FK 新型胶凝材料性能检测结果

项目 种类	细度	标准稠度用水量（％）	初凝（min）	终凝（min）	抗折强度（MPa）		抗压强度（MPa）	
					3d	28d	3d	28d
FK	1.1	19	6：25	9：44	6.0	8.8	37.5	66.6
F₄K₃	1.4	19.8	7：11	8：08	5.2	8.8	33.2	67.6
F₃K₂	1.1	20	7：18	7：58	5.3	10.1	29.0	75.0
F₄K₁	1.2	16.2	8：25	9：50	5.4	10.4	31.0	68.8
F₄K₁[①]	1.3	16.2	9：25	10：35	4.1	8.6	24.8	63.6

① 原材料为矿渣粉。

在表 7-38、表 7-39 中，从强度来看，F_3K_2 最高，但所配制的混凝土拌和物黏聚性不好，坍落度损失较大；在成本上，F_4K 的较低，所配制的混凝土拌和物坍落度损失很小，强度可满足 C40 的要求，因此确定选用 F_4K_1 进行试生产。

表 7-39 用复验检测的 FK 新型胶凝材料试配混凝土的性能

编号	水胶比	砂率（％）	胶凝材料用量（kg/m³）	坍落度（mm）	1 小时坍落度损失（mm）	抗压强度（MPa）		
						3 天	7 天	28 天
FK	0.33	44％	450	220	55	25.8	38.7	52.5
F₄K₃	0.32	44％	450	220	65	25.6	33.7	58.2
F₃K₂	0.34	44％	450	220	70	26.1	37.8	60.0
F₄K₁	0.31	44％	450	220	0	17.4	32.0	47.7
F₄K₁[①]	0.33	44％	450	215	15	20.0	34.0	48.4

① 原材料为矿渣粉。

7.3.2 FK 新型胶凝材料试生产的要求

① 原材料的计量必须有专人负责，并记录计量结果；计量精度：熟料和石膏为 ±2％，粉煤灰、矿渣及高效减水剂为 ±1％。

② 配料入磨前，各颗粒粒径不超过 20mm，以保证产品粉磨细度，故对石膏及颗粒过

大的熟料应进行预破碎。

③ 必须进行配料的预均化及产品的均化。

④ 生产过程中有专人负责，定时抽检，抽检不合格及时通知有关领导进行处理。

1. 原材料的选择

① 水泥熟料：北京水泥厂 52.5 级硅酸盐水泥熟料，最大粒径<20mm，其化学成分见表 7-40。

表 7-40　北京水泥厂水泥熟料化学成分

成分 (%)	SiO_2	Al_2O_3	CaO	Fe_2O_3	MgO	SO_3	K_2O	Na_2O	TiO_2	P_2O_5	LiO	$f\text{-}CaO$
	22.15	5.17	61.23	5.25	2.32	1.2	1.5	0.4	0.3	0.15	1.56	0.37

② 粉煤灰：内蒙古元宝山发电厂生产的珠辉牌优质一级粉煤灰，其化学组成见表 7-41。

表 7-41　粉煤灰的化学组成

成分 (%)	烧失量	SiO_2	Al_2O_3	Fe_2O_3	TiO_2	CaO	MgO	SO_3	K_2O	Na_2O
	1.08	56.72	21.43	9.18	0.88	4.42	1.88	0.41	2.64	1.19

③ 矿渣：首钢总公司水淬矿渣，入磨前经预破碎，最大粒径不超过 5mm，其化学组成见表 7-42。

表 7-42　矿渣的化学组成

成分 (%)	SiO_2	Fe_2O_3	Al_2O_3	TiO_2	CaO	MgO	MnO	碱度系数	质量系数
	34.85	1.38	11.32	0.58	36.75	13.22	0.36	1.08	1.71

④ 高效减水剂：天津雍阳化工总厂生产的 UNF-5A 型高效减水剂。

⑤ 石膏：使用燕山水泥厂提供的二水石膏。

2. 试生产配合比

按照 F_4K_1 生产方案进行各种材料计算，外加剂不计入总量，见表 7-43。

表 7-43　试生产配料

项目	水泥熟料	粉煤灰	矿渣	石膏	高效减水剂
配合比	43:40:10:7:1.5				
kg/盘	1075	1000	250	175	37.5
kg/仓	5375	5000	1250	875	187.5
t/200 产品	86	80	20	14	3.0

3. 生产工艺过程

以每盘 2.5t 按上述配合比进行配料，每 2.5t 为一盘，12.5t 为一配料仓（表 7-43），进行连续生产。每种原材料均由专人负责，严格按照计量精度进行计量，采取烘干粉磨进行均化，确保原材料混合均匀。将配制好的原材料由提升机送入配料仓，原材料再由配料仓进入烘干机烘干均化后由皮带送入球磨机进行粉磨，粉磨经检验合格后进入水泥库。

工艺流程如下：

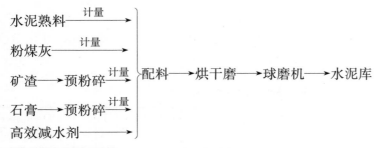

4. 产品性能检验

以 52.5 级普通硅酸盐水泥与本产品进行对比检验。

（1）常规检验

水泥的常规检验见表 7-44。

表 7-44　FK 新型胶凝材料与普通水泥试生产的常规检验

品　种	80μm 筛筛余（％）	凝结时间（h:m）		标准稠度用水量（％）	抗折强度（MPa）		抗压强度（MPa）	
		初凝	终凝		3d	28d	3d	28d
FK 新型胶凝材料	1.1	4:59	7:00	17.6	5.2	10.4	33.7	67.6
北京水泥	2.8	1:52	2:20	27.3	4.5	8.8	31.2	63.0

（2）化学成分全分析

委托国家建筑材料研究院进行水泥的化学成分全分析，结果见表 7-45。

表 7-45　产品化学成分全分析　　　　　　　　单位:％

烧失量	SiO_2	Al_2O_3	Fe_2O_3	CaO	MgO	SO_3	计算碱量
3.28	35.42	12.28	4.71	36.62	3.57	1.52	0.62

（3）水化热

用溶解热法检测产品水化热，并与普通水泥（北京京都水泥）比较，见表 7-46。

表 7-46　FK 新型胶凝材料与普通水泥的水化热比较　　　单位：kJ/kg

水泥品种	3d	7d
FK 新型胶凝材料	144	180
普通水泥	268	280

7.3.3　FK 新型胶凝材料试生产的工程应用研究

1. 高性能混凝土的配制

高性能混凝土的原材料如下：

① 胶凝材料：试生产的 FK 型、FK 新型胶凝材料其各项技术指标及组成见表 7-44 和表 7-45。

② 砂：潮白河系中砂，细度模数为 2.6，含泥量 1.2％，泥块含量 0.1％，属于 B 种低碱活性集料。

③ 石子：粒径为 5～25mm 的潮白河碎卵石。

2. 配合比

混凝土确定等级为 C30 和 C40。参照水泥标准稠度用水量，按测定水泥胶砂强度所用的水胶比来配制混凝土，不同强度的混凝土的水胶比以此为基数进行调整，胶凝材料的用量不少于 400kg/m³ 而不大于 500kg/m³。

（1）拌和物性能试验

对所配制的混凝土拌和物坍落度及其损失、凝结时间、含气量等进行检验，结果见表 7-47。

表 7-47　混凝土拌和物

序号	混凝土强度等级	坍落度（mm）	1h 损失（mm）	凝结时间（h：m）		含气量（％）
				初凝	终凝	
1	C30	215	10	12：12	14：23	3.1
2	C40	220	15	13：41	15：21	3.6
3	C50	220	15	13：55	16：08	3.4

（2）力学性能

C40 高性能混凝土力学性能检验结果见表 7-48。

表 7-48　高性能混凝土的力学性能

弹性模量（GPa）	轴心抗压强度（F_{cp}）（MPa）	立方体抗压强度 F_{cn}（MPa）	劈裂抗拉强度 F_{ts}（MPa）	抗折强度 F_{ff}（MPa）	比值（％）		
					F_{cp}/F_{cn}	F_{ts}/F_{cn}	F_{ff}/F_{cn}
3.7	51.4	54.0	3.97	5.42	1.05	7.7	10.5

（3）抗渗性

按国家标准进行抗渗试验，加水压（3.1MPa）保持 8h 后，试件表面无一渗水，抗渗等级可达 P30 以上。

（4）收缩

水中养护 14d 后继续在空气中养护 28d，砂浆限制收缩率为 0.017％。

（5）钢筋握裹强度

在 100mm×100mm×200mm 的试件中埋入直径为 16mm 的光圆钢筋，测定混凝土与钢筋之间的握裹力，六个试件的平均握裹强度为 4.63MPa。

（6）抗冻性

高性能混凝土冻融 200 次循环后，强度无损失，重量损失为 0.41％。

（7）碳化速率

100mm×100mm×300mm 成型了的试件，拆模后置于碳化箱中［箱中 CO_2 的温度为（20±5）℃，CO_2 的浓度为 20％±3％，相对湿度为 70％±5％］中加速碳化，其 28d 的平均碳化深度为 0.6cm。

7.3.4 环境效益和社会效益分析、经济效益

1. 环境效益和社会效益

鉴于水泥生产的能耗和对环境造成的污染，以及传统混凝土凝结的现状，吴中伟院士生前提出生产 FK 新型胶凝材料和绿色混凝土的倡议。绿色代表生命、和平和安全。吴中伟院士对绿色的定义是：① 节约资源、能源；② 不破坏环境，更有利于环境；③ 既满足当代人的需求，又保证人类后代能健康、幸福地生存下去。

本产品是以水泥熟料、粉煤灰、矿渣、高效减水剂为主要原材料，加入优化掺量的石膏进行均化后粉磨而制成的。由于熟料用量减少二分之一以上，并使用以工业废弃物为主的矿物掺和料，不仅可减少水泥生产向大气排放的 CO_2，节省煤和天然资源，而且可大量消耗工业废料。由于高性能混凝土可靠的耐久性，还可减少由于毁坏的混凝土拆除而造成的垃圾，因此本产品应当是绿色 FK 新型胶凝材料。

用本产品配制高性能混凝土，简化了近年高性能混凝土生产的六大组分必备的复杂系统，有利于施工单位的现场施工和现场质量控制，FK 新型胶凝材料的推广和应用，是混凝土可持续发展的一个途径，具有显著的社会效益和环境效益。

2. 成本分析（为综合成本，包括胶凝材料的和工程的混凝土成本）

按目前市场价格，散装普通硅酸盐 525 号水泥 310 元/t（出厂价格）。生产每吨 FK 新型胶凝材料综合价格为 220 元/t（原材料成本），销售成本为 310 元，与普通硅酸盐 525 号水泥相比，年产 5 亿 t 水泥可降低成本：（310－220）×5＝450 亿元。投资建立一座年产 30 万 t 的 FK 新型胶凝材料生产厂，年利税额达 2700 万元。在工程中，配制混凝土时可节约混凝土外加剂费用 20～30 元/m³。若某公司年产 80 万 m³ 混凝土，可节约外加剂费用 2000 万元左右。

7.3.5 工程应用概况

本试生产产品用于美林花园公寓工程，该工程坐落在西三环西侧，京密引水渠东岸，为高档住宅楼区。1 号、2 号楼由建工集团双兴公司承建，包括地下车库在内，建筑面积约 8 万 m²，地下两层，地上 25 层，全部为现浇钢筋混凝土结构，墙柱混凝土设计强度为 C40，底板和顶板为 C30，由北京市建筑设计研究院设计。目前，地下结构、车库皆已完工，已进入地上结构施工。

在地下结构施工中，2 号楼地下一层 2-2～2-17/2-A～2-F，C40 内墙柱和地下二层 2 号楼Ⅰ段车库 2-1～2-18/A-4～2-Q，C30 顶板使用试生产的 FK 新型胶凝材料配制的高性

能混凝土，该混凝土坍落度为 20～22cm，扩展度≥50cm，每小时损失率≤10％，工作性能优异，和易性好，水化热低，体积稳定性好，易于振捣。C40 高性能混凝土共生产 260m³，28d 强度达到设计强度等级的 130％～132％，C30 高性能混凝土共生产 50m³，28d 强度达到设计强度等级的 124％～131％；拆模后观察，混凝土结构表面光洁、密实，无裂缝和蜂窝麻面，颜色纯正，外观质量良好。

7.3.6　结论

（1）FK 新型胶凝材料的生产，使用大量矿物掺和料，减少了水泥熟料的用量，可降低水泥生产的成本，减少空气中二氧化碳的排放，节约能源，减少环境的污染，适应当前高性能混凝土的发展，符合可持续发展战略，可称为绿色胶凝材料。社会效益、环境效益显著，对建设工程具有显著的整体经济效益。

（2）FK 新型胶凝材料具有需水量低、水化热低、收缩低、强度高等特点，可用于配制 C30～C50 的高性能混凝土。

（3）FK 新型胶凝材料中熟料用量大大减少，但用 FK 新型胶凝材料生产高性能混凝土可以简化混凝土生产工艺，有利于混凝土的质量控制。

第8章 黑、白石粉砂和花岗岩、火山岩的试验

8.1 试验目的

由于市场竞争压力和机制砂、河砂等资源有限，在这样的条件下，石粉砂已成为各个混凝土公司不得不用的原材料，但同时对其质量需要更进一步的把关。所以配合比优化和对石粉砂的合理应用成了企业使用石粉砂所面临的第一个难题。利用原有的技术数据，结合多组分混凝土理论，把混凝土设计强度值和胶凝材料强度的对应关系实现数字量化计算，利用石子填充理论结合集料的参数合理地计算出砂石的用量，用预湿集料技术原理计算出合理用水量，最后得出一套合理的配合比。通过合理的砂石用量和预湿效果，掺外加剂降低成本，同时使其工作性达到最佳效果，通过胶凝材料用量和强度数字量化，使胶凝材料对混凝土强度贡献充分体现，减少胶凝材料的富裕而降低成本，通过减少对原材料的使用同时达到了环保节能的经济效应。

8.2 原材料分析

利用现有的原材料，水泥为椰树水泥和天涯水泥，技术数据采用28d胶砂强度、标准稠度用水量、密度，结合水泥与外加剂的适应性试验。矿粉技术数据采用28d活性系数、流动度比、密度、比表面积。粉煤灰技术数据采用28d活性系数、需水量比、密度。对粗集料技术数据采用石子堆积密度、空隙率、吸水率、石子含砂、含水、颗粒级配，细集料技术数据采用紧密堆积密度、含石率、吸水率、含水率、颗粒级配、细度模数。外加剂技术数据采用净浆流动扩展度、减水率试验。对于水泥，椰树水泥早期强度好，后期增长幅度小，且混凝土颜色泛黄，而且坍落度损失较大；天涯水泥强度发展规律好，混凝土颜色正常，坍落度损失小。矿粉是檀溪矿粉，符合GB/T 18046标准、S95标准，粉煤灰是石粉磨细灰，活性低。白石粉砂含细粉是惰性材料，对粗集料和浆体的界面粘结有降低粘结力的作用，黑石粉砂有活性，对混凝土强度有贡献，但使用黑石粉砂混凝土黏度会增加。花岗岩石子级配不好，5～10mm粒径石子含量高，级配差，针片状含量高，粒形差，界面光滑，但混凝土坍落度损失小，火山岩石子粒形好，级配好，界面好，但是含泥和吸水率高，坍落度损失大。

原材料数据及技术参数如下：

水泥：表观密度＝3100kg/m³，标准稠度用水量＝27.2％，28d 胶砂强度＝54MPa，比表面积＝332m²/kg。

矿粉：表观密度＝2910 kg/m³，流动度比＝100％，28d 胶砂强度＝52MPa，比表面积＝473.7m²/kg。

粉煤灰：表观密度＝2930kg/m³，需水量比＝100％，筛余＝22.9％。

砂：白石粉（砂）紧密堆积密度＝1900kg/m³，吸水率＝10.5％，含石率＝16.3％，含粉量＝9.6％，亚甲蓝＝2.4～3.1。

黑石粉（砂）紧密堆积密度＝2070kg/m³，吸水率＝11.6％，含石率＝9.7％，含粉量＝13.4％，亚甲蓝＝1.8～2.8。

石子：花岗岩 1 堆积密度＝1466kg/m³，表观密度＝2600kg/m³，空隙率＝43.4％，吸水率＝2.5％；

花岗岩 2 堆积密度＝1536kg/m³，表观密度＝2543kg/m³，空隙率＝39.4％，吸水率＝2.8％；

火山岩堆积密度＝1438kg/m³，表观密度＝2577kg/m³，空隙率＝44.2％，吸水率＝3.3％。

外加剂：太和外加剂，按照水泥 1.6％掺加，扩展度 290mm、280mm，减水率 25％。

水：生活用水。

8.3　试验设计

(1) C30～C60 混凝土的配合比设计。

(2) 花岗岩和黑、白石粉（砂）找准一个基准配合比后提高用水量试验。

(3) 火山岩和黑、白石粉（砂）找准一个基准配合比后提高用水量试验。

(4) 控制外加剂用量、用水找最佳状态试配。

(5) 同一强度等级、同条件下不同矿粉掺量的混凝土强度值跟踪，找一个掺矿粉和水泥用量的最佳点。

(6) 由于使用石粉磨细灰替代粉煤灰，将磨细石粉和粉煤灰同等价位转换为矿粉，降低外加剂掺量。

(7) 单方混凝土用 230kg、250kg、280kg 高用水量混凝土强度跟踪试验。

(8) C30、C40、C50、C60 混凝土掺 CTF 强度对比试验。

(9) 花岗岩单掺黑石粉、火山岩单掺白石粉试配，跟踪记录各个试验的混凝土早期强度规律和后期的增长情况。

(10) 三个特殊粉料配合比。

(11) 强度不够原因分析及调整。

8.3.1　C30～C60 混凝土配合比设计

掺花岗岩和黑、白石粉（砂）和火山岩的混凝土配合比见表 8-1 和 8-2。

表 8-1　掺花岗岩和黑、白石粉（砂）的混凝土配合比

试配编号	混凝土强度等级	原材料用量					
		水泥（kg）	矿粉（kg）	粉煤灰（kg）	黑石粉（砂）（kg）	白石粉（砂）（kg）	花岗岩（kg）
Sp-1	C30	172	100	60	629	420	731
Sp-2	C35	194	115	60	629	420	671
Sp-3	C40	235	120	52	629	420	612
Sp-4	C45	288	125	45	629	420	648
Sp-5	C50	314	130	50	629	420	585
Sp-6	C55	341	142	50	629	420	532
Sp-7	C60	363	150	52	629	420	495

表 8-2　掺火山岩和黑、白石粉（砂）的混凝土配合比

试配编号	混凝土强度等级	原材料用量					
		水泥（kg）	矿粉（kg）	粉煤灰（kg）	黑石粉砂（kg）	白石粉砂（kg）	火山岩（kg）
Sp-1	C30	172	100	60	501	501	815
Sp-2	C35	194	115	60	501	501	756
Sp-3	C40	235	120	52	501	501	696
Sp-4	C45	288	125	45	501	501	629
Sp-5	C50	314	130	50	501	501	555
Sp-6	C55	341	142	50	501	501	500
Sp-7	C60	363	150	52	501	501	449

8.3.2　花岗岩和黑、白石粉（砂）提高用水量试验

1. 单方混凝土控制用水量在 180kg 左右用外加剂找状态试配（表 8-3）

表 8-3　单方混凝土找状态试配

试配编号	混凝土强度等级	原材料用量								项目		
		水泥（kg）	矿粉（kg）	粉煤灰（kg）	白石粉（砂）（kg）	黑石粉（砂）（kg）	花岗岩（kg）	外加剂（kg）	水（kg）	水胶比	密度（kg/m³）	状态
Sp-1	C30	172	100	60	629	420	731	10	181	0.55	2303	和易性、流动性、包裹性好
Sp-2	C35	194	115	60	629	420	671	10.3	176	0.48	2275	和易性、流动性、包裹性好
Sp-3	C40	235	120	52	629	420	612	11	178	0.44	2257	和易性、流动性、包裹性好

续表

试配编号	混凝土强度等级	原材料用量							项目		
		水泥（kg）	矿粉（kg）	粉煤灰（kg）	白石粉（砂）（kg）	黑石粉（砂）（kg）	花岗岩（kg）	外加剂（kg）	水（kg）	水胶比	密度（kg/m³）	状态
Sp-4	C45	288	125	45	629	420	648	12	183	0.40	2350	和易性、流动性、包裹性好
Sp-5	C50	314	130	50	629	420	585	13	185	0.37	2326	和易性、流动性、包裹性好
Sp-6	C55	341	142	50	629	420	532	14	188	0.35	2316	和易性、流动性、包裹性好
Sp-7	C60	363	150	52	629	420	495	15	188	0.33	2312	和易性、流动性、包裹性好

2. 把 Sp-5、Sp-6、Sp-7 控制用水在 180kg 试配（表8-4）

表8-4　sp-5～sp-7 试配

试配编号	混凝土强度等级	原材料用量							项目		
		水泥（kg）	矿粉（kg）	粉煤灰（kg）	白石粉（砂）（kg）	黑石粉（砂）（kg）	花岗岩（kg）	外加剂（kg）	水（kg）	水胶比	密度（kg/m³）	状态
Sp-5	C50	314	130	50	629	420	585	13.3	180	0.364	2321	和易性、流动性、包裹性好
Sp-6	C55	341	142	50	629	420	532	14	180	0.338	2308	和易性、流动性、包裹性好
Sp-7	C60	363	150	52	629	420	495	15.5	180	0.319	2305	和易性、流动性、包裹性好

3. 在试验1、试验2的基础上增加 10kg 水试配（表8-5）

表8-5　在试验1、试验2.的基础上增加 10kg 水试配

试配编号	混凝土强度等级	原材料用量							项目		
		水泥（kg）	矿粉（kg）	粉煤灰（kg）	白石粉（砂）（kg）	黑石粉（砂）（kg）	花岗岩（kg）	外加剂（kg）	水（kg）	水胶比	密度（kg/m³）	状态
Sp-1	C30	172	100	60	629	420	731	8	201	0.61	2321	和易性、流动性、包裹性好
Sp-2	C35	194	115	60	629	420	671	8.5	196	0.53	2294	和易性、流动性、包裹性好
Sp-3	C40	235	120	52	629	420	612	9	198	0.49	2275	和易性、流动性、包裹性好
Sp-4	C45	288	125	45	629	420	648	10	203	0.44	2368	和易性、流动性、包裹性好

试配编号	混凝土强度等级	原材料用量								项目		
		水泥(kg)	矿粉(kg)	粉煤灰(kg)	白石粉(砂)(kg)	黑石粉(砂)(kg)	花岗岩(kg)	外加剂(kg)	水(kg)	水胶比	密度(kg/m³)	状态
Sp-5	C50	314	130	50	629	420	585	11	200	0.40	2339	和易性、流动性、包裹性好
Sp-6	C55	341	142	50	629	420	532	12	200	0.38	2326	和易性、流动性、包裹性好
Sp-7	C60	363	150	52	629	420	495	13	200	0.35	2322	和易性、流动性、包裹性好

4. 在试验 3 的基础上增加 10kg 水试配（表 8-6）

表 8-6　在试验 3 的基础上增加 10kg 水试配

试配编号	混凝土强度等级	原材料用量								项目		
		水泥(kg)	矿粉(kg)	粉煤灰(kg)	白石粉(砂)(kg)	黑石粉(砂)(kg)	花岗岩(kg)	外加剂(kg)	水(kg)	水胶比	密度(kg/m³)	状态
Sp-1	C30	172	100	60	629	420	731	8.5	211	0.636	2332	和易性、流动性好
Sp-2	C35	194	115	60	629	420	671	9	206	0.558	2304	和易性、流动性好
Sp-3	C40	235	120	52	629	420	612	9.3	208	0.511	2285	和易性、流动性好
Sp-4	C45	288	125	45	629	420	648	9.5	213	0.465	2378	和易性、流动性好
Sp-5	C50	314	130	50	629	420	585	10	210	0.425	2348	和易性、流动性好
Sp-6	C55	341	142	50	629	420	532	10.5	210	0.394	2335	和易性好，流动性微慢
Sp-7	C60	363	150	52	629	420	495	11	210	0.372	2330	和易性好，流动性微慢

8.3.3　火山岩和黑、白石粉（砂）找准一个基准配合比后增加用水量试验

（1）将外加剂和用水量适当的控制在 180kg 左右找出一个最佳状态，跟踪混凝土各龄期强度的发展和再增加用水量试配做对比（表 8-7）。

表 8-7　试验 8.3.3（1）数据

试配编号	混凝土强度等级	原材料用量								项目		
		水泥(kg)	矿粉(kg)	粉煤灰(kg)	白石粉(砂)(kg)	黑石粉(砂)(kg)	火山岩(kg)	外加剂(kg)	水(kg)	水胶比	密度(kg/m³)	状态
Sp-1	C30	172	100	60	501	501	815	10.5	180	0.54	2340	外加剂发粘、和易性包裹性好、流动性缓慢、半分钟流平

续表

| 试配编号 | 混凝土强度等级 | 原材料用量 | | | | | | | | 项目 | | |
		水泥(kg)	矿粉(kg)	粉煤灰(kg)	白石粉(砂)(kg)	黑石粉(砂)(kg)	火山岩(kg)	外加剂(kg)	水(kg)	水胶比	密度(kg/m³)	状态
Sp-2	C35	194	115	60	501	501	756	11	185	0.50	2323	外加剂发粘、和易性包裹性好、流动性缓慢、半分钟流平
Sp-3	C40	235	120	52	501	501	696	12	185	0.45	2302	包裹性、和易性好、流动性好
Sp-4	C45	288	125	45	501	501	629	12.8	188	0.41	2290	外加剂发粘、和易性包裹性好、流动性缓慢、半分钟流平
Sp-5	C50	314	130	50	501	501	555	13.6	188	0.38	2253	外加剂发粘、和易性包裹性好、流动性缓慢、半分钟流平
Sp-6	C55	341	142	50	501	501	500	14.3	190	0.36	2239	外加剂发粘、和易性包裹性好、流动性缓慢、半分钟流平
Sp-7	C60	363	150	52	501	501	449	15	190	0.34	2221	外加剂发粘、和易性包裹性好、流动性缓慢、半分钟流平

（2）用水量在试验（1）的基础上增加 10kg 水，用外加剂找出一个最佳状态，跟踪混凝土各龄期强度的发展和做对比（表 8-8）。

表 8-8　试验 8.3.3（2）数据

| 试配编号 | 混凝土强度等级 | 原材料用量 | | | | | | | | 项目 | | |
		水泥(kg)	矿粉(kg)	粉煤灰(kg)	白石粉(砂)(kg)	黑石粉(砂)(kg)	火山岩(kg)	外加剂(kg)	水(kg)	水胶比	密度(kg/m³)	状态
Sp-1	C30	172	100	60	501	501	815	10.1	190	0.57	2349	包裹性、和易性好、流动性良好
Sp-2	C35	194	115	60	501	501	756	11	195	0.53	2333	包裹性、和易性好，流动性良好，砂率略微大
Sp-3	C40	235	120	52	501	501	696	11.8	195	0.48	2312	和易性、包裹性好，流动性良好
Sp-4	C45	288	125	45	501	501	629	12.3	198	0.43	2299	和易性、包裹性好，流动性良好
Sp-5	C50	314	130	50	501	501	555	12.8	198	0.40	2262	和易性、包裹性好，流动性良好
Sp-6	C55	341	142	50	501	501	500	13.6	200	0.38	2249	和易性、包裹性好，流动性良好，微发粘
Sp-7	C60	363	150	52	501	501	449	14.3	200	0.35	2230	和易性、包裹性好，流动性良好，微发粘

（3）用水量在试验（2）的基础上增加 10kg 水，用外加剂找出一个最佳状态，跟踪混凝土各龄期强度的发展和做对比（表 8-9）。

表 8-9　试验 8.3.3（3）数据

| 试配编号 | 混凝土强度等级 | 原材料用量 | | | | | | | | 项目 | | |
		水泥(kg)	矿粉(kg)	粉煤灰(kg)	白石粉(砂)(kg)	黑石粉(砂)(kg)	火山岩(kg)	外加剂(kg)	水(kg)	水胶比	密度(kg/m³)	状态
Sp-1	C30	172	100	60	501	501	815	9.6	200	0.60	2359	出机包裹性、和易性好，流动性良好，看一个半小时损失后直接入模
Sp-2	C35	194	115	60	501	501	756	10.2	205	0.56	2342	包裹性、和易性好，流动性好，外加剂稍微多
Sp-3	C40	235	120	52	501	501	696	11	205	0.50	2321	包裹性、和易性好，流动性好，外加剂稍微多
Sp-4	C45	288	125	45	501	501	629	11	208	0.45	2308	和易性、包裹性好，流动性好
Sp-5	C50	314	130	50	501	501	555	11.5	208	0.42	2271	和易性、包裹性好，流动性好
Sp-6	C55	341	142	50	501	501	500	12	210	0.39	2257	和易性、包裹性好，流动性良好，微发粘
Sp-7	C60	363	150	52	501	501	449	12.5	210	0.37	2239	和易性、包裹性好，流动性好

（4）用水量在试验（3）的基础上增加 10kg 水，对比混凝土强度（表 8-10）。

表 8-10　试验 8.3.3（4）数据

| 试配编号 | 混凝土强度等级 | 原材料用量 | | | | | | | | 项目 | | |
		水泥(kg)	矿粉(kg)	粉煤灰(kg)	白石粉(砂)(kg)	黑石粉(砂)(kg)	火山岩(kg)	外加剂(kg)	水(kg)	水胶比	密度(kg/m³)	状态
Sp-1	C30	172	100	60	501	501	815	8.8	210	0.63	2368	流动性、和易性、包裹性好
Sp-2	C35	194	115	60	501	501	756	9	215	0.58	2351	流动性、和易性、包裹性好
Sp-3	C40	235	120	52	501	501	696	9.3	215	0.53	2329	流动性、和易性、包裹性好
Sp—4	C45	288	125	45	501	501	629	9.5	218	0.48	2317	流动性、和易性、包裹性好
Sp-5	C50	314	130	50	501	501	555	9.9	218	0.44	2279	流动性、和易性、包裹性好，微粘

续表

试配编号	混凝土强度等级	原材料用量								项目		
		水泥（kg）	矿粉（kg）	粉煤灰（kg）	白石粉（砂）（kg）	黑石粉（砂）（kg）	火山岩（kg）	外加剂（kg）	水（kg）	水胶比	密度（kg/m³）	状态
Sp-6	C55	341	142	50	501	501	500	10.4	220	0.41	2265	流动性、和易性、包裹性好，微粘
Sp-7	C60	363	150	52	501	501	449	11.1	220	0.39	2247	流动性、和易性、包裹性好，微粘

（5）各配合比试验各龄期强度归总。

① 花岗岩和黑、白石粉（砂）（表 8-11～表 8-15）

表 8-11　试验结果 1

试配编号	混凝土强度等级	用水量（kg）	水胶比	3d 强度（MPa）	7d 强度（MPa）	14d 强度（MPa）	28d 强度（MPa）	60d 强度（MPa）
Sp-1	C30	181	0.55	12.5	23.3	30.1	32.5	37
Sp-2	C35	176	0.48	18.1	29.3	39.3	40.3	47.1
Sp-3	C40	178	0.44	19.8	30.1	38.4	38.9	43.7
Sp-4	C45	183	0.40	24.7	36.9	42.4	45.8	52.3
Sp-5	C50	185	0.37	28.2	41.2	47.2	48.3	56
Sp-6	C55	188	0.35	28.6	40.5	49.4	50.8	52.5
Sp-7	C60	188	0.33	29.6	42.7	51.7	53.9	55

表 8-12　试验结果 2

试配编号	混凝土强度等级	用水量（kg）	水胶比	3d 强度（MPa）	7d 强度（MPa）	14d 强度（MPa）	28d 强度（MPa）
Sp-1	C50	180	0.36	30.2	35.6	45.1	47.5
Sp-2	C55	180	0.34	38.5	45.7	52.6	52.4
Sp-3	C60	180	0.32	31.7	—	47.9	49.1

表 8-13　试验结果 3

试配编号	混凝土强度等级	用水量（kg）	水胶比	3d 强度（MPa）	7d 强度（MPa）	14d 强度（MPa）	28d 强度（MPa）
Sp-1	C30	191	0.58	10.9	18.2	23.7	26.9
Sp-2	C35	186	0.50	12.8	21.0	27.3	31.8
Sp-3	C40	188	0.46	14.0	22.7	28.3	32.3
Sp-4	C45	193	0.42	18.9	28.7	35.1	41.7
Sp-5	C50	190	0.38	20.1	28.9	36.6	39.7
Sp-6	C55	190	0.36	23.8	33.1	40.8	46
Sp-7	C60	190	0.34	22.7	33.0	39.1	43

表 8-14　试验结果 4

试配编号	混凝土 强度等级	用水量（kg）	水胶比	3d 强度 （MPa）	7d 强度 （MPa）	14d 强度 （MPa）	28d 强度 （MPa）
Sp-1	C30	201	0.61	9.2	17.8	22.3	28.9
Sp-2	C35	196	0.53	13.8	24.7	28.7	36.3
Sp-3	C40	198	0.49	17.2	28.5	34.6	40.6
Sp-4	C45	203	0.44	21.0	34.2	39.5	44.6
Sp-5	C50	200	0.40	23.0	35	41.4	45.2
Sp-6	C55	200	0.38	25.5	40.1	43.5	49.2
Sp-7	C60	200	0.35	31.9	47.7	51.2	56.7

表 8-15　试验结果 5

试配编号	混凝土 强度等级	用水量（kg）	水胶比	3d 强度 （MPa）	7d 强度 （MPa）	14d 强度 （MPa）	28d 强度 （MPa）
Sp-1	C30	211	0.64	11.7	21.5	27.8	30.7
Sp-2	C35	206	0.56	16.1	25	30.9	36.9
Sp-3	C40	208	0.51	17.1	28.3	34.1	39.5
Sp-4	C45	213	0.47	23	33.8	40.1	46.1
Sp-5	C50	210	0.43	30.5	35.4	37.7	45
Sp-6	C55	210	0.39	28	39	43.3	48.3
Sp-7	C60	210	0.37	26.1	35.4	44.3	46.5

② 花岗岩不同用水量 3d 混凝土强度对比（表 8-16）

表 8-16　花岗岩不同用水量 3d 混凝土强度对比　　　　单位：MPa

混凝土强度等级	用水量 180kg 左右	用水量 190kg 左右	用水量 200kg 左右	用水量 210kg 左右
C30	12.5	10.9	9.2	11.7
C35	18.1	12.8	13.8	16.1
C40	19.8	14.0	17.2	17.1
C45	24.7	18.9	21.0	23
C50	28.2	20.1	23.0	30.5
C55	28.6	23.8	25.5	28
C60	29.6	22.7	31.9	26.1

③ 花岗岩不同用水量 7d 混凝土强度对比（表 8-17）

表 8-17　花岗岩不同用水量 7d 混凝土强度对比　　　　单位：MPa

混凝土强度等级	用水量 180kg 左右	用水量 190kg 左右	用水量 200kg 左右	用水量 210kg 左右
C30	23.3	18.2	17.8	21.5
C35	29.3	21.0	24.7	25

续表

混凝土强度等级	用水量 180kg 左右	用水量 190kg 左右	用水量 200kg 左右	用水量 210kg 左右
C40	30.1	22.7	28.5	28.3
C45	36.9	28.7	34.2	33.8
C50	41.2	28.9	35	35.4
C55	40.5	33.1	40.1	39
C60	42.7	33.0	47.7	35.4

④ 花岗岩不同用水量 14d 混凝土强度对比（表 8-18）

表 8-18　花岗岩不同用水量 14d 混凝土强度对比　　　单位：MPa

混凝土强度等级	用水量 180kg 左右	用水量 190kg 左右	用水量 200kg 左右	用水量 210kg 左右
C30	30.1	23.7	22.3	27.8
C35	39.3	27.3	28.7	30.9
C40	38.4	28.3	34.6	34.1
C45	42.4	35.1	39.5	40.1
C50	47.2	36.6	41.4	37.7
C55	49.4	40.8	43.5	43.3
C60	51.7	39.1	51.2	44.3

⑤ 花岗岩不同用水量 28d 混凝土强度对比（表 8-19）

表 8-19　花岗岩不同用水量 28d 混凝土强度对比　　　单位：MPa

混凝土强度等级	用水量 180kg 左右	用水量 190kg 左右	用水量 200kg 左右	用水量 210kg 左右
C30	32.5	26.9	28.9	30.7
C35	40.3	31.8	36.3	36.9
C40	38.9	32.3	40.6	39.5
C45	45.8	41.7	44.6	46.1
C50	48.3	39.7	45.2	45
C55	50.8	46	49.2	48.3
C60	53.9	43	56.7	46.5

⑥ 总结及数据分析

·室外温度高，混凝土表面失水快，早期温度高，内部水分还没有完全失去，水化快，强度增长快。水化后期混凝土失去内部水，内部干燥，水化进行困难，后期强度增长慢。

·花岗岩针片状太多，粒形不好，级配差，细石片状颗粒多。

·花岗岩表面光滑，浆体和集料的粘结力差。

·白石粉（砂）活性低，细粉会影响界面粘结力。

·试块内部有很小的气孔，不属于成型或者水分蒸发后留下的气孔，比较密集，影响强度。

- 砂含水有误差引起用水量变化。
- 第一批是用的椰树水泥，早期强度发展好，后期增长幅度小。
- 问题解决思路

根据现有原材料，大部分花岗岩均属于以上描述的类型，所以在原材料方面比较难以改善，考虑是否水化完全，将试块进行湿养护，保证水化顺利进行，湿养护 3d 后混凝土抗压强度均增长 2MPa，为了确定强度增长慢是否是水泥的原因，再试配一批用水量在190kg 的天涯水泥，跟踪强度值和观察试块内部结构，分析原因。

（6）掺火山岩和黑、白石粉（砂）

① 掺火山岩和黑、白石粉（砂）混凝土各龄期强度汇总（表 8-20～表 8-23）

表 8-20　试验结果 1

试配编号	混凝土强度等级	用水量（kg）	水胶比	3d 强度（MPa）	7d 强度（MPa）	14d 强度（MPa）	28d 强度（MPa）
Sp-1	C30	180	0.54	16.8	25.1	31.2	37.2
Sp-2	C35	185	0.50	23.6	34.3	41.4	46.1
Sp-3	C40	185	0.45	23.4	35.8	42.4	49.6
Sp-4	C45	188	0.41	28.8	37.4	46.5	51.7
Sp-5	C50	188	0.38	32.5	40.8	52	56
Sp-6	C55	190	0.36	37.3	47.2	57.8	60.8
Sp-7	C60	190	0.34	42.1	54	59.8	69.7

表 8-21　试验结果 2

试配编号	混凝土强度等级	用水量（kg）	水胶比	3d 强度（MPa）	7d 强度（MPa）	14d 强度（MPa）	28d 强度（MPa）
Sp-1	C30	190	0.57	13.6	19.3	24.4	29.7
Sp-2	C35	195	0.53	18.9	24.4	32.2	36
Sp-3	C40	195	0.48	21.8	29.3	34.9	43.1
Sp-4	C45	198	0.43	28.2	36.6	45	52.8
Sp-5	C50	198	0.40	33.2	43.1	50.1	57.2
Sp-6	C55	200	0.38	33.5	40.2	48	55.5
Sp-7	C60	200	0.35	40.3	45.2	55	58.4

表 8-22　试验结果 3

试配编号	混凝土强度等级	用水量（kg）	水胶比	3d 强度（MPa）	7d 强度（MPa）	14d 强度（MPa）	28d 强度（MPa）
Sp-1	C30	200	0.60	14.1	20	28.7	35.4
Sp-2	C35	205	0.56	17.4	22.4	33.1	39.1

续表

试配编号	混凝土强度等级	用水量（kg）	水胶比	3d 强度（MPa）	7d 强度（MPa）	14d 强度（MPa）	28d 强度（MPa）
Sp-3	C40	205	0.50	20.4	26.4	37.5	45.7
Sp-4	C45	208	0.45	24	31.7	40.2	46.9
Sp-5	C50	208	0.42	30.5	36.4	45.5	51.3
Sp-6	C55	210	0.39	35.8	40.4	52.9	58.7
Sp-7	C60	210	0.37	33.8	42.3	50.3	57.9

表 8-23　试验结果 4

试配编号	混凝土强度等级	用水量（kg）	水胶比	3d 强度（MPa）	7d 强度（MPa）	14d 强度（MPa）	28d 强度（MPa）
Sp-1	C30	210	0.63	9.9	17.7	22.9	29.1
Sp-2	C35	215	0.58	14.5	24.2	30	36.6
Sp-3	C40	215	0.53	17.3	27.2	33.1	41.2
Sp-4	C45	218	0.48	21.5	31.4	37.3	43.3
Sp-5	C50	218	0.44	25.9	38.8	44.5	50.5
Sp-6	C55	220	0.41	30.8	44.1	49.3	56.5
Sp-7	C60	220	0.39	33.8	47.9	52.1	63.8

② 火山岩不同用水量 3d 混凝土强度对比（表 8-24）

表 8-24　火山岩不同用水量 3d 混凝土强度对比　　　　单位：MPa

混凝土强度等级	用水量 180kg 左右	用水量 190kg 左右	用水量 200kg 左右	用水量 210kg 左右
C30	16.8	13.6	14.1	9.9
C35	23.6	18.9	17.4	14.5
C40	23.4	21.8	20.4	17.3
C45	28.8	28.2	24	21.5
C50	32.5	33.21	30.5	25.9
C55	37.3	33.5	35.8	30.8
C60	42.1	40.3	33.8	33.8

③ 火山岩不同用水量 7d 混凝土强度对比（表 8-25）

表 8-25　火山岩不同用水量 7d 混凝土强度对比　　　　单位：MPa

混凝土强度等级	用水量 180kg 左右	用水量 190kg 左右	用水量 200kg 左右	用水量 210kg 左右
C30	25.1	19.3	20	17.7
C35	34.3	24.4	22.4	24.2
C40	35.8	29.3	26.4	27.2
C45	37.4	36.6	31.7	31.4
C50	40.8	43.1	36.4	38.8

混凝土强度等级	用水量 180kg 左右	用水量 190kg 左右	用水量 200kg 左右	用水量 210kg 左右
C55	47.2	40.2	40.4	44.1
C60	54	45.2	42.3	47.9

④ 火山岩不同用水量 14d 混凝土强度对比（表 8-26）

表 8-26　火山岩不同用水量 14d 混凝土强度对比　　　　单位：MPa

混凝土强度等级	用水量 180kg 左右	用水量 190kg 左右	用水量 200kg 左右	用水量 210kg 左右
C30	31.2	24.4	28.7	22.9
C35	41.4	32.2	33.1	30
C40	42.4	34.9	37.5	33.1
C45	46.5	45	40.2	37.3
C50	52	50.1	45.5	44.5
C55	57.8	48	52.9	49.3
C60	59.8	55	50.3	52.1

⑤ 火山岩不同用水量 28d 混凝土强度对比（表 8-27）

表 8-27　火山岩不同用水量 28d 混凝土强度对比　　　　单位：MPa

混凝土强度等级	用水量 180kg 左右	用水量 190kg 左右	用水量 200kg 左右	用水量 210kg 左右
C30	37.2	29.7	35.4	29.1
C35	46.1	36	39.1	36.6
C40	49.6	43.1	45.7	41.2
C45	51.7	52.8	46.9	43.3
C50	56	57.2	51.3	50.5
C55	60.8	55.5	58.7	56.5
C60	69.7	58.4	57.9	63.8

⑥ 总结及数据分析

· 室外温度高，混凝土表面失水快，早期温度高，内部水分还没有完全失去，水化快。后期失去内部水，内部干燥，水化进行困难，也是部分强度低的影响因素。

· 火山岩粒形状好，级配适中，但压碎值低，表面粗糙，界面粘结力强。

· 火山岩和火山岩石粉（砂）均有活性，对强度有贡献。

· 白石粉（砂）活性低，细粉会影响界面粘结力。

· 试件内部结构气孔小，密实度比花岗岩高。

· 砂含水控制严格，用水量准确。

8.3.4　控制外加剂用量找最佳状态试配

1. 黑、白石粉（砂）和火山岩、花岗岩试配（表 8-28、表 8-29）

表 8-28　掺火山岩和黑、白石粉（砂）试配

试配编号	混凝土强度等级	原材料用量								项目		
		水泥(kg)	矿粉(kg)	粉煤灰(kg)	白石粉（砂）(kg)	黑石粉（砂）(kg)	火山岩(kg)	外加剂(kg)	水(kg)	水胶比	密度(kg/m³)	状态
Sp-1	C30	172	100	60	501	501	815	7.5	215	0.65	2372	外加剂微多，流动性良好，包裹性良好，和易性好
Sp-2	C35	194	115	60	501	501	756	7.3	210	0.57	2344	流动性良好，包裹性、和易性好
Sp-3	C40	235	120	52	501	501	696	7.8	215	0.53	2328	流动性良好，包裹性、和易性好
Sp-4	C45	288	125	45	501	501	629	8.3	218	0.48	2315	流动性良好，包裹性、和易性好
Sp-5	C50	314	130	50	501	501	555	8.8	226	0.46	2286	流动性良好，包裹性、和易性好
Sp-6	C55	341	142	50	501	501	500	9.4	225	0.42	2269	流动性良好，包裹性、和易性好
Sp-7	C60	363	150	52	501	501	449	10.1	230	0.41	2256	流动性良好，包裹性、和易性好

表 8-29　掺花岗岩和黑、白石粉（砂）试配

试配编号	混凝土强度等级	原材料用量								项目		
		水泥(kg)	矿粉(kg)	粉煤灰(kg)	白石粉（砂）(kg)	黑石粉（砂）(kg)	花岗岩(kg)	外加剂(kg)	水(kg)	水胶比	密度(kg/m³)	状态
Sp-1	C30	172	100	60	501	501	815	7.5	215	0.65	2371	流动性良好，和易性良好，包裹性好
Sp-2	C35	194	115	60	501	501	756	7.3	210	0.57	2344	流动性、和易性、包裹性好
Sp-3	C40	235	120	52	501	501	696	7.8	215	0.53	2328	流动性、和易性、包裹性好
Sp-4	C45	288	125	45	501	501	629	8.3	218	0.48	2315	流动性、和易性、包裹性好
Sp-5	C50	314	130	50	501	501	555	8.8	226	0.46	2286	流动性、和易性、包裹性好
Sp-6	C55	341	142	50	501	501	500	9.4	225	0.42	2269	流动性、和易性、包裹性好
Sp-7	C60	363	150	52	501	501	449	10.1	230	0.41	2256	流动性、和易性、包裹性好

2. 掺花岗岩和黑、白石粉（砂）且控制外加剂用量的混凝土各龄期强度（表8-30）

表8-30　掺花岗岩和黑、白石粉（砂）且控制外加剂用量的混凝土各龄期强度

试配编号	混凝土强度等级	用水量（kg）	水胶比	3d 强度（MPa）	7d 强度（MPa）	14d 强度（MPa）	28d 强度（MPa）
Sp-1	C30	215	0.65	10.8	19.9	24.9	31
Sp-2	C35	210	0.57	13.5	24.1	30.8	35.5
Sp-3	C40	215	0.53	15.2	25.7	32.4	39
Sp-4	C45	218	0.48	17.7	28.4	34.5	38.7
Sp-5	C50	226	0.46	22.3	35.3	41.5	47.1
Sp-6	C55	225	0.42	22	32.6	42.6	47.3
Sp-7	C60	230	0.41	25.8	41.3	46.4	50.5

3. 掺火山岩和黑、白石粉（砂）且控制外加剂用量的混凝土各龄期强度（表8-31）

表8-31　掺火山岩和黑、白石粉（砂）且控制外加剂用量的混凝土各龄期强度

试配编号	混凝土强度等级	用水量（kg）	水胶比	3d 强度（MPa）	7d 强度（MPa）	14d 强度（MPa）	28d 强度（MPa）
Sp-1	C30	215	0.65	13.3	20.5	26	32
Sp-2	C35	210	0.57	16.7	25.8	30.3	38
Sp-3	C40	215	0.53	20.4	29.2	29.2	40.5
Sp-4	C45	218	0.48	26.2	37.2	40.8	49.2
Sp-5	C50	226	0.46	28.9	35.8	43.9	51.6
Sp-6	C55	225	0.42	34.4	39.9	49.6	57.2
Sp-7	C60	230	0.41	35	43.1	49.9	57.8

4. 总结及数据分析

通过控制外加剂的用量，同时用外加剂和用水找一个最佳的状态，使外加剂的用量在最佳状态的基础上降到最低，以控制外加剂的成本，同时用同配合比、不同的粗集料进行混凝土强度对比。从数据可以看出，用水量大对高强度等级的混凝土强度值影响更大，火山岩的早期、后期强度均高于花岗岩的强度值，因为火山岩界面粘结力比花岗岩强，且火山岩和黑石粉（砂）同时对混凝土的强度都有贡献作用。

8.3.5　C30做基准同条件不同矿粉掺量的混凝土强度值跟踪

1. 配合比

配合比见表8-32。

表 8-32　配合比

试配编号	混凝土强度等级	原材料用量								项目		
		水泥(kg)	矿粉(kg)	粉煤灰(kg)	白石粉(砂)(kg)	黑石粉(砂)(kg)	花岗岩(kg)	外加剂(kg)	水(kg)	水胶比	密度(kg/m³)	状态
Sp-1	C30	272	0	60	501	501	815	11.3	180	0.54	2340	流动性、包裹性、和易性良好
Sp-2	C30	231	41	60	501	501	815	12	180	0.54	2341	流动性良好、和易性、包裹性好
Sp-3	C30	204	68	60	501	501	815	11	180	0.54	2340	流动性良好、和易性、包裹性好
Sp-4	C30	177	95	60	501	501	815	11	180	0.54	2340	流动性良好、和易性、包裹性好
Sp-5	C30	150	122	60	501	501	815	10.5	180	0.54	2340	流动性、包裹性、和易性良好,外加剂微多
Sp-6	C30	122	150	60	501	501	815	10	180	0.54	2339	流动性良好、和易性、包裹性好
Sp-7	C30	95	177	60	501	501	815	8.8	180	0.54	2338	流动性良好、和易性、包裹性好
sp-8	C30	68	204	60	501	501	815	9	180	0.54	2338	外加剂多、流动性、和易性良好

2. 混凝土各龄期强度值

表 8-33　混凝土各龄期强度值

试配编号	混凝土强度等级	用水量(kg)	水胶比	3d 强度(MPa)	7d 强度(MPa)	14d 强度(MPa)	28d 强度(MPa)
Sp-1	C30	180	0.54	14.4	23.6	33.1	39.8
Sp-2	C30	180	0.54	13.5	26.1	29.4	31.9
Sp-3	C30	180	0.54	11.6	24.4	30.9	36.9
Sp-4	C30	180	0.54	12.3	29.8	35.3	41.9
Sp-5	C30	180	0.54	11.8	32	38.8	45.5
Sp-6	C30	180	0.54	8	24.4	29.9	35.8
Sp-7	C30	180	0.54	9.2	26.7	32.1	40.2
Sp-8	C30	180	0.54	8.7	24.6	28.6	35.5

3. 总结及数据分析

从试验数据来看,相同用水量下混凝土 28d 强度值从 39.8MPa 降低到 36.9MPa,然后再从 41.9MPa 上升到 45.5MPa,再以后就是一个整体下降的趋势,所以矿粉占水泥用量的 35%～45% 是最合理的。

8.3.6 不掺粉煤灰同等价位转换为矿粉

1. 配合比

以 C30 混凝土为基准，配合比见表 8-34。

表 8-34 配合比

试配编号	混凝土强度等级	原材料用量								项目		
		水泥（kg）	矿粉（kg）	粉煤灰（kg）	白石粉（砂）（kg）	黑石粉（砂）（kg）	花岗岩（kg）	外加剂（kg）	水（kg）	水胶比	密度（kg/m³）	状态
Sp-1	C30	272	20	0	530	530	780	10	180	0.62	2322	外加剂多，泌浆，流动性良好，和易性良好
Sp-2	C30	231	61	0	530	530	780	8.5	180	0.62	2321	流动性、包裹性、和易性好
Sp-3	C30	204	88	0	530	530	780	8	180	0.62	2320	流动性、包裹性、和易性好
Sp-4	C30	177	115	0	530	530	780	7.6	180	0.62	2320	流动性、包裹性、和易性好
Sp-5	C30	150	142	0	530	530	780	7.2	180	0.62	2319	流动性、包裹性、和易性好
Sp-6	C30	122	170	0	530	530	780	6.7	180	0.62	2319	流动性、包裹性、和易性好
Sp-7	C30	95	197	0	530	530	780	6.4	180	0.62	2318	流动性良好，包裹性、和易性好，扩展度小
sp-8	C30	68	224	0	530	530	780	6	180	0.62	2318	流动性良好，包裹性、和易性好，扩展度小

2. 混凝土强度值

混凝土强度值见表 8-35。

表 8-35 混凝土强度值

试配编号	混凝土强度等级	用水量（kg）	水胶比	3d 强度（MPa）	7d 强度（MPa）	14d 强度（MPa）	28d 强度（MPa）
Sp-1	C30	180	0.62	15.4	22.3	30.2	31
Sp-2	C30	180	0.62	13.1	20.9	28.1	27.8
Sp-3	C30	180	0.62	15.7	26.1	34.4	35.4
Sp-4	C30	180	0.62	13	21.2	29.8	31.3

续表

试配编号	混凝土强度等级	用水量（kg）	水胶比	3d强度（MPa）	7d强度（MPa）	14d强度（MPa）	28d强度（MPa）
Sp-5	C30	180	0.62	13	24.2	29.9	29.8
Sp-6	C30	180	0.62	13.4	23.2	30.8	29.2
Sp-7	C30	180	0.62	13.1	20.4	25.2	28.8
Sp-8	C30	180	0.62	12.9	18.9	23.1	24.7

3. 总结及数据分析

当矿粉取代粉煤灰以后，和易性和工作性不如掺粉煤灰的试配混凝土，没有粉煤灰的填充效应导致混凝土密实度降低，失去了微弱的二次水化作用，增大了水胶比，混凝土强度降低。

8.3.7　230kg、250kg、280kg高用水混凝土强度跟踪试验

1. 配合比

以火山岩和黑、白石粉（砂）配制的C30混凝土为基准，配合比见表8-36。

表8-36　配合比

试配编号	混凝土强度等级	原材料用量								项目		
		水泥（kg）	矿粉（kg）	粉煤灰（kg）	白石粉（砂）（kg）	黑石粉（砂）（kg）	火山岩（kg）	外加剂（kg）	水（kg）	水胶比	密度（kg/m³）	状态
Sp-1	C30	172	100	60	501	501	815	7.0	230	0.69	2386	用水量大，黏聚性差，流动性良好
Sp-2	C30	172	100	60	501	501	815	4.8	250	0.75	2404	用水量较大，黏聚性差，流动性良好
Sp-3	C30	172	100	60	501	501	815	3.0	280	0.84	2432	用水量太大，黏聚性差，流动性良好

2. 混凝土各龄期强度值

表8-37　混凝土各龄期强度值

混凝土强度等级	用水量（kg）	水胶比	3d强度（MPa）	7d强度（MPa）	14d强度（MPa）	28d强度（MPa）
C30	230	0.69	10	18	25.1	26.7
C30	250	0.75	9	16.6	22.3	26.6
C30	280	0.84	6.4	11.8	17.1	22.6

3. 总结及数据分析

用水量高，单方用水量大，状态为水洗状态，用水量越大，早期水化速率越慢，强度发展也越慢。混凝土各龄期强度值主要看后期强度。

智能＋绿色高性能混凝土

8.3.8 C30、C40、C50、C60掺CTF（增效剂）混凝土强度对比试

1. 配合比

试验配合比见表8-38。

表8-38 配合比

| 试配编号 | 混凝土强度等级 | 原材料用量 | | | | | | | | | 项目 | | |
		水泥(kg)	矿粉(kg)	粉煤灰(kg)	白石粉(砂)(kg)	黑石粉(砂)(kg)	花岗岩(kg)	外加剂(kg)	CTF(kg)	水(kg)	水胶比	密度(kg/m³)	状态
Sp-1	C30	172	100	60	517	517	773	10.5	—	183	0.55	2333	流动性好，和易性好，包裹性好，微粘
Sp-2	C30CTF	155	100	60	517	517	790	10.5	1.89	183	0.58	2333	流动性好，和易性好，包裹性好，微粘
Sp-3	C40	235	120	52	462	460	820	8.5	—	180	0.44	2320	流动性、和易性、包裹性好，微粘
Sp-4	C40CTF	211.5	120	52	462	460	840	8.5	2.23	180	0.47	2320	流动性、和易性、包裹性好，粘，包裹性、和易性不如Sp-3，需水量不够
Sp-5	C50	314	130	50	462	460	680	11	—	180	0.36	2319	流动性、和易性、包裹性好，比较粘
Sp-6	C50CTF	282.6	130	50	462	460	710	11	2.78	180	0.39	2319	流动性、和易性、包裹性好，比较粘，需水量比Sp-5高
Sp-7	C60	363	150	52	462	460	566	13	—	185	0.33	2318	流动性、和易性、包裹性好，比较粘
Sp-8	C60CTF	326.7	150	52	462	460	600	13	3.17	185	0.35	2318	流动性、和易性、包裹性好，比较粘，需水量比Sp-7高

2. 试配混凝土强度

试验试配混凝土强度见表8-39。

· 158 ·

表 8-39　试配混凝土强度

试配编号	混凝土强度等级	用水量（kg）	水胶比	3d 强度（MPa）	7d 强度（MPa）	14d 强度（MPa）	28d 强度（MPa）
Sp-1	C30	183	0.55	11.3	18.1	24.1	29.4
Sp-2	C30CTF	183	0.58	9.2	16.7	21.5	26.9
Sp-3	C40	180	0.44	20.8	32.7	38.3	43.3
Sp-4	C40CTF	180	0.47	21.1	33.7	40.6	48.5
Sp-5	C50	180	0.36	27.4	38.2	42.3	47.3
Sp-6	C50CTF	180	0.39	29.6	41	46	49.6
Sp-7	C60	185	0.33	32.6	43.9	50.6	50.7
Sp-8	C60CTF	185	0.35	29.1	49.9	56.6	66.4

3. 总结及数据分析

从试配状态来看，C30 和 C30CTF 状态类似，包裹性、和易性、流动性均很好，从 C40 开始到 C60 的各组对比试验中，增效剂的试配状态黏度会大于基准状态，表现出用水不够。从混凝土的各龄期强度值来看，C30 比 C30CTF 强度高，是因为试配状态一致，而掺入增效剂的水泥减少，胶材用量低，增效剂掺入量低，所以作用效果降低。从 C40 开始到 C60 的各组对比试验中，胶材用量和增效剂掺入量逐渐提高，水泥分散均匀，效果明显，且试配状态用水量不足。所以 C30 比 C30CTF28d 的混凝土强度值高，C40 开始到 C60 的各组对比试验掺入增效剂的试配混凝土的强度比基准试配混凝土的强度高。

8.3.9　花岗岩、火山岩单掺白、黑石粉（砂）用水量递增混凝土强度增长规律

1. 掺花岗岩和黑石粉（砂）试配试验配合比

掺花岗岩和黑石粉（砂）试配试验配合比见表 8-40。

表 8-40　配合比

试配编号	混凝土强度等级	原材料用量								项目		
		水泥（kg）	矿粉（kg）	粉煤灰（kg）	白石粉（砂）（kg）	黑石粉（砂）（kg）	花岗岩（kg）	外加剂（kg）	水（kg）	水胶比	密度（kg/m³）	状态
Sp-1	C30	172	100	60	0	1060	760	13	150	0.45	2315	外加剂多，和易性、包裹性、流动性良好，粘
Sp-2	C30	172	100	60	0	1060	760	11.5	160	0.48	2324	和易性、包裹性、流动性好，外加剂微多，粘
Sp-3	C30	172	100	60	0	1060	760	8	170	0.51	2330	和易性、包裹性、流动性好，粘

试配编号	混凝土强度等级	原材料用量								项目		
		水泥(kg)	矿粉(kg)	粉煤灰(kg)	白石粉(砂)(kg)	黑石粉(砂)(kg)	花岗岩(kg)	外加剂(kg)	水(kg)	水胶比	密度(kg/m³)	状态
Sp-4	C30	172	100	60	0	1060	760	7.5	180	0.54	2340	和易性、包裹性、流动性好，微粘
Sp-5	C30	172	100	60	0	1060	760	6.8	190	0.57	2349	和易性、包裹性、流动性好
Sp-6	C30	172	100	60	0	1060	760	6.5	200	0.60	2359	和易性、包裹性、流动性好
Sp-7	C30	172	100	60	0	1060	760	6	210	0.63	2368	和易性、包裹性、流动性好

2. 掺火山岩和白石粉（砂）试验试配配合比

掺火山岩和白石粉（砂）试验试配配合比见表 8-41。

表 8-41　配合比

试配编号	混凝土强度等级	原材料用量								项目		
		水泥(kg)	矿粉(kg)	粉煤灰(kg)	白石粉(砂)(kg)	黑石粉(砂)(kg)	火山岩(kg)	外加剂(kg)	水(kg)	水胶比	密度(kg/m³)	状态
Sp-1	C30	172	100	60	1040	0	780	14.5	150	0.45	2317	黏，流动缓慢
Sp-2	C30	172	100	60	1040	0	780	13.3	160	0.48	2325	黏，流动性比 Sp-1 好
Sp-3	C30	172	100	60	1040	0	780	f11	170	0.51	2333	黏，流动性比 Sp-3 好
Sp-4	C30	172	100	60	1040	0	780	9.5	180	0.54	2342	微黏，流动性好，和易性、包裹性好
Sp-5	C30	172	100	60	1040	0	780	8.6	190	0.57	2351	流动性好，和易性、包裹性好
Sp-6	C30	172	100	60	1040	0	780	7.8	200	0.60	2360	流动性好，和易性、包裹性好
Sp-7	C30	172	100	60	1040	0	780	7	210	0.63	2369	流动性好，和易性、包裹性好

3. 掺火山岩和黑石粉（砂）试验配合比

掺火山岩和黑石粉（砂）试验配合比见表 8-42。

表 8-42　配合比　　　　　　　　　　　　单位：kg/m³

试配编号	混凝土强度等级	原材料用量								项目		
		水泥(kg)	矿粉(kg)	粉煤灰(kg)	白石粉(砂)(kg)	黑石粉(砂)(kg)	火山岩(kg)	外加剂(kg)	水(kg)	水胶比	密度(kg/m³)	状态
Sp-1	C30	172	100	60	0	1010	820	13.5	150	0.45	2326	出机包裹性好，和易性、包裹性好，流动性良好，半分钟流平，过黏

续表

试配编号	混凝土强度等级	原材料用量								项目		
		水泥(kg)	矿粉(kg)	粉煤灰(kg)	白石粉(砂)(kg)	黑石粉(砂)(kg)	火山岩(kg)	外加剂(kg)	水(kg)	水胶比	密度(kg/m³)	状态
Sp-2	C30	172	100	60	0	1010	820	12.2	160	0.48	2334	出机包裹性好，和易性、包裹性好，流动性良好，半分钟流平，过黏
Sp-3	C30	172	100	60	0	1010	820	11	170	0.51	2343	和易性、包裹性好，流动性良好
Sp-4	C30	172	100	60	0	1010	820	9.8	180	0.54	2352	和易性、包裹性好、流动性好
Sp-5	C30	172	100	60	0	1010	820	8.3	190	0.57	2360	和易性、包裹性好、流动性好
Sp-6	C30	172	100	60	0	1010	820	7	200	0.60	2369	和易性、包裹性好、流动性好
Sp-7	C30	172	100	60	0	1010	820	6.5	210	0.63	2379	和易性、包裹性好、流动性良好，含泥高、扩展度小

注：火山岩含泥高。

4. 掺花岗岩和黑石粉（砂）试配的混凝土各龄期强度

掺花岗岩和黑石粉（砂）试配的混凝土各龄期强度见表 8-43。

表 8-43　混凝土各龄期强度

试配编号	混凝土强度等级	用水量（kg）	水胶比	3d 强度(MPa)	7d 强度(MPa)	14d 强度(MPa)	28d 强度(MPa)
Sp-1	C30	150	0.45	23.7	40.5	47.9	52.9
Sp-2	C30	160	0.48	20	33.6	39.6	46.7
Sp-3	C30	170	0.51	18	30.3	34.5	41.7
Sp-4	C30	180	0.54	15.2	26.4	32.9	38.5
Sp-5	C30	190	0.57	13.7	24.2	30	35.8
Sp-6	C30	200	0.60	13.2	23.3	28.7	31.4
Sp-7	C30	210	0.63	10.7	19.8	24.2	30.6

5. 掺火山岩和白石粉（砂）试配的混凝土各龄期强度

掺火山岩和白石粉（砂）试配的混凝土各龄期强度见表 8-44。

表 8-44　混凝土各龄期强度

试配编号	混凝土强度等级	用水量（kg）	水胶比	3d 强度(MPa)	7d 强度(MPa)	14d 强度(MPa)	28d 强度(MPa)
Sp-1	C30	150	0.45	29.3	43.1	48.9	55.3

续表

试配编号	混凝土强度等级	用水量（kg）	水胶比	3d强度（MPa）	7d强度（MPa）	14d强度（MPa）	28d强度（MPa）
Sp-2	C30	160	0.48	26	37.8	45.6	50.4
Sp-3	C30	170	0.51	20.5	30.6	35.9	44
Sp-4	C30	180	0.54	16.6	26.2	28.9	33
Sp-5	C30	190	0.57	13	20.4	26.5	32.2
Sp-6	C30	200	0.60	12.8	20.6	25.9	30
Sp-7	C30	210	0.63	10	17.8	21.5	28

6. 掺火山岩和黑石粉（砂）试配的混凝土各龄期强度

掺火山岩和黑石粉（砂）试配的混凝土各龄期强度见表8-45。

表 8-45　混凝土龄期强度

试配编号	混凝土强度等级	用水量（kg）	水胶比	3d强度（MPa）	7d强度（MPa）	14d强度（MPa）	28d强度（MPa）
Sp-1	C30	150	0.45	24.8	38.9	44.7	54.6
Sp-2	C30	160	0.48	23.4	37.3	43.6	53.5
Sp-3	C30	170	0.51	22.6	35.9	42.8	52.8
Sp-4	C30	180	0.54	19.1	31.4	38.9	49.6
Sp-5	C30	190	0.57	13.6	22.1	25.3	37.8
Sp-6	C30	200	0.60	13.6	22.6	29.7	40.5
Sp-7	C30	210	0.63	13.8	22.5	27.9	41.8

7. 混凝土抗压强度综合比较（表8-46）

表 8-46　混凝土抗压强度综合比较

试配编号	混凝土强度等级	用水量（kg）	水胶比	分类	3d强度（MPa）	7d强度（MPa）	14d强度（MPa）	28d强度（MPa）
Sp-1	C30	150	0.45	花十黑	23.7	40.5	47.9	52.9
				火十白	29.3	43.1	48.9	55.3
				火十黑	24.8	38.9	44.7	—
Sp-2	C30	160	0.48	花十黑	20.0	33.6	39.6	46.7
				火十白	26.0	37.8	45.6	50.4
				火十黑	23.4	37.3	43.6	—
Sp-3	C30	170	0.51	花十黑	18.0	30.3	34.5	41.7
				火十白	20.5	30.6	35.9	44.0
				火十黑	22.6	35.9	42.8	—
Sp-4	C30	180	0.54	花十黑	15.7	26.4	32.9	38.5
				火十白	16.6	26.2	28.9	33.0
				火十黑	19.1	31.4	38.9	—

续表

试配编号	混凝土强度等级	用水量（kg）	水胶比	分类	3d 强度（MPa）	7d 强度（MPa）	14d 强度（MPa）	28d 强度（MPa）
Sp-5	C30	190	0.57	花＋黑	13.7	24.2	30.0	35.8
				火＋白	13.0	20.4	26.5	32.2
				火＋黑	13.6	22.1	25.3	—
Sp-6	C30	200	0.60	花＋黑	13.2	23.3	28.7	31.4
				火＋白	12.8	20.6	25.9	30.0
				火＋黑	13.6	22.6	29.7	—
Sp-7	C30	210	0.63	花＋黑	10.7	19.8	24.2	30.6
				火＋白	10.0	17.8	21.5	28.0
				火＋黑	13.8	22.2	27.9	—

8. 总结及数据分析

通过黑、白石粉（砂）和花岗岩、火山岩交叉对比，以及各个试配逐渐提高用水量，可以分别得出各种原材料的强度随着用水量的变化规律，以及不同的石子和石粉（砂）的搭配使用的强度值。

8.3.10　三个特殊粉料配合比

1. 配合比

三个特殊粉料配合比见表 8-47。

表 8-47　三种特殊粉料配合比

试配编号	混凝土强度等级	原材用量									项目		
		水泥（kg）	矿粉（kg）	粉煤灰（kg）	白石粉（砂）（kg）	黑石粉（砂）（kg）	火山岩（kg）	花岗岩（kg）	外加剂（kg）	水（kg）	水胶比	密度（kg/m³）	状态
Sp-1	C30	140	100	150	495	495	—	780	10	182	0.47	2352	外加剂多，和易性、包裹性好，流动性良好，粘
Sp-2	C30	130	100	170	495	495	—	780	9.5	183	0.46	2363	和易性、包裹性、流动性好，微粘
Sp-3	C30	130	100	170	495	495	—	780	9.5	181	0.45	2361	和易性、包裹性、流动性好，微粘
Sp-4	C30	130	120	130	475	475	820	—	9.3	181	0.48	2340	和易性、包裹性、流动性好，微粘
Sp-5	C30	140	100	150	475	475	820	—	9	182	0.47	2351	和易性、包裹性、流动性好，微粘
Sp-6	C30	130	100	170	475	475	820	—	9	183	0.46	2362	和易性、包裹性、流动性好，微粘

2. 混凝土各龄期强度汇总

混凝土各龄期强度汇总见表8-48。

表8-48 混凝土各龄期强度

试配编号	混凝土强度等级	用水量（kg）	水胶比	3d强度（MPa）	7d强度（MPa）	14d强度（MPa）	28d强度（MPa）
Sp-1	C30	182	0.47	13.8	22.2	27.2	32.7
Sp-2	C30	183	0.46	12.9	22.9	26.7	32.7
Sp-3	C30	181	0.48	12.2	22.9	27.7	32.7
Sp-4	C30	182	0.48	12.1	21.5	27.7	32.1
Sp-5	C30	183	0.47	10.7	20.5	24.5	30.6
Sp-6	C30	181	0.46	13.5	23.8	24.7	34.8

8.3.11 花岗岩和黑、白石粉（砂）调整试配

1. 花岗岩一批试配出现强度低的情况的原因分析

（1）室外温度高，混凝土表面失水速率快，早期温度高，内部水分还没有完全失去，水化快，强度增长快。水化后期混凝土失去内部水，内部干燥，水化进行困难，后期强度增长慢。

（2）花岗岩针片状太多，粒形不好，级配差，细石片状颗粒多。

（3）花岗岩表面光滑，浆体和集料的粘结力差。

（4）白石粉（砂）活性低，细粉会影响界面粘结力。

（5）试块内部有很小的气孔，不属于成型或者水分蒸发后留下的气孔，比较密集，影响强度。

由于抽样进行湿养护3d强度均增长了2MPa，为了更准确，重新试配了用水量在190kg的情况。

2. 配合比

掺花岗岩和黑、白石粉（砂）试验试配配合比见表8-49。

表8-49 配合比

试配编号	混凝土强度等级	原材料用量								项目		
		水泥（kg）	矿粉（kg）	粉煤灰（kg）	白石粉（砂）（kg）	黑石粉（砂）（kg）	花岗岩（kg）	外加剂（kg）	水（kg）	水胶比	密度（kg/m³）	状态
Sp-1	C30	172	100	60	530	530	740	9.5	190	0.57	2332	和易性、流动性、包裹性好
Sp-2	C35	194	115	60	530	530	680	9.8	190	0.51	2309	和易性、流动性、包裹性好
Sp-3	C40	235	120	52	530	530	620	10.2	190	0.47	2287	和易性、流动性、包裹性好

续表

试配编号	混凝土强度等级	原材料用量								项目		
		水泥（kg）	矿粉（kg）	粉煤灰（kg）	白石粉（砂）（kg）	黑石粉（砂）（kg）	花岗岩（kg）	外加剂（kg）	水（kg）	水胶比	密度（kg/m³）	状态
Sp-4	C45	288	125	45	530	530	660	10.6	190	0.41	2379	和易性、流动性、包裹性好
Sp-5	C50	314	130	50	530	530	600	11.7	190	0.38	2356	和易性、流动性、包裹性好，微发粘
Sp-6	C55	341	142	50	530	530	550	12.8	190	0.36	2346	和易性、流动性、包裹性好，微发粘
Sp-7	C60	363	150	52	530	530	510	14.5	190	0.34	2340	和易性、流动性、包裹性好，微发粘

3. 混凝土各龄期强度值

掺花岗岩和黑、白石粉（砂）试验试配混凝土各龄期强度值见表8-50。

表8-50　混凝土龄期强度值

试配编号	混凝土强度等级	用水量（kg）	水胶比	3d强度（MPa）	7d强度（MPa）	14d强度（MPa）	28d强度（MPa）
Sp-1	C30	190	0.57	17.4	26.3	32.1	43.6
Sp-2	C35	190	0.51	19.9	30.4	33.9	45.8
Sp-3	C40	190	0.47	25.4	36.6	42.7	55.7
Sp-4	C45	190	0.41	26.6	37.2	43.1	54.9
Sp-5	C50	190	0.38	32.4	44.3	49.6	59.6
Sp-6	C55	190	0.36	40.7	53.3	55.3	68.3
Sp-7	C60	190	0.34	43.3	57.9	61.6	72.4

4. 总结及数据分析

合理计算粉料强度贡献值，确定砂石级配合理，流动性、黏聚性好，密实度高，用水量控制准确，即保证强度增长正常，但花岗岩同样存在界面粘结力不够，石子和浆体光滑分离的现象，所以要注意石子和石粉（砂）的含粉、含泥量。同时内部存在微小的气孔是外加剂没有引出大气泡的原因，在配合比能控制解决的问题上，一定要注意砂石含水量，有利于强度、状态和坍落度损失，控制砂石含粉含泥量、合理搭配改善级配有利于状态、强度、流动性和密实度。

8.4　结　　论

（1）对于黑、白石粉（砂），单方用水量在180kg是混凝土强度发展的最佳用水量。

（2）使用花岗岩和黑、白石粉（砂）配制的混凝土随着用水量从180～190kg增加，由于水胶比增大，强度降低，而单方用水量在200～210kg密实度增加，混凝土强度上升。

（3）火山岩的强度发展是随着单方用水量从 180～210kg 升高，强度呈一个缓慢下降的趋势。

（4）控制外加剂用量、用水量，找最佳状态，单方用水量在 210～230kg 之间，混凝土强度值在设计强度的 85％～100％之间。

（5）矿粉占水泥用量的 35％～45％是最合理的。

（6）用矿粉等价替代粉煤灰，同时降低了胶材的用量，混凝土和易性、包裹性降低，密实度降低，空隙的填充效应差，导致强度低于掺入粉煤灰的基准配比。

（7）单方高用水量 230kg、250kg、280kg 呈水洗状态，混凝土早期强度发展很慢，且随着用水量的增高强度降低。

（8）增效剂 CTF 和基准配合比对比，C30 基准配合比比 CTFC30 强度值高，C40～C60 掺入增效剂的混凝土强度值会比基准配合比的高。

（9）通过黑、白石粉（砂）和花岗岩、火山岩交叉对比、逐渐提高单方用水量试验，随着用水量的提高，混凝土强度逐渐降低。在单方用水 150～190kg，每提高 10kg 水。降低 5MPa～8MPa 的强度值；在单方用水 190～210kg 这个区间，随着用水量的变化，强度变化值在 2MPa 左右波动。由不同材料的交叉试验得出，火山岩的界面粘结力高，黑石粉（砂）有活性对强度的贡献，所以火山岩和黑石粉（砂）的强度会高于黑石粉（砂）和花岗岩及白石粉和火山岩的强度值。

8.5 建 议

（1）在配合比使用的过程中，要注意原材料的波动，尤需要注意黑、白石粉（砂）的含石、含粉、含水、亚甲蓝的变化及其石子的级配和粒形调整配合比，使试配状态达到最佳效果。

（2）火山岩和黑石粉（砂）均有活性，且火山岩界面粗糙，对混凝土强度均有利，但火山岩含泥量高，黑石粉（砂）含粉高，外加剂掺量大，坍落度损失较快，对大部分现有材料成熟的黑、白石粉（砂）的比例为 6∶4，保证级配合理，损失小，外加剂合理，所以建议围绕这个比例适当调整。

（3）花岗岩颗粒粒形和级配差，相对较碎，火山岩粒形好，级配合理，但损失大，用花岗岩和火山岩对半掺入的时候就可以保证级配合理，损失降到最小，混凝土强度最佳。

（4）粉煤灰是石子磨细灰，没有活性对强度的贡献，但是粉煤灰可以改善混凝土的包裹性，有填充效应，可以增加密实度从而提高混凝土强度，但吸水率较大，少用但不能不用。

（5）在生产或者试配中，由于黑石粉（砂）使用的混凝土较粘，建议单方用水量在190kg，既能保证强度的顺利发展，也能保证状态的最佳效果。

（6）在原材料的搭配使用方面，最好减少白石粉（砂）和花岗岩的搭配使用，白石粉（砂）的细粉为惰性材料，花岗岩硬度高，表面光滑，粘结力较差，对混凝土强度会有影响。

第9章 冬期施工混凝土超缓凝原因浅析

9.1 施工项目超长时间缓凝概况

在 2006 年冬期施工时，某单位生产的混凝土在六个工地出现大面积缓凝，混凝土使用量达 3 万 m³，施工面积达 6 万 m²，缓凝时间最长的可以达到 5d 不凝结，以上所有工程存在的问题是混凝土凝结时间超长，有的达 48h、72h、96h，最长达 120h；经过施工单位、混凝土生产单位及监理单位仔细的现场调查和研究，认为混凝土的缓凝严重影响了施工工期，加大了施工成本，并且有可能影响混凝土最终强度。

9.2 混凝土超缓凝原因初探

根据现场状况，对混凝土超缓凝产生的原因和造成的后果（强度）从外加剂、水泥和施工工艺三个方面进行了初步分析。

1. 外加剂

外加剂（缓凝组分）超量掺加引起现象有两个方面：一是由于减水组分达到一定浓度后增加其掺量却不能提高外加剂的减水率；二是缓凝组分随其掺量的增大其缓凝作用一直增加。部分工地的混凝土在不离析、不泌水的情况下依然缓凝就是由于外加剂缓凝组分过量引起的，但外加剂中缓凝组分掺量变化不会引起混凝土强度的变化。另外，在外加剂浓度不变的情况下若缓凝组分过量则必然导致减水组分减少，外加剂减水率降低。这种情况下若依照正常外加剂掺量生产的混凝土必然会导致坍落度经时损失增大，这种状况在某工地就有体现（现场出机坍落度仅为 6cm）。

由于外加剂厂未在冬期施工开始前的较低环境温度下调低缓凝组分，低温环境下的混凝土在配合比不做更改的情况下凝结时间较常温时有所增加，所以，未作相应变化的外加剂也是混凝土出现缓凝的客观原因。

2. 水泥

椰树水泥和天涯水泥的早期强度一直偏低，其优点是夏季施工时的水泥水化热低，便于裂缝控制。进入或邻近冬期施工时，水泥厂应适当调整配比，以抵消早期水化慢而引起的混凝土缓凝现象，但水泥对此次混凝土缓凝的影响是从属的，水泥对混凝土的影响最主要的还是强度。

3. 施工工艺

在冬期施工或邻近冬期施工时，混凝土必须考虑环境条件的变化（温度、湿度等），若已出现缓凝现象而施工单位未采取保温养护措施，也会影响混凝土的初凝。

综上所述，在此次邻近冬期施工时出现的大面积混凝土缓凝主要是由于混凝土外加剂（缓凝组分）过高引起的（可能是计量故障、调整坍落度），其他因素对缓凝有影响但不是决定因素。

9.3　外加剂厂的生产及质量控制状况分析

1. 外加剂厂概况

该外加剂厂有液体生产线一条，使用 1.6t 搅拌机两个，干粉生产线一条。外加剂的原材料由减水剂和缓凝剂两种成分组成，减水剂部分是外购的液体料，该厂的工艺是将购来的液体减水剂打入搅拌罐，用人工将称量好的缓凝组分加入搅拌机，混合均匀后用水泵抽到成品库，经检验合格后送搅拌站使用。

2. 外加剂主要成分的作用分析

该厂生产的外加剂是以萘系为主的减水剂，其中减水组分的含固量为 35%～40%，硫酸钠含量为 16%～18%，缓凝组分最近几年一直使用葡萄糖酸钠。作为混凝土泵送剂，减水作用是第一位的，该外加剂在近几年的使用过程中掺量一直控制在 2.2%～2.5% 之间，减水率是适中的，硫酸钠含量中等，在冬期施工时，该成分有利于混凝土早期强度的提高，但对坍落度控制而言，能解决引起坍落度损失大的问题，葡萄糖酸钠用于缓凝，正常情况下是稳定的，但随着季节的变化，它对温度及大风敏感性强，这就要求外加剂厂在春夏秋冬四季及有风无风时都要对配比进行调整，这对外加剂厂的技术人员提出了较高的要求。

3. 对本次事故引起原因的初步分析

2006 年 12 月份，北京某公司施工中出现了大面积混凝土缓凝现象，外加剂厂也认可是由于外加剂（缓凝组分）的超量掺加而引起的观点。具体原因有两种可能，其一是由于计量系统出故障引起的外加剂（缓凝组分葡萄糖酸钠）超掺量，表现在施工现场就是出现有的部位凝固，有的部位没凝固。对于生产过程中坍落度较小的混凝土，为了调整坍落度，质检人员通过增加外加剂的量来增大坍落度，也是引起外加剂（缓凝组分）超掺量的一个原因。其二是使用的外加剂有一部分是从小站移运过去的，这部分外加剂是夏天用剩余的，其配方是夏天用外加剂的配方，作为缓凝成分的葡萄糖酸钠含量高，用于冬期施工时也可能引起混凝土长时间不凝、缓凝。

4. 对外加剂厂的建议

（1）若已经进入冬期施工，建议外加剂厂将作为缓凝成分的葡萄糖酸钠改为对温度敏感性较好的三聚磷酸钠或者柠檬酸钠，以确保温度小幅度变化时外加剂仍然满足施工对凝结的需求。

（2）对于工地提出混凝土表面泛白长毛的问题，建议外加剂厂将早强防冻的组分由硫酸钠改为甲酸钙或者其他成分。一方面可以降低混凝土的单方碱量，另一方面可以保持拆模后混凝土的外观质量，防止长白毛现象的发生。

（3）建议外加剂厂使用高浓度高效减水剂作为外加剂的减水组分，这样更利于外加剂质量控制，也便于混凝土搅拌站使用。

5．对生产环节的建议

（1）对外加剂进厂要进行一车一检验，确保外加剂与水泥的适应性，使减水率和掺量都在预期控制的范围，以确保产品质量和经济指标。

（2）在生产过程中及时校准计量系统，确保计量准确，使生产过程混凝土配比与试验室试配配比达到一致。

（3）外加剂的进货量坚持小批量、多次的方案，这样更利于配比调整和生产质量控制。

9.4　水泥厂生产及质量控制状况分析

经过对某水泥厂的考查，笔者对该水泥厂的生产状况及水泥质量状况进行了比较详细地分析，具体情况如下：

（1）水泥厂概况

该厂有日产 600t 干法回转窑生产线一条，1998 年投产，属国内较小的回转窑生产线。有直径 3000 立窑生产线一条。根据现场情况看，生产设备运转良好，使用的煤为 5500～6000kal 热值，石灰石品位较高，黏土成分适中，溶剂性矿物铝质（秦皇岛产）和铁质（承德钢厂产）校正料来源稳定；从烧成工艺看，窑炉内水泥熟料液相温度（1150℃）正常，煅烧制度合理。作为水泥生产企业，产品的出厂以国家建材行业标准检验，他们提供的数据在可控制范围内处于正常。

（2）水泥产品的质量状况分析

该厂生产的普通水泥 P·O32.5、P·O42.5，供应的主要用户为商品混凝土搅拌企业，以散装为主，该厂生产的矿渣 P·S32.5 水泥，供应的主要用户为现场搅拌的建筑企业，以袋装为主。由于散装水泥的技术质量和重量的检测及计量较为严格，因此质量比袋装的整体上高一个级别，即富余强度高了 3～5MPa，重量不能缺。

（3）该单位使用过程出现的问题

① 该单位当月有两车水泥安定性不合格，有 600t 水泥退厂。

② 该单位提出水泥强度一直偏低。

③ 现场混凝土拆模后表面有泛白现象。

（4）本次考查的意见和建议

经过对该厂现场考查，结合该厂生产经营状况和用户使用该厂产品的反馈信息，提出以下几点建议：

① 作为水泥企业，应该对水泥厂的生产经营状况加深了解，特别是技术部门，对自己使用的水泥要有更加明确的要求，了解和掌握水泥生产过程中的各种因素对水泥性能的影响，在使用水泥时做到心中有数，尽量去合理利用和发挥水泥的优势。

② 该水泥一直存在强度偏低现象，对于商品混凝土生产企业而言，夏天或常温下施工时由于水化热较低，有利于生产和现场的裂缝控制，而在冬期施工时由于环境温度偏低，因此对混凝土强度的增长不利，但只要使用的外加剂是合适的（包括用量和品种），混凝土的强度和凝结就均正常。

③ 两车水泥安定性不合格形成的主要原因是 $f\text{-}CaO$ 偏高引起的，其具体的原因是水泥熟料游离氧化钙偏高，水泥出厂温度偏高造成的。只要水泥在出厂时多放在水泥仓中陈化几天，降低水泥的温度即可解决。

④ 针对现场出现的混凝土表面泛白长毛现象，水泥厂认为是硫酸盐（$CaSO_4$）掺量过高引起的，但是石膏作为水泥的调凝剂，由于凝固结晶的颗粒较大，不可能以细丝状长毛的形态出现。因此混凝表面泛白长毛有可能一方面是外加剂（含 $16\% \sim 18\% Na_2SO_4$）超掺量引起的，另一方面是水泥中使用助磨增强剂（Na_2SO_4）产生的。建议水泥厂尽量少用助磨剂，特别是含有 Na_2SO_4 的产品。

⑤ 针对现场出现的混凝土缓凝问题，可能是矿渣、粉煤灰、煤矸石的掺入，对混凝土的凝结引起适当的延长，但总的来说延长不会超过 4h。该厂使用了三种不同的矿渣，对强度的影响是直接的，对凝结的影响最多也只能缓凝 4h，不可以延长到几天。

⑥ 对于水泥与外加剂的适应性，建议使用水泥净浆流动度测量水泥与外加剂适应性的方法，做到水泥与外加剂适应性合格后再出厂，做到水泥与外加剂适应性不好的水泥不能进入下一个环节。

⑦ 对于水泥强度偏低的现象，建议水泥厂在粉磨过程中，增加 $5\% \sim 10\%$ 的立窑熟料，与回转窑熟料共同使用，在熟料之间形成火山灰混合激发效应，提高水泥的强度。

⑧ 关于水泥与外加剂的适应性，建议水泥厂降低 C_3A（$\leqslant 5\%$）、C_4AF（$\leqslant 7\%$）含量，减少水泥早期的水化放热，从而提高水泥与外加剂的适应性。具体在配料方面就是加入稀土矿作为水泥的矿化剂，减少铁质和铝质校正料，从而满足混凝土搅拌站所用外加剂对水泥适应性的要求。

9.5 对超缓凝混凝土工程的处理建议

（1）甲工地：施工单位对缓凝的混凝土进行了拆除处理，但部分未及时拆除和正在拆除的墙体已经凝固且强度快速增长，导致拆除工作困难较大。

经现场调查及与施工方沟通、了解后，相关人员认为混凝土缓凝的主要原因为外加剂（缓凝组分）掺量过高。从混凝土的强度发展方面分析，由于外加剂（缓凝组分）掺量过高使水泥水化反应放慢，放热速度减缓，混凝土前期强度增长放慢，但混凝土一旦凝固，则因为混凝土特别密实，所以内部几乎不存在结构缺陷，因此 28d 或以后的强度将远高于正常凝结的混凝土。所以，未拆除的部分混凝土后期强度不受影响。

（2）乙工地：施工单位对缓凝的混凝土进行了拆除处理，通过对已拆除的混凝土的观察，相关人员认为与前边工地的情况相同。引起混凝土缓凝的主要原因是外加剂（缓凝组分）掺量过高，而有的部位凝固，有的部位未凝固的原因是外加剂（缓凝组分）掺量时高时低（可能是外加剂计量设备故障）造成的。所以，未拆除的部分混凝土，后期强度能够达到设计要求。

（3）丙工地：施工单位对 12 层部分梁、柱拆模后进行了修补处理，经过现场调查发现引起混凝土缓凝的原因与前两个工地相同。施工单位对一个外表有泛白现象的柱强度有疑问。经现场观察分析，相关人员确认是外加剂中的 Na_2SO_4 过量引起的，在此柱另一侧表面有棕色油状物析出，确认是为三乙醇胺。Na_2SO_4 及三乙醇胺均不会影响混凝土强度。对于施工单位提出的问题柱及相联系的两根梁，是外加剂（缓凝组分）过量引起的缓凝，虽然当天的强度不高，现场也未进行保温措施。但是混凝土强度最近几天就可以上升，并且 28d 强度会高于设计强度。由于施工方主张不拆除，考虑到北京冬季环境低于 20℃，有可能 28d 强度仅满足或仅不满足设计强度产生争议。如果验收时间以回弹或实测强度为准，则保留；如果验收时间以 28d 强度为准，则拆除。经过一天强度增长后，施工单位确认不拆。

（4）丁工地：施工单位使用混凝土的部位主要是墙体和顶板，相关人员观察的结果是混凝土已经凝固但强度没有完全上来，施工方一直进行浇水养护。因为混凝土缓凝是由于外加剂（缓凝组分）的过量掺加引起的，混凝土硬化后，混凝土强度有保障，所以建议该工程的混凝土保留，后期无隐患。

（5）戊工地：施工单位使用混凝土的部位主要是剪力墙、顶板和部分柱。经过现场观察，除东部的一段（12m）梁的顶部有 5～10cm 的混凝土浇筑层有粉化现象外，其他的部位均已经凝固，相关人员建议施工单位除去上层粉化的部分，其余部分均保留进行浇水养护，则混凝土后期强度无隐患。

（6）己工地：该工程的混凝土全部凝固且强度正常增长，建议施工单位加强养护。

三个月之后经过现场钻芯取样进行强度检验和工程质量验收，以上工程均达到了设计要求。

9.6　结　　论

通过对高性能混凝土超缓凝事故的处理，相关人员对高性能混凝土超缓凝原因及其对强度的影响进行了较为深入的分析，认为提高混凝土生产企业技术人员的业务素质，加强对混凝土原材料技术指标的监控和进厂检验、加强混凝土生产质量管理、及时检定计量设备是减少和杜绝高性能混凝土超缓凝等质量事故的重要措施。

第10章 滨海地区高性能清水混凝土研发与应用

万科中心工程为大型公用建筑，位于深圳大梅沙海滨，地下一层，地上七层（六层），高度为 35m（24m），总建筑面积为 120000m²。结构形式为钢筋混凝土框架、钢结构＋预应力拉索结构体系，由二层钢结构及预应力拉索将上部建筑荷载传递到主要竖向支撑构件——筒体及墙、柱，筒体、墙设计为清水混凝土。

10.1 概　　述

近年来，清水混凝土发展较快，在工业与民用建筑领域中大量应用。清水混凝土是一次成型，不做任何外装饰，直接采用现浇混凝土的自然色作为饰面，其主要特征为表面平整光滑、色泽均匀、无碰损和污染。清水混凝土的采用提高了结构施工工艺和质量水平，并节约了大量表面装修费用，与国家环保节能政策相符合。清水混凝土施工工艺逐渐成熟，加之国内外诸多建筑设计师对其的青睐，清水混凝土在建筑工程中的应用也越来越广泛。

清水混凝土与普通混凝土的最大区别在于清水混凝土没有普通混凝土表面所具有的装饰材料等保护，因而长期裸露于大气环境中，受到各种大气环境作用影响，特别在滨海地区，还受到氯盐环境因素的侵蚀，这对清水混凝土结构的耐久性就提出了更为严格的要求。

10.1.1 滨海地区清水混凝土结构耐久性劣化现状

在滨海地区，诸如港口、地铁、高架桥及一些工业与民用建筑已广泛采用清水混凝土，这些结构工程受海水以及海雾等氯盐环境影响比较大，再加上滨海地区特殊的气候条件，混凝土结构性能劣化影响严重，直接影响到结构耐用年限。

滨海地区高性能清水混凝土，没有一般混凝土结构表面装饰表层的保护，其耐久性是影响清水混凝土在滨海地区应用较为关键的问题。

近年来，对多个滨海环境下已投入使用阶段的工程结构耐久性情况研究表明，许多工程在远低于其使用寿命的情况下出现了严重的结构腐蚀劣化。这些工程涉及商业、旅游建筑、重点工业建筑等多种建筑形式，这些建筑结构在滨海地区环境作用下，由于自身的结构特点、局部环境特征、结构施工质量的差异，分别在施工完毕后 6～14 年即出现了严重的结构劣化，直接影响建筑外观形象，严重影响了结构使用安全，大大缩短了结构使用寿命，图 10-1 是滨海腐蚀环境混凝土结构劣化实例。

　　这些工程具备不同的结构特点、不同的地理位置，在投入使用后均不同程度出现了同样的腐蚀劣化，这表明滨海环境作用对混凝土结构的腐蚀劣化是严重的，具有共性和普遍性。

(a) 广东某贸易大厦地下室混凝土墙　　　　(b) 某海洋生物娱乐馆通廊

(c) 某工程泵房进水口混凝土构件　　　　(d) 某海洋生物娱乐馆海水池池壁

图 10-1　滨海腐蚀环境混凝土结构劣化实例

　　混凝土结构由于滨海环境下氯盐侵蚀而造成钢筋锈蚀，进而导致混凝土结构耐久性劣化。从结构维修方面来说，采用通常的维修补强方法，已无法清除侵入混凝土构件中的高浓度氯盐，必须要采取其他的耐久性修复措施，如电化学方法，或者大范围地采取混凝土结构构件拆除、更换措施。其时，建筑物将会长时间停用维修，从技术经济和社会效益的角度考虑这些维修手段都是不可取的。

10.1.2　滨海地区清水混凝土结构耐久性设计状况

　　目前，混凝土结构设计主要基于《混凝土结构设计规范》GB 50010—2002，规范简略地介绍了部分耐久性概念，其他关于混凝土结构耐久性的规定，可以参考《混凝土结构耐久性设计与施工指南》CCES 01—2004。但需注意的是，规范是以往工程实践的总结，适用于一般情况下的一般工程，而耐久性设计主要的"荷载"作用是建筑物外部环境，甚至是结构构件的局部环境，如果不对这些"荷载"作用进行具体的分析，直接套用具有最低要求准则的设计规范，不考虑建筑所处的具体环境情况，不可避免地会出现混凝土结构建成不久，结构性能劣化现象亦随之出现的局面。

10.1.3　国内外相关研究情况

　　鉴于滨海地区环境作用下混凝土结构劣化严重，导致结构使用年限不足所带来的严重经济损失和资源浪费，发达国家和地区已开始注重混凝土结构耐久性的研究并积极采取应对措施。

对于混凝土结构中钢筋的腐蚀破坏，美国在总结经验教训的基础上，提出了"以防为主"的战略和"全寿命经济分析"法。"以防为主"的战略是指在腐蚀环境中的建设工程，在初建时必须采取腐蚀预防措施，以保证达到其设计使用寿命要求。全寿命经济分析法是指在项目投资分析时，应考虑全寿命周期的总投资，即初建费加上维护费要做到经济合理。欧盟也研究了以性能和可靠度分析为基础的混凝土结构耐久性设计和耐久性再设计方法，目的是改善欧洲混凝土结构的耐久性设计、评估、预报与修复水平。

在国内，虽已有研究机构展开对混凝土结构耐久性的研究，提出了结构耐久性的概念，并取得了一些成果，但并未形成相应的设计和施工规范，不能指导具体工程的设计和施工。结构的耐久性设计主要基于对混凝土、钢筋和预应力筋劣化机理的定义，假定混凝土结构具有足够的耐久性，而对于其结构的真正使用寿命无法给予定量的评估。

10.2 滨海地区高性能清水混凝土耐久性研究与应用

为了达到滨海地区高性能清水混凝土配制技术研发与应用的目的，必须分析确定滨海环境作用下影响清水混凝土结构耐久性的主要因素和其他影响因素，并针对各种因素进行滨海地区清水混凝土结构耐久性再设计，为高性能清水混凝土的研制、施工提供有力支持。

10.2.1 氯离子对清水混凝土耐久性的影响

滨海地区钢筋混凝土结构中钢筋锈蚀主要由氯离子的侵蚀引起，即海洋大气中的氯离子以吸附、扩散等方式通过混凝土保护层到达钢筋表面，达到临界浓度后，引起钢筋锈蚀，导致结构劣化。

1. 氯离子对清水混凝土耐久性影响的机理

（1）氯离子侵入混凝土的途径

氯离子侵入混凝土中通常有两种途径：其一是"混入"，如掺用含氯离子外加剂、使用海砂、施工用水含氯离子、在含盐环境中拌制浇筑混凝土等；其二是"渗入"，环境中的氯离子通过混凝土的宏观、微观缺陷渗入到混凝土中，并到达钢筋表面。"混入"现象是施工管理的问题；而"渗入"现象则是综合技术的问题，与混凝土材料多孔性、密实性、工程质量，钢筋表面混凝土层厚度等多种因素有关。

（2）氯离子的侵蚀机理

氯离子的半径小，电负性较强，具有很强的吸附性和扩散穿透能力，即使在 pH 值大于 12 的条件下，也能进入混凝土中并到达钢筋表面，而氯离子是极强的钝化剂，当氯离子吸附于钢筋表面的钝化膜时，可使该处的 pH 值迅速降低。微观测试表明，氯离子的局部酸化作用，可使钢筋表面的 pH 值降低到 4 以下，从而破坏钢筋表面的钝化膜。氯离子导致的钢筋锈蚀是一个很复杂的电化学过程，主要反应式如下：

$$Fe \longrightarrow Fe^{2+} + 2e$$

$$Fe^{2+} + 2Cl^- + 4H_2O \longrightarrow FeCl_2 \cdot 4H_2O$$

$$FeCl_2 \cdot 4H_2O \longrightarrow Fe(OH)_2 \downarrow + 2Cl^- + 2H^+ + 2H_2O$$

$$Fe(OH)_2 + O_2 + 2H_2O \longrightarrow Fe(OH)_3 \downarrow$$

从以上反应可以看出，氯离子本身虽然并不构成腐蚀产物，在腐蚀中也不消耗，但加速和催化了整个腐蚀过程。

（3）氯离子的腐蚀过程

由氯离子引起的钢筋混凝土腐蚀过程分成四个阶段：潜伏阶段、发生发展阶段、加速阶段和破坏阶段。各阶段的特征如下：

① 潜伏阶段　氯离子穿透混凝土保护层聚集于钢筋表面。该阶段主要由混凝土中原始的氯离子含量及氯离子在混凝土中的扩散速度决定。当混凝土原材料中（如海砂）含氯离子很高时，则无此阶段。

② 发生发展阶段　钢筋开始锈蚀，且由于锈蚀产物聚集及膨胀，使混凝土保护层开裂。这个阶段主要影响因素为溶解的氧、水分和混凝土电阻。

③ 加速阶段　沿钢筋方向出现裂缝（纵向裂缝），腐蚀速度加快，伴有混凝土保护层鼓起及脱落。这个阶段主要影响因素与发生发展阶段基本相同，但也受荷载作用影响，如在高应力重复加载下，极限强度和延性降低。

④ 破坏阶段　钢筋继续锈蚀，断面减小及强度降低显著，以至结构破坏。主要影响因素基本与加速阶段相同。

在这些阶段中，最关键的因素是氯离子和氧气量，前者决定钢筋锈蚀开始时间，后者决定锈蚀速度，通常发生发展阶段（由氧气扩散决定）比潜伏阶段（由氯离子扩散决定）短得多，因此，实际结构物的使用寿命主要取决于潜伏期时间，即取决于混凝土抵抗氯离子侵入的速率（混凝土内部的扩散系数）。

2. 滨海环境作用下氯离子含量检测

通过上述研究，在保证不出现混入氯离子的前提下，清水混凝土结构耐久性的因素主要决定于工程的环境因素、氯离子扩散系数和钢筋保护层的厚度。外界环境因素无法改变，但可以通过对工程所处滨海环境现场取样、检测，研究滨海环境下氯离子含量的变化规律。

（1）海水中氯离子含量检测

在 2007 年 8 月至 2007 年 9 月之间，每隔 3 天、4 天对大梅沙海域表层海水进行取样，并以深圳市海域潮汐表作为参考（一日间）。

对样本进行了试验室分析，海水氯离子浓度结果见图 10-2、表 10-1、图 10-3。

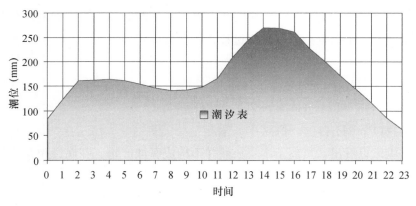

图 10-2　潮汐情况

表 10-1　潮汐情况

时间	0	1	2	3	4	5	6	7	8	9	10	11
潮位（mm）	85	124	161	162	164	161	154	146	141	142	148	166
时间	12	13	14	15	16	17	18	19	20	21	22	23
潮位（mm）	209	245	270	269	261	227	200	171	144	116	86	62

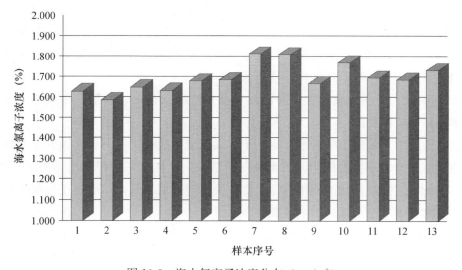

图 10-3　海水氯离子浓度分布（mg/m³）

由海水氯离子浓度分布情况可以看出，在整个 8、9 月份，海水的氯离子浓度无明显变化，最大值为 1.81%，最小值为 1.58%，均值为 1.69%，变异系数为 4.13%。同一海域其表层海水氯盐浓度基本保持平稳，变异系数也较小，计算时可以按照恒定值考虑，不会产生大的误差。

（2）大气环境中氯离子含量检测

对大梅沙海域的大气情况做详细的测试，大气环境中氯离子变化情况如图 10-4 至图 10-6 所示。

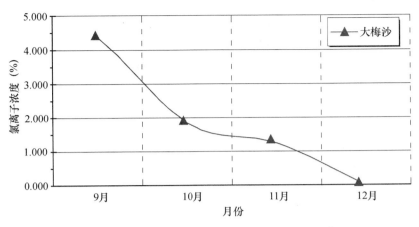

图 10-4　大气环境中氯离子浓度月变化（mg/m³）

从图 10-4 可以看出，随着温度降低，大气中氯离子含量也降低，最大相差在 70 倍以上，这与海水蒸发量有比较密切的关系。

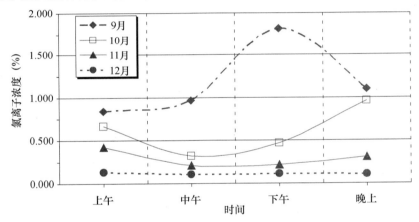

图 10-5　大气环境氯离子浓度日变化（mg/m³）

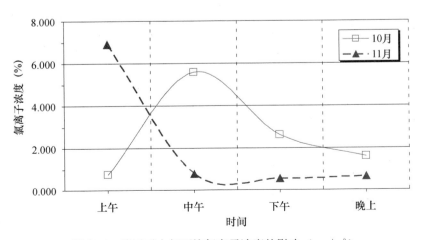

图 10-6　阵风对大气环境氯离子浓度的影响（mg/m³）

图 10-5 和图 10-6 表示的是大气氯盐含量一日内的变化。进入冬季的深圳，氯盐含量日变化很小，在相对炎热的 9 月，日变化量可以达到 2 倍以上。此外，阵风对氯离子浓度变化影响很大，这些因素会影响氯离子堆积浓度的变化。

经过上述对滨海环境作用下氯离子含量的检测和分析，判断滨海环境作用为Ⅲ－D 轻度盐雾环境，结构受大气环境中氯盐腐蚀作用严重。

3. 影响氯离子扩散系数的因素试验分析

通过以下检验试验方法，研究分析氯离子扩散系数的影响因素。

（1）试验方法

通过对原材料的选择、配合比的设计，并留置符合试验要求的混凝土试块，采用 RCM 法检测不同条件下的氯离子扩散系数。

（2）试验原材料选择

水泥：P·O 42.5 水泥。

粉煤灰：Ⅱ级粉煤灰。

外加剂：萘系高效减水剂。

细集料：河砂，表观密度为 2.63g/cm³，含泥量为 1.1%，泥块含量为 0.4%，细度模数为 2.9，Ⅱ区中砂。

粗集料：花岗岩，最大粒径为 25mm，表观密度为 2.64g/cm³。

（3）混凝土配合比

采用常规原材料和施工方法，根据市场成本控制的原则，通过变化水胶比、粉煤灰掺量，研究水胶比、粉煤灰掺量及龄期等因素对混凝土氯离子扩散系数的影响，以优化混凝土配合比，配制能够满足工程目标性能的混凝土。采取不同混凝土配合比见表 10-2。

表 10-2　混凝土配合比

编号	水胶比	水 (kg/m³)	水泥 (kg/m³)	粉煤灰 (kg/m³)	砂子 (kg/m³)	石子 (kg/m³)	减水剂 (kg/m³)	密度 (kg/m³)	坍落度 (mm)
lh35-01			451	0	724	1087	9.11		90
lh35-02	0.35	158	361	90	724	1087	9.02	2420	100
lh35-03			316	135	724	1087	9.02		100
lh35-04			271	180	724	1087	9.02		100
lh40-01			400	0	777	1073	8.98		120
lh40-02	0.40	160	324	81	777	1073	8.80	2410	130
lh40-03			283	122	777	1073	8.80		150
lh40-04			243	162	777	1073	8.80		150
lh45-01			367	0	799	1059	8.30		150
lh45-02	0.45	165	294	73	799	1059	7.70	2390	110
lh45-03			257	110	799	1059	7.70		130
lh45-04			220	147	799	1059	7.70		130

（4）氯离子扩散系数检测方法

采用 RCM 法对混凝土氯离子扩散系数进行快速测定，RCM 法试验装置如图 10-7 所示。RCM 法简要介绍如下：

采用直径为 100mm、高度 h 为（50±2）mm 的圆柱体试件。将其装入橡胶筒内，置于筒的底部，于试件齐高的橡胶筒体外侧处，安装两个环箍并拧紧，使试件的侧面处于密封状态。橡胶筒内注入约 300mL 0.2mol/L 的 KOH 溶液，使阳极板和试件表面均浸没于溶液中。然后把密封好的试件放置在浸没于 5％ NaCl 的 0.2mol/L KOH 溶液中的支撑上。给试件两端加上（30±0.2）V 的直流电压，并同步测定初始串联电流和电解液初始温度。按测定的初始电流确定试验时间。试验结束时，先关闭电源，测定阳极电解液最终温度。将试件从橡胶筒移出，在压力试验机上劈成两半。在劈开的试件表面喷涂 0.1mol/L 的 $AgNO_3$ 溶液；然后将试件置于采光良好的试验室中，含氯离子部分不久即变成灰白色。测量显色分界线离底面的距离，取平均值作为显色深度。通过相应的公式即可计算混凝土的氯离子扩散系数。

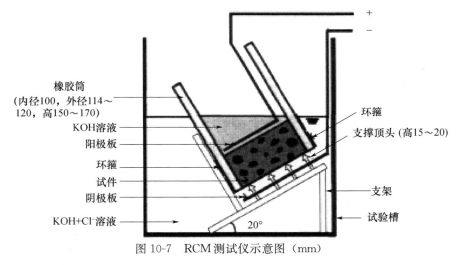

图 10-7　RCM 测试仪示意图（mm）

（5）试验研究及分析

根据以上配合比对混凝土进行试配，对清水混凝土在不同龄期、水胶比、粉煤灰的掺量的条件下氯离子的扩散系数进行分析。

不同配比下，混凝土氯离子扩散系数的试验结果见表 10-3，不同龄期、不同水胶比及不同粉煤灰掺量对试验混凝土氯离子扩散系数的影响如图 10-8～图 10-13 所示。

表 10-3　混凝土的氯离子扩散系数

编号	氯离子扩散系数（m^2/s）		
	28d	56d	90d
lh35-01	6.76E-12	5.08E-12	6.42E-12
lh35-02	6.60E-12	4.30E-12	5.11E-12

编号	氯离子扩散系数（m²/s）		
	28d	56d	90d
lh35-03	7.12E-12	4.08E-12	4.04E-12
lh35-04	7.70E-12	4.36E-12	4.22E-12
lh40-01	6.59E-12	6.48E-12	5.12E-12
lh40-02	8.50E-12	7.17E-12	4.13E-12
lh40-03	9.63E-12	6.58E-12	4.16E-12
lh40-04	9.58E-12	4.84E-12	3.96E-12
lh45-01	16.1E-12	8.70E-12	8.20E-12
lh45-02	16.7E-12	8.52E-12	5.34E-12
lh45-03	18.8E-12	7.75E-12	4.38E-12
lh45-04	15.2E-12	7.77E-12	4.02E-12

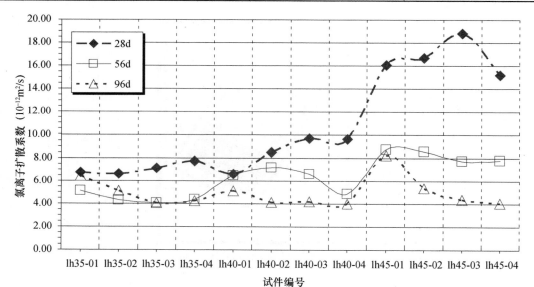

图 10-8　不同龄期混凝土氯离子扩散系数

图 10-8 显示的是不同龄期各个混凝土试件的氯离子扩散系数变化。在 28d 龄期的时候，水胶比为 0.35 的混凝土，扩散系数在 $7×10^{-12}$ m²/s 左右。当水胶比提高到 0.45 时，混凝土氯离子扩散系数有较大的提高，达到 $16×10^{-12}$ m²/s 以上，这也表明了水胶比对氯离子扩散系数有明显的影响。56d 龄期时，也有同样的变化规律，只是变化幅度有所降低。到 90d 龄期时，氯离子扩散系数就基本上稳定在 $6×10^{-12}$ m²/s 以内。

图 10-9 至图 10-11 表现的是同一水胶比情况下，不同掺和料对混凝土氯离子扩散系数的影响。无论哪种水胶比，随着混凝土龄期的增长，掺和料都会使氯离子扩散系数明显降低。特别对于大水胶比（0.45）的混凝土试件，该变化尤为显著，96d 龄期的扩散系数降

低到 28d 龄期的 25％左右。说明粉煤灰的掺入，能够大大提高混凝土抗氯离子扩散的能力，这对于氯盐环境下的混凝土结构是非常有利的。随着结构使用时间的延长，该种混凝土有进一步提高抵抗氯盐能力的可能。

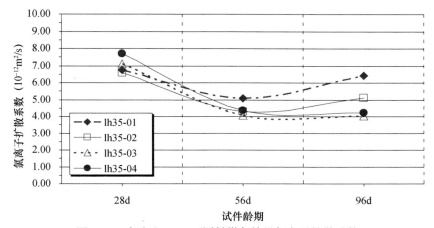

图 10-9　水胶比 0.35 不同粉煤灰掺量氯离子扩散系数

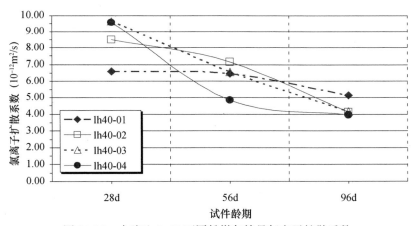

图 10-10　水胶比 0.40 不同粉煤灰掺量氯离子扩散系数

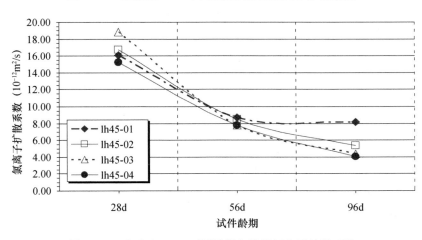

图 10-11　水胶比 0.45 不同粉煤灰掺量氯离子扩散系数

依据图 10-12 和图 10-13 的比较，无掺和料的情况下，即使最小的水胶比，其氯离子扩散系数在 56d 和 96d 的时候已经基本稳定，大于 6×10^{-12} m²/s；掺和料达到 120kg 的时候，96d 的氯离子扩散系数已经减小到 4×10^{-12} m²/s。

上述试验结果表明，混凝土的氯离子扩散系数随龄期的增长而降低，在早龄期（如 28d 至 56d）时降幅较大，随后降幅减缓；同时，随着粉煤灰掺量的增加，其降低的幅度更为明显。因此，如以 28d 的氯离子扩散系数来评价混凝土的渗透性，可能低估了粉煤灰掺量较大的混凝土的抗氯离子渗透能力，以 56d 或 96d 的氯离子扩散系数为控制指标可能更为合理。

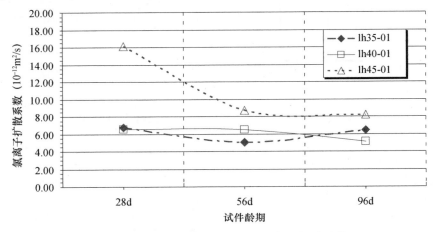

图 10-12　不掺粉煤灰不同水胶比氯离子扩散系数

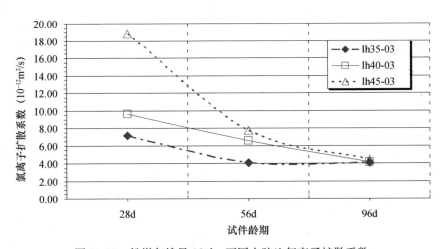

图 10-13　粉煤灰掺量 120kg 不同水胶比氯离子扩散系数

（6）氯离子扩散下的混凝土结构耐久性分析

氯离子扩散所引起的钢筋锈蚀，可定义出不同的极限状态（图 10-14）。但对于工程本身而言，待钢筋锈蚀、混凝土开裂剥落，再进行大规模的维护是不可取的，因此取钢筋锈蚀初始为极限状态。

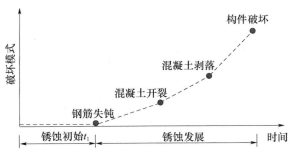

图 10-14　钢筋锈蚀所对应的不同极限状态

当氯离子经过保护层侵入到钢筋表面积累到一定浓度时就会引起钢筋锈蚀，这个引起钢筋开始锈蚀的氯离子浓度称之为临界氯离子浓度。

10.2.2　滨海地区清水混凝土耐久性其他因素的影响

在前面的分析中，对滨海地区高性能清水混凝土耐久性的主要因素——氯离子进行了主要的研究，但仍然不应忽视其他影响结构耐久性的因素，如混凝土碳化、硫酸盐反应、碱-集料反应、钢筋腐蚀及干缩性等。

1. 混凝土碳化

抗碳化是清水混凝土另一项重要的耐久性能指标。清水混凝土的碳化是指空气中的 CO_2 通过各种孔道渗透到混凝土毛细孔内的 $Ca(OH)_2$ 溶液中，同 $Ca(OH)_2$ 或硅酸盐水化物、硫酸盐水化物发生反应，使 pH 值降低的现象，即混凝土碳化。

当碳化深度达到钢筋，在水和空气存在的条件下，就会使清水混凝土失去对钢筋的保护作用，使碳化部位的钢筋产生锈蚀。一方面，由于锈蚀使钢筋体积膨胀而对清水混凝土产生胀裂破坏，在清水混凝土表面产生裂纹，不但影响饰面清水混凝土的表面质量，同时影响着清水混凝土的结构力学性能；另一方面，由于铁锈随清水混凝土内的水溶液由毛细孔或裂纹扩展到清水混凝土的表面形成锈迹，严重影响其外观质量。

为了判断碳化对混凝土结构的影响，我们在深圳大梅沙海滨检测了大气中 CO_2 浓度，测试时间为两个半月。其目的是为了获得在计算分析由碳化导致的混凝土结构劣化时的实际环境参数。测试 CO_2 浓度的同时，记录了对混凝土碳化也有比较显著影响的温湿度，见表 10-4、表 10-5、图 10-15～图 10-17。

表 10-4　大气环境二氧化碳浓度测试结果

样品编号	CO_2 浓度（$\mu L/L$）	温度（℃）	湿度（%）	备注
1	452	30.2	79.9	微风
2	444	31	76.6	东风一级
3	436	32.5	75.5	东风二级
4	420	26.1	85.8	东南风六级

样品编号	CO₂浓度（μL/L）	温度（℃）	湿度（%）	备注
5	482	27.4	82.6	东南风四级
6	461	31.5	74.2	东南风三级
7	454	32.2	76.4	微风
8	442	23.8	93	东南风三级
9	444	29.6	87.9	东风二级
10	442	30.4	78.7	微风
11	472	35.2	57.9	微风
12	441	34.3	62.7	东南风一级
13	472	36.2	60.3	微风
14	463	31.2	75.8	东风一级
15	458	30.7	78.9	无风
16	456	31.7	76.1	西南风二级
17	506	37.1	54.3	—
18	478	34.9	61.6	—
19	454	28.2	72.1	—
20	470	29.1	75.2	—
21	450	28.9	81.8	—
22	444	30.9	77.6	—
23	464	29.6	81.1	—
24	452	28.4	77.4	—
25	465	31.8	74.6	—
26	482	30.9	75.2	—
27	654	28.7	71.7	阴天
28	650	25.3	71.5	阴天
29	452	28.9	76.9	—
30	446	29.2	79	—
31	444	28.4	76.8	—
32	462	29.5	74.1	—
33	466	32	68.3	—
34	477	34.6	57.5	—
35	472	31.9	67.3	—
36	475	33	64.9	—
37	468	32.4	63.3	—
38	466	32.4	62.7	—
39	458	34.2	61.8	—
40	493	31.6	72.3	—

样品编号	CO_2 浓度（$\mu L/L$）	温度（℃）	湿度（%）	备注
41	469	30.6	77.1	—
42	478	30.8	73.6	—
43	609	27.2	62.8	—
44	464	34.1	63.1	—
45	454	28.2	72.3	—
46	418	25.8	82.5	—
47	428	25.7	88.2	—
48	536	26.4	73.9	—
49	478	27.2	70.2	—
50	788	25.1	70.5	—
51	478	24.4	73.8	—
52	572	29.5	51.7	—
53	530	28.6	64.1	—
54	503	28.8	67.2	—
55	534	26.8	62.3	—
56	566	25.9	64.7	—
57	462	26.7	73.2	—
58	502	26.3	76.6	—
59	499	24.5	77.6	—
60	434	23.8	76.7	—
61	457	28.4	70.2	—
62	440	28	74.1	—
63	423	31.8	69.5	—

表 10-5　大气环境二氧化碳浓度统计值（测试期内）

	最大值	最小值	均值	变异系数
CO_2 浓度（$\mu L/L$）	788	418	481.1	12.9%
温度（℃）	37.1	23.8	29.7	10.6%
相对湿度（%）	93.0	51.7	72.3	11.5%

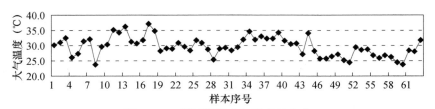

图 10-15　测试期间大气温度的变化

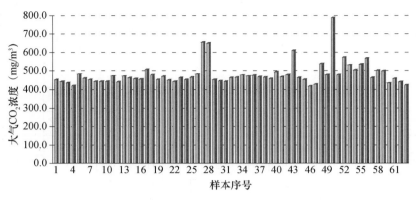

图 10-16　大气环境 CO_2 浓度的变化

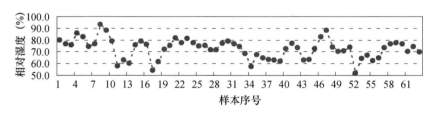

图 10-17　测试期间大气相对湿度的变化

对大气中 CO_2 浓度测试结果表明，深圳海滨 CO_2 浓度变化基本恒定，只有个别值超过了 0.05％。在下面的碳化分析中，不宜取用个别的过高值。测试时间（合同规定的时间）是深圳的夏季，温度较高，接近 30℃，此外场地地处海边，相对湿度也高达 70％，都会对混凝土结构抗碳化能力产生不利影响。

按照以往的深圳地区混凝土工程经验，只要结构混凝土比较致密，有较好的振捣和养护，一般情况下，深圳滨海地区的混凝土结构其碳化影响相对与氯盐劣化来说要小很多。图 10-18 是根据实际环境试验结果及实际工程混凝土情况计算的结构混凝土碳化效应。

通过对图 10-18 碳化分析表明，对于深圳海滨，尽管大气中 CO_2 浓度最大（测试期间）达到约 0.07％，但是其碳化深度在 50a 左右不到 6mm，也就是说远远没有达到钢筋表面，混凝土碳化对结构耐久性影响不大。

2. 硫酸盐反应

硫酸盐侵蚀始终在液相中进行，即游离的 SO_4^{2-} 离子与水泥矿物发生有害反应，在干燥的情况下并不发生硫酸盐侵蚀。对于硫酸盐的侵蚀可分为内部的和外部的硫酸盐侵蚀。内部硫酸盐侵蚀是由水泥中所含的石膏引起的，石膏中的 SO_4^{2-} 离子与熟料中 C_3A 和 C_4AF 或者 C_3AH_6、单硫酸盐反应生成钙矾石，其特征主要是反应速度相对较快，随着龄期侵害速度下降。

外部硫酸盐侵蚀是由水、地下水中的硫酸盐或空气中的 SO_2 引起的，在孔隙中发生石膏反应、SO_4^{2-} 与 $Ca(OH)_2$ 反应、延迟性钙矾石反应、硫酸盐反应生成钙矾石，其特征与时间和孔中的 SO_4^{2-} 离子的浓度、环境中高的 SO_4^{2-} 浓度有关，并随着时间延长侵蚀加剧。

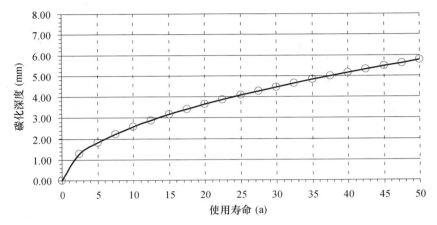

图 10-18　实际混凝土结构碳化对使用寿命的影响

因此，抗硫酸盐性能取决于 C_3A 的含量及相关影响因素，水泥中 C_3A 含量越低，抗硫酸盐性能越高，同时，矿物掺和料能够提高其抗硫酸盐侵蚀；除此之外，还受到配合比的影响，密实、均质、低渗透的混凝土具有较好的抗硫酸盐性能。

3. 碱-集料反应

混凝土的碱-集料反应是指混凝土中的碱与集料中活性组分发生的化学反应，引起混凝土的膨胀、开裂，甚至破坏。碱-集料反应的充分条件是水分、水泥的碱性物质含量大于 0.6%，活性集料同时存在，并且进行很慢。但由此引起的破坏相当严重，无法修复，所以必须防止碱-集料反应。

为防止碱-集料反应，可采取如下措施：选择非活性集料；采用含碱量低于 0.6% 的水泥；降低水胶比，提高混凝土的密实度，防止水分的侵入；在混凝土里加入引气剂以便为碱-集料反应产物的生成建立缓冲的孔隙体积，降低膨胀压力；在满足强度和施工要求的情况下，尽量降低单方混凝土的水泥用量。

4. 钢筋腐蚀

钢筋的锈蚀，其一，表现为钢筋在外部介质作用下发生电化反应，逐步生成氢氧化铁等即铁锈，其体积比原金属增大 2～4 倍，造成混凝土顺筋裂缝，从而成为腐蚀介质渗入钢筋的通道，加快结构的损坏。氢氧化铁在强碱溶液中会形成稳定的保护层，阻止钢筋的锈蚀，但碱环境被破坏或减弱，则会造成钢筋的锈蚀，如混凝土的碳化。其二，氯离子对钢筋表面钝化膜有特殊的破坏作用，当混凝土中氯含量超过标准时，钢筋会锈蚀，而水和氧的存在是钢筋被腐蚀的必要条件，因此，若混凝土开裂，形成水和氧的通道，则钢筋锈蚀加速，促成混凝土裂缝进一步开展，混凝土保护层剥落，最终使构件失去承载力。其三，钢筋在拉应力和腐蚀性介质共同作用下形成的脆性断裂，这种破坏可在较低拉应力和微弱介质作用下产生破坏。

对于防止混凝土中的钢筋腐蚀，需要从以下几个方面来加以防护：

（1）在设计方面上

结构构件应力戒单薄、复杂、带棱角。

（2）保证混凝土保护层的质量与厚度

在滨海地区环境中，为使钢筋免遭锈蚀的基本措施是最大限度地降低保护层的渗透性，并具有适当厚度。对混凝土的基本要求是：低水胶比、高水泥用量、厚保护层、充分湿养、控制混凝土含盐量。

（3）掺加一定量的掺和料和外加剂

掺粉煤灰或天然火山灰等矿物质掺和料以代替部分硅酸盐水泥或采用掺加混合材的硅酸盐水泥，经过火山灰反应与水泥水化反应后形成水化硅酸盐胶体，后期可以封堵混凝土中的毛细孔，从而显著改善集料与水泥浆体界面显微组织，养护微裂缝，并可结合更多氯离子，甚至还可阻止二氧化碳侵入，降低混凝土的碳化速度，提高混凝土对钢筋的保护能力。

（4）在混凝土拌和物中掺加阻锈剂

阻锈剂是阻止钢筋表面阳极化或阴极化过程的一种外加剂，可做到经济有效。

（5）混凝土表面增加涂覆

混凝土表面增加涂覆可使混凝土与二氧化碳、氯离子、氧气和水隔离，以防钢筋混凝土中钢筋的锈蚀，并且涂层材料要有很好的气密性、水密性和良好的粘合效果。

5. 干缩性

干收缩的主要原因是混凝土在硬化后较长时间产生的水分蒸发引起的，且这种收缩是不可逆的。由于集料的干燥收缩很小，因此混凝土的干燥收缩主要是由于水泥干燥收缩造成的。混凝土的水分蒸发、干燥过程是由外向内、由表及里，逐渐发展的，由于混凝土蒸发干燥非常缓慢，产生干燥收缩裂缝多数在一个月以上，有时甚至一年半载，而且裂缝发生在表层很浅的位置，裂缝细微。但是应当特别注意，由于碳化和钢筋锈蚀的作用，干缩裂缝不仅严重损害薄壁结构的抗渗性和耐久性，也会使大体积混凝土的表面裂缝发展为更严重的裂缝，影响结构的耐久性和承载能力。干缩裂缝多为表面性的平行线状或网状浅细裂缝，宽度多在 0.05～0.2mm 之间。混凝土干缩主要和混凝土的水胶比、水泥的成分、水泥的用量、集料的性质和用量、外加剂的用量等有关。

主要预防措施：选用收缩量较小的水泥，一般采用中低热水泥和粉煤灰水泥，降低水泥的用量；混凝土的干缩受水胶比的影响较大，水胶比越大干缩越大，因此，在混凝土配合比设计中应尽量控制好水胶比的选用，同时掺加合适的减水剂减少用水量，混凝土的收缩和泌水随之减少。严格控制混凝土搅拌和施工中的配合比，混凝土的用水量绝对不能大于配合比设计所给定的用水量。采取混凝土内部埋设循环水管措施，可带走部分混凝土水化热。埋测温管，能及时控制混凝土内外温差。控制混凝土入模温度；浇筑完成后及时养护，做好保温保湿工作；在混凝土结构中设置合适的收缩缝。

通过以上研究分析，对于混凝土碳化、硫酸盐反应、碱—集料反应、钢筋锈蚀以及混凝土干缩等因素，通过控制混凝土原材料中有害物质的含量，并保证混凝土有较好的振捣和养护，保证结构混凝土密实，就可以明显降低其对结构耐久性的影响。以上研究分析结果表明，混凝土碳化等因素的影响相比氯离子的侵蚀作用小很多，不属于滨海地区影响结构耐久性的主要因素。

10.2.3 滨海地区混凝土结构耐久性的再设计

1. 混凝土结构耐久性再设计目的

混凝土结构耐久性再设计的目的，就是使混凝土结构保持基于结构设计的目标性能，在正常使用荷载作用下能够正常工作，确保混凝土结构的安全性、适用性，达到安全、经济和适用的建设目标。混凝土结构耐久性设计就是为了在整个设计使用寿命期间实现这一目的。为了达成该目标，必须要求在正常使用荷载（包括环境荷载）作用下，不发生重大的结构性能退化。通过混凝土结构耐久性设计，混凝土结构性能得到充分发挥，其安全性和适用性也就能够得到充分保障。

耐久性目标性能主要是指建筑物的期望使用寿命，此外也包括功能性、经济性、安全性及节能性。对于混凝土结构来说，其耐久性目标性能指在整个设计使用寿命期间，结构本身不发生重大的性能劣化以维持结构的基本性能（可使用性，可修性，安全性）。确保实现此目标性能的具体方法是，基于混凝土结构性能随时间劣化模型，推算出结构的实际使用年数，然后检验此实际使用寿命年数能否符合期望使用寿命。

2. 混凝土结构耐久性再设计思路

混凝土结构及其结构构件的耐久性设计，就是综合实施建筑物全寿命期间的耐久性策略，理论上应该包括从建筑物的计划、设计、施工、使用、维修直至拆除的全寿命周期。为了确保建筑物的耐久性，应该从投资方、设计方、施工方、使用方等各方面的立场出发，针对建筑物全寿命的各个阶段充分考虑其耐久性综合策略。特别是，针对主要混凝土结构部分，必须要首先对结构全寿命的各个阶段进行综合的耐久性设计，再基于该设计来具体进行耐久性策略的实施。

混凝土结构耐久性设计主要分为四个阶段进行，参照图 10-19 的流程。

（1）依据建筑物重要性等级，设定不同的期望使用寿命

到目前为止，作为建筑耐久性设计的一个必要条件，设计使用寿命的设定，仍然没有特别明确的科学的方法。使用寿命的设定，施工方与投资方及使用方进行充分的协商是必须的，也是重要的。

（2）基于期望使用寿命，进行混凝土结构的耐久性设计

在耐久性设计中，要考虑与混凝土耐久性相关的各种结构形式。同时，"正常使用期间不发生重大的结构性能劣化"及"正常使用期间，通常的维修管理在技术上的可行性"

智能＋绿色高性能混凝土

也是结构耐久性设计过程中两个重要的方面。具体来说，在耐久性设计过程中要针对该建筑物的建设场地、环境条件下所出现的劣化外力采取相应的措施，如适当的材料、结构体系、构件的节点、特殊的附加措施等。

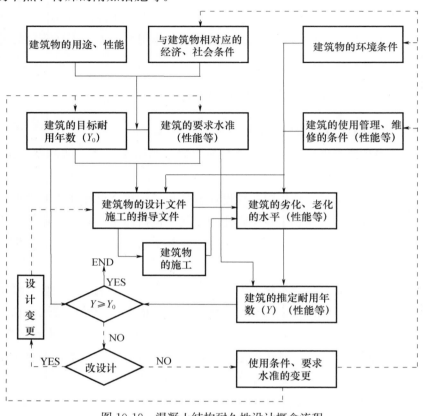

图 10-19　混凝土结构耐久性设计概念流程

（3）完成耐久性设计后，计算混凝土结构实际使用寿命

理论上，如果对建筑物实施了充分的耐久性设计，其使用寿命应该与期望使用寿命是一致的，但是实际上仍然会产生一些不同。这是由于建筑物的耐久性受到各种各样劣化因素的影响，各种因素对结构性能退化的理论尚不完备，从一部分加速试验的分析结果来看，其实际精度还需要更进一步的检证。所以，从解析公式来精确推算建筑物的使用寿命目前还不太可能，这也就需要从事混凝土结构耐久性设计的研究人员的近似计算方法来推算使用寿命，以便满足期望使用寿命的要求。

（4）结构使用寿命与期望使用寿命的校核

结构使用寿命比期望使用寿命短的情况下，必须对耐久性规划、设计等进行修正，以确保结构使用寿命比期望使用寿命长。如果对耐久性规划、设计等进行修正后，仍然不能达到此目标，就应该在与投资方、使用方充分协商的基础上修改设计使用寿命。也就是说，在采取了各种可行的耐久性策略后，仍无法达到投资方、使用方的使用寿命要求，就需要对该期望使用寿命进行再评估确定。

结构的期望使用寿命理论上应该是依据投资方及使用方对混凝土结构的具体要求来确定。但是，在实际应用中基于目前的设计及技术条件有可能无法达成已经确定的设计使用寿命。因此，现状条件下，结构合理的期望使用寿命，应该是依据设计方在技术层面上的考虑，同时在确保社会性、经济性等条件的基础上，与投资方及使用方协商确定。

结构的使用寿命应该考虑如下的几种极限状态：①材料随时间劣化而导致的结构承载能力低减等的"物理性能极限"；②经济性、结构功能的退化等的"社会性能极限"；③陈旧化、视觉条件等的"建筑性能极限"。

结合目前研究的实际，"社会性能极限"及"建筑性能极限"在大多数情况下是很难以预测的，所以目前的耐久性极限状态主要还是指"物理性能极限"，同时考虑经济性及环保性等性能，继而合理地设定结构的使用寿命。

结合上述分析，结构使用寿命可以从以下三个方面来确定。

（1）由于劣化所引起的结构性能、结构功能的退化，预测达到结构必须进行大规模维修、加固或者拆除等状态的年数，确定为使用寿命。一般来说，不但要对结构全体考虑"物理性能极限"，即耐久性极限状态，对局部结构及结构构件也必须设定局部耐久性极限状态。

（2）由于中性化、盐害等劣化因素会导致混凝土中钢筋的锈蚀等劣化现象，基于此类随时间劣化的预测模型，确定设计使用寿命。另外，在正常使用期间，正常的维修保养对结构的耐用年数的影响也是很大的，因此，在确定该设计使用寿命时，已经安排的维修保养计划也应该考虑进来。

（3）除此之外，还应该结合建筑物的经济性及环保性，来确定合理的设计使用寿命。也就是说，在结构劣化影响因素的基础上，对结构全寿命期间的经济性及环保性的评价也是必须的。

10.2.4　混凝土结构耐久性再设计的应用

1. 结构耐久性策略

根据深圳市滨海环境检测和环境作用评价，我们以万科中心工程为对象，其上部混凝土结构的整体环境处于"轻度盐雾大气区"，主要应该考虑的混凝土结构耐久性策略如图10-20所示。

提高混凝土结构耐久性的技术措施主要包括两个方面：第一是基本措施，最大限度地提高混凝土自身的防护能力，即采用高性能混凝土技术；第二是附加措施，严重环境作用等级下，强化对钢筋的保护，弥补混凝土保护能力的不足。

混凝土材料的要求选用特种混凝土、提高混凝土性能的外加剂等。基于环境作用的高性能混凝土优化设计，对裂缝控制、抗渗性等性能的考虑包括：集料性质、水泥性质、拌和用水、外加剂及混凝土的配合比等。

通过基于使用寿命的混凝土结构耐久性分析，确定氯盐劣化环境下，混凝土材料性能、施工要求及耐久性性能构造要求（表10-6）。

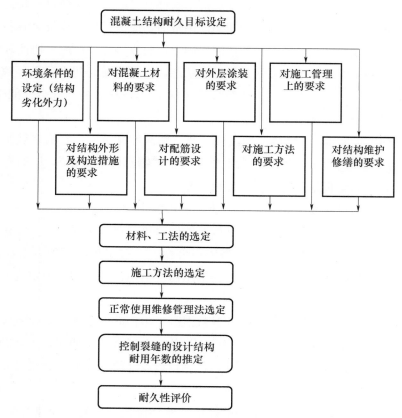

图 10-20　混凝土结构耐久性措施

表 10-6　万科中心工程混凝土结构耐久性基本要求

环境类别及等级	最低混凝土强度等级	构件保护层最小厚度（mm）		构件裂缝限值（mm）
		板、墙等面形构件	梁、柱等条形构件	
Ⅲ-D	C50	40	45	0.10

Ⅲ-D 环境下混凝土性能要求如下：

（1）水胶比 0.35，拌和用水量不大于 160kg/m³。

（2）胶凝材料用量 450kg/m³，粉煤灰用量为胶凝材料总量的 30％或者 40％。

（3）使用 P·Ⅰ、P·Ⅱ以外的掺有混合材料的硅酸盐类水泥时，矿物掺和料中应计入水泥中已掺入的混合料。在无确切水泥组分的数据时，P·O 可按 80％硅酸盐水泥、15％的活性混合材料估算。

（4）用作矿物掺和料的粉煤灰应选用 CaO 含量不大于 10％的低钙灰。

（5）混凝土配制中不应使用含有氯化物的外加剂。混凝土中氯离子的最大含量（单位体积混凝土中氯离子与胶凝材料的重量比）不超过 0.1％（28d 水溶值）。

（6）宜掺入少量钢筋阻锈剂（10L/m³），不得采用亚硝酸盐类的阻锈剂。

（7）混凝土抗氯离子侵入性指标见表 10-7，用两个指标控制。

表 10-7　混凝土抗氯离子侵入性指标

设计使用年限	50a
28d 龄期氯离子扩散系数 D_{RCM}	$\leqslant 8 \times 10^{-12} \, \mathrm{m^2/s}$
56d 龄期氯离子扩散系数 D_{RCM}	$\leqslant 5 \times 10^{-12} \, \mathrm{m^2/s}$

2. 其他原材料性能及养护要求

（1）采用无潜在碱活性的集料，最大集料粒径为 25mm，并采用单粒级石子两级配或三级配投料。

（2）采取相应的措施严格控制混凝土用砂，避免在开采、运输、堆放和生产过程中遭受海水污染和混用海砂。

（3）水泥含碱量（按 Na_2O 当量计）不超过 0.6%，或者混凝土内的总含碱量不超过 3.5kg/m³。

（4）混凝土从浇筑就位开始应持续加湿养护不得少于 7d。在表面抹平并覆盖湿毛毡类织物或蓄水以前，对于直接暴露于大气中的表面应予连续喷雾加湿并降温。

（5）在覆盖湿毛毡类织物后除应加水保持湿润外，尚应罩上不透气的塑料薄膜。在加湿养护结束后仍应采取适当的措施继续保湿一段时间（如涂刷养护剂）。

（6）混凝土构件出现的纵、横向微裂缝，即使不影响构件承载能力，也必须完全将裂缝封闭后（环氧树脂等），方可正常使用。

3. 混凝土检验指标（仅包含耐久性指标）

（1）通过无损检测，测定混凝土保护层实际厚度。

（2）通过回弹仪试验，测定表层混凝土强度间接估计保护层混凝土的密实性；或者采用表面抗渗性试验仪，测定表层混凝土的抗渗性。

（3）测定混凝土的氯离子扩散系数及电量指标。

4. 局部耐久性附加措施建议

（1）混凝土构件浇筑时，需使用钢筋定位卡，保证保护层厚度无负偏差。

（2）结构正常使用时，宜周期性巡检，一旦发现缺陷，应该及时处理。

（3）结构正常使用后，每隔两年连续三次对重要部位测试保护层不同深度的氯离子浓度分布；当浓度分布异常时，可加测该部位的电位分布图，以便及早发现耐久性缺失问题，在早期加以处理。

在局部环境"荷载"作用严重且使用过程中维修较困难处，提出附加措施（有机涂料、浸渍硅烷、涂层钢筋、阻锈剂及电化学保护等）的技术应用。在没有严格的试验数据时，上述措施不在计算使用寿命时考虑。

混凝土结构耐久性的主要措施见表 10-8。

表 10-8　混凝土结构耐久性的主要措施

分类	对象	措施内容
基本措施	混凝土	提高密实性（高性能混凝土）：降低水胶比、外加剂、掺和料（硅灰、粉煤灰、矿渣等）、质量控制等； 增加混凝土钢筋保护层的厚度； 控制裂缝：构造、配筋、温控、养护、维护等； 其他：纤维混凝土
附加措施	钢筋	涂层钢筋：环氧涂层钢筋、镀锌钢筋等
		特殊钢筋：合金钢钢筋、不锈钢钢筋等； 非金属钢筋：塑料钢筋、树脂钢筋等
	钢筋与混凝土	钢筋阻锈剂
	混凝土表面	混凝土外涂层：硅酮类、涂料类； 聚合物灰浆； 其他防水材料

5. 实施效果

我们以具备滨海地区条件的万科中心工程为载体，采用了高性能清水混凝土配合比的研制技术、施工技术，并对实体结构氯离子扩散系数进行了验证检测，验证结果见表 10-9。

表 10-9　实际结构氯离子扩散系数

编号	龄期（d）	电流（A）	阳极液初温（℃）	阳极液终温（℃）	阴极液初温（℃）	显色深度	扩散系数	终电流（A）	备注
4 号墙地下室	318	26	23.1	22.9	23.6	20	4.48E-12	18.0	现场
2 号筒地下室	297	27.1	23.1	23	23.6	14.8	3.26E-12	16.8	现场
3 号筒 4 层	192	20.3	23.1	23.1	23.6	15	3.31E-12	15.1	现场
9 号筒 1 层	153	23	23.1	22.8	23.6	18.4	4.10E-12	13.7	现场
4 号筒 1 层	270	18	23.1	23	23.6	13.2	2.89E-12	17.2	现场
2 号墙 1 层	306	25.1	23.1	22.9	23.6	16.6	3.68E-12	14.6	现场
7 号筒 3 层	269	13.5	25	23	24.2	7.8	1.65E-12	12.1	现场
8 号筒 1 层	219	20.2	25	23	24.2	12	2.62E-12	16.9	现场
5 号筒地下室	407	9.5	25	22	24.2	8.6	1.83E-12	8.6	现场
3 号筒 1 层	321	12.7	25	22.1	24.2	6.9	1.44E-12	11.5	现场
9 号筒 1 层	156	22.8	25	23	24.2	17.5	3.90E-12	12.6	现场
7 号筒 1 层	324	15	25	22.5	24.2	9.4	2.01E-12	13.3	现场
1 号	69	6.3	23.2	21	22.8	4.2	8.27E-13	6.3	标养
2 号	69	5.8	23.2	21.4	22.8	5.6	1.14E-12	5.6	标养
3 号	69	7.5	23.2	21.8	22.8	6.9	1.43E-12	7.5	标养
4 号	69	5.6	23.2	21.2	22.8	4.6	9.15E-13	5.4	标养
5 号	69	7.6	23.2	21.3	22.8	8.2	1.73E-12	7.7	标养
6 号	69	5.7	23.2	21.7	22.8	4.9	9.83E-13	5.6	标养

续表

编号	龄期 (d)	电流 (A)	阳极液初温 (℃)	阳极液终温 (℃)	阴极液初温 (℃)	显色深度	扩散系数	终电流 (A)	备注
7 号	72	5.5	23	23.2	22.6	7.2	1.50E-12	7.3	标养
8 号	72	5.7	23	23.4	22.6	7.2	1.50E-12	7.6	标养
9 号	72	7	23	23.5	22.6	8	1.69E-12	10.1	标养
10 号	72	6.1	23	23.7	22.6	9.2	1.96E-12	8.0	标养

由试验结果可以看出：

标养情况下的混凝土有较低而且平稳的氯离子扩散系数，同样情况的现场混凝土由于施工或者养护的关系，其氯离子扩散系数相对较高。总的来说，本工程的混凝土抵抗氯离子扩散的能力较高。结合以上对滨海环境下影响清水混凝土耐久性的因素的分析与研究、滨海地区清水混凝土耐久性的再设计研究，确定了提高清水混凝土耐久性的思路和方法，并在配合比的研制及万科中心工程项目的具体实施中加以应用，有效地提高了万科中心工程结构耐久性指标，达到了预期的研究效果。经过对周边环境及实际混凝土结构性能的检测，万科中心实际结构混凝土的氯离子扩散系数为 $2.93 \times 10^{-12} \mathrm{m^2/s}$（现场均值），最大值也不超过 $5 \times 10^{-12} \mathrm{m^2/s}$，钢筋保护层在 40mm 以上，能够较好地完成结构期望的 50 年使用寿命。

10.3　滨海地区高性能清水混凝土研制与应用

在滨海地区，混凝土用砂可能混入海砂，河砂也可能受海水污染，混凝土其他原材料，如碎石、水泥、掺和料等也可能含有微量的氯离子，在试配中应对混凝土中的水溶性氯离子进行检测和控制；还必须考虑环境中的氯离子渗透带来的钢筋锈蚀引发的耐久性问题，试配阶段需增强混凝土密实性和抗氯离子侵入性指标。另外，高强高性能混凝土的水化热及收缩开裂，会导致混凝土裂缝，影响结构的耐久性。这些都是滨海地区高性能清水混凝土试配应当关注和解决的问题。

10.3.1　研究思路与内容

1. 高性能清水混凝土研制思路

根据常规原材料、常规施工方法、市场成本控制的原则，通过变化水胶比、掺和料的掺量，研究水胶比、粉煤灰掺量及龄期等因素对混凝土氯离子扩散系数及强度的试验，优化混凝土配合比，研究能够满足工程目标性能的经济的混凝土。试配技术路线如图 10-21 所示。

2. 研制内容

① 滨海地区高性能清水混凝土研制技术

通过对混凝土强度、外观质量、工作性能试验研究以及耐久性、抗裂性能指标的检测，确定滨海地区高性能清水混凝土配合比。

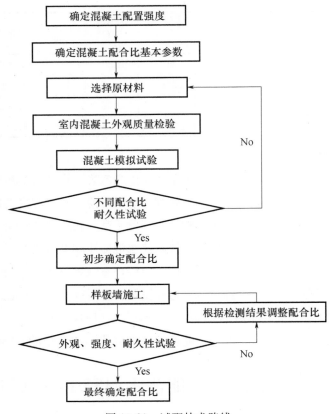

图 10-21　试配技术路线

② 滨海地区高性能清水混凝土的应用

在工程应用中，对试验配合比的混凝土施工性能、混凝土成型后外观质量及耐久性进行检验。

10.3.2　滨海地区高性能清水混凝土研制

1. 原材料选择及试验检测

（1）试验用原材料

水泥：三种南方地区常用普通硅酸盐水泥 P·O42.5；

掺和料：妈湾电厂Ⅱ级粉煤灰、深圳沙角Ⅱ级粉煤灰、珠海Ⅱ级粉煤灰、S95 矿粉；

外加剂：萘系 SF-2000 高效减水剂、萘系 KFDN-SP8、聚羧酸；

细集料：惠州河中砂，表观密度为 2.63g/cm³，含泥量为 1.1%，泥块含量为 0.4%，细度模数为 2.9，Ⅱ区中砂；

粗集料：花岗岩，最大粒径为 25mm，表观密度为 2.64g/cm³。

（2）原材料检测

检测结果见表 10-10 至表 10-20。

表 10-10　水泥主要物理性能指标

标准稠度用水量（%）	凝结时间（h：min）		抗压强度（MPa）		抗折强度（MPa）	
	初凝	终凝	3d	28d	3d	28d
26.2	2：13	3：02	28.7	61.3	6.7	9.7

表 10-11　水泥的各化学成分含量　　　　　　　单位：%

化学成分	CaO	SiO_2	Al_2O_3	Fe_2O_3	TiO_2	MgO	SO_3
含量	62.19	20.42	6.60	3.60	0.46	1.82	2.64

表 10-12　河砂的筛分析结果

粒径（mm）	5.00	2.50	1.25	0.63	0.315	0.160	底盘
筛余量（g）	14	56	82	189	99	45	12
分计筛余（%）	2.8	11.2	16.4	37.8	19.8	9.0	2.4
累计筛余（%）	2.8	14.0	30.4	68.2	88.0	97	99.4

表 10-13　碎石的级配

筛孔（mm）	25	20	16	10	5.0	2.5
筛余量（g）	146	1388	1757	1529	144	36
分计筛余（%）	2.9	27.8	35.1	30.6	2.9	0.7
累计筛余（%）	2.9	30.7	65.8	96.4	99.3	100

表 10-14　混凝土用砂检测结果

检验项目	技术要求（中砂）	检测结果	结果判定
表观密度（kg/m³）	2300~3000	2610	符合 JGJ 52—2006 Ⅱ区中砂 标准要求
含泥量（%）	≤1%	0.9	
泥块含量（%）	≤1%	0.2	
细度模数	2.3~3.0	2.9（中砂）	

表 10-15　混凝土用碎石检测结果

检验项目	技术要求	检测结果	结果判定
表观密度（kg/m³）	2600~2650	2630	符合 JGJ 52—2006 5~25mm 连续粒级 标准要求
含泥量（%）	<1%	0.4	
泥块含量（%）	<0.2%	0.1	
压碎指标（%）	≤10	7.6	
针片状含量（%）	≤8	2.9	
最大粒径（mm）	25	25	
级配类型	连续粒级	连续粒级	

智能＋绿色高性能混凝土

表 10-16　混凝土用粉煤灰品质检测

检验项目	技术要求（Ⅱ级）	检测结果	结果判定
细度（45μm 方孔筛筛余）（%）	≤25.0	17.5	
需水量比（%）	≤105	102	符合
烧失量（%）	≤8.0	3.22	GB/T 1596—2017
三氧化硫含量（%）	≤3.0	1.1	标准要求
含水量（%）	≤1.0	0.2	

表 10-17　混凝土用外加剂匀质性检测

检验项目	技术要求	检测结果	结果判定
外观	棕褐色液体	棕褐色液体	
密度（g/cm³）	1.160±0.02	1.159	
含固量（%）	28±3	27.7	
pH 值	6~8	7.46［温度（20±3）℃］	符合 GB 8076—2008
硫酸钠含量（%）	≤5.0	4.72	标准要求
氯离子含量（%）	≤0.5	0.48	
流动性（mm）	采用 42.5 水泥	209	

表 10-18　混凝土用水化学分析检测

检验项目	技术要求（用于钢筋混凝土）	检测结果	结果判定
pH 值	≥4.5	7.9	
不溶物（mg/L）	≤2000	9	
可溶物（mg/L）	≤5000	51	
氯化物（以 Cl 计，mg/L）	≤1000	9	符合 JGJ 63—2006
硫酸盐以 SO_4^{2-} 计，mg/L	≤2000	2	标准要求
碱含量（mg/L）（按 $Na_2O+0.658K_2O$ 计）	≤1500	7	

表 10-19　混凝土用砂化学分析检测

检验项目	单位	技术要求（有腐蚀介质作用）	检测结果	结果判定
氯离子（Cl⁻）（用于预应力混凝土）	（%）	≤0.02	0.000	
氯离子（Cl⁻）（用于钢筋混凝土）	（%）	≤0.06	0.000	
硫化物及硫酸盐含量（折算成 SO_3）	（%）	≤1.0	0.1	
云母含量	（%）	≤2.0	0.2	符合 JGJ 52—2006
有机物含量（比色法试验）	—	颜色不应深于标准色	浅于标准色	标准要求
轻物质含量	（%）	≤1.0	0.1	
坚固性（循环后的重量损失）	（%）	≤8	5.6	

表 10-20　集料碱活性试验检测结果

检验项目	单位	技术要求	检测结果	结果判定
砂的碱活性（快速法）	（%）	<0.10	0.04	无潜在碱活性
石子的碱活性（快速法）	（%）	<0.10	0.03	无潜在碱活性

2. 清水混凝土外观质量试验

（1）配合比选择对混凝土外观质量的试验研究（表 10-21）

表 10-21　C60 混凝土（坍落度 160～180mm）配合比

序号	坍落度（mm）	配合比（kg/m³）					
		水	水泥	掺和料	砂	石	外加剂
1	160～180	155	395	75/75	595	1085	16.35/10.90
2	160～180	155	455	90	595	1085	16.35/10.90
3	160～180	155	545	0	595	1085	16.35/10.90

注：1. 水泥选用等级均为 42.5 级的三种普通硅酸盐水泥；
　　2. 掺和料：配比 1 采用 S95 矿粉和Ⅱ粉煤灰各 75kg/m³，配比 2 采用只掺Ⅱ粉煤灰 90kg/m³，配比 3 不掺掺和料；
　　3. 外加剂选用了萘系、聚羧酸三种外加剂，掺量选择了 3.0%、2.0% 两种掺量；
　　4. 集料：惠州河砂中砂，细度模数 2.8 左右，龙岗 5～25mm 连续级配碎石。

试验结果分析：

① 以上配合比 1、配合比 2、配合比 3 强度均能满足要求，在这里主要是考虑清水混凝土外观质量。

② 配合比 1 的和易性较好，相比易出现轻微泌水现象，外观颜色为灰白色。

③ 配合比 2 的和易性、黏聚性最适宜，无泌水，外观颜色为青灰白色。

④ 配合比 3 的 C60 水泥用量大，无粉煤灰润滑效果，过于黏稠，坍落度损失快，容易影响泵送，外观颜色为深青色。

（2）外加剂品种对混凝土含气量及外观影响的试验

使用萘系、聚羧酸三种外加剂，进行试拌，配合比见表 10-22。

表 10-22　C60 清水混凝土（坍落度 160～180mm）配合比

坍落度（mm）	配合比（kg/m³）						备注
	水	水泥	掺和料	砂	石	外加剂	
160～180	155	455	90	595	1085	10.90	

注：1. 水泥：选用 P·O 42.5 级水泥；
　　2. 掺和料：选用深圳粉煤灰Ⅱ级，掺 90kg/m³；
　　3. 外加剂：选用萘系、聚羧酸两种外加剂，掺量 2.0%；
　　4. 集料：惠州河砂中砂，细度模数 2.8 左右；龙岗 5～25mm 连续级配碎石。

分别测试混凝土拌和物的含气量、泌水性。试验结果表明，几类外加剂拌出的混凝土坍落度、含气量较为接近，所有混凝土均无泌水，其中选用 SF-2000 外加剂混凝土密度最大，混凝土含气量为 2.1%，在几个品种的外加剂中最低。

经外加剂厂家对外加剂的引气量调整，并与前一批作对比试验，从拌和物含气量试验结果来看，调整过后混凝土含气量在 1％以内，基本上无大气泡，外观效果较好。

（3）不同水泥品种对混凝土外观质量影响的试验

选用强度等级 42.5 的三种普通硅酸盐水泥，配比及材料选择表 10-22 中的配比及材料。其中，深圳水泥稳定性好，强度较高，水化热相对较低，试验与萘系外加剂适应性最好，颜色呈青灰白色，表面光感较好，气泡相对最少，气泡大小在 3mm 以下。

（4）不同粉煤灰品种对混凝土外观质量影响的试验

分别选取深圳与珠海粉煤灰进行对比试验，配比及材料选择表 10-22 中的配比及材料。其中珠海粉煤灰呈褐黄色，沙角粉煤灰呈青黑色，试验拆模后气泡数量及大小接近，但用珠海粉煤灰混凝土颜色较深，略泛黄斑，用深圳粉煤灰混凝土颜色自然、更好。

（5）振动时间及振捣工艺与混凝土气泡的试验

经筛选，混凝土配比确定只掺粉煤灰（90kg/m³）和外加剂选择掺添加有消泡剂的萘系高效外加剂试验，成型 150mm 试块 4 个，分别在振动台上振动 10s、20s、30s、40s，第二天拆模后观察混凝土试件侧面气泡情况，试验情况为：振动 10s 混凝土试块侧面气泡数量较多，气泡直径为 2～3mm；振动 20s 及 30s 混凝土试块侧面气泡数量及大小差别不大，比 10s 试块要少，振动 40s 试块侧面气泡数量最少；但气泡稍大，最大气泡直径达 6mm，抹面一面有掉皮细微斑裂现象，为过振后表面浆体过多所致。

（6）模拟试验

为检验在施工振捣工艺条件下混凝土外表面气泡的情况，在试配阶段进行了模拟试验。考虑强力振动可能使混凝土表面浮浆过多，又考虑到高强度等级 C60 水泥用量大和高流态工作性能，为增加润滑作用，粉煤灰选择掺量 90kg/m³。模拟试验用配比及原材料见表 10-23。

表 10-23　C60 清水混凝土（坍落度 160～180mm）配比

坍落度（mm）	配合比（kg/m³）					
	水	水泥	掺和料	砂	石	外加剂
160～180	155	455	90	595	1085	10.90

注：1. 水泥：选用广东东莞华润 P·O42.5R 水泥；
　　2. 掺和料：选用深圳粉煤灰Ⅱ级，掺 90kg/m³；
　　3. 外加剂：选用萘系（添加有消泡剂），掺量为 2.0％；
　　4. 集料：惠州河砂中砂，细度模数 2.8 左右；龙岗 5～25mm 连续级配碎石；
　　5. 水：自来水。

试验结果分析：

① 采用水性脱模剂涂刷模板浇筑的混凝土气泡数量及大小均优于用普通油性脱模剂。

② 使用消泡剂萘系外加剂的混凝土外观质量优于不加消泡剂的混凝土。

③ 坍落度大的混凝土在相同振捣工艺及振捣时间的条件下，混凝土侧面的气泡比坍落度小的混凝土多。

④ 对坍落度在 160～180mm 的混凝土，模拟高度为 200mm 情况下，面积 1000mm×1000mm 分 9 点振捣，振捣 90～150s 较为合宜。

（7）清水混凝土外观质量试验小结

① 试验用原材料配制 C60 混凝土，强度均可达到要求。

② 萘系外加剂配制混凝土含气量可控制在 1％以内，基本上无大气泡，外观效果较好。

③ 华润水泥稳定性好，水化热相对较低，试验与萘系外加剂适应性最好，颜色呈青灰白色，表面光感较好，气泡相对最少。

④ 深圳沙角粉煤灰混凝土颜色自然、更好。

⑤ 振动时间为 20～30s 的混凝土试块侧面的气泡大小、数量均较小。

3. 配比对混凝土耐久性指标的影响

钢筋混凝土结构的主要劣化因子为氯离子的侵蚀，即海洋大气中的氯离子以吸附、扩散等方式通过混凝土保护层达到钢筋表面，达到临界浓度后，引起钢筋锈蚀，导致结构劣化。因此，在试配阶段进行耐久性的研究，以抗压强度（为了满足结构设计的承载力要求）及混凝土抵抗氯离子进入混凝土内部的氯离子扩散系数为主要指标。

（1）混凝土抗压强度试验

① 粉煤灰对混凝土强度的影响　经测试不同掺量粉煤灰（从 0～180kg）对混凝土的初期强度有一定的影响，未掺加粉煤灰的试件强度是掺量 180kg 的混凝土强度的 3 倍；但是随着时间的推移，28d 养护以后，强度差别逐渐减小，到 180d 龄期差值基本在 10％左右。也就是说，粉煤灰的掺入，只会影响早期强度，对结构正常使用的强度是会满足承载能力要求的。大量研究资料也表明，随着使用周期的延长，大掺量粉煤灰混凝土的强度一直会有增加的趋势。

此外，28d 龄期的时候，水胶比为 0.45 的试样强度均能达到 40MPa 以上；而水胶比为 0.35 及 0.40 的试样，其强度均在 50MPa 之上，能满足一般混凝土结构设计计算时对混凝土抗压强度的要求。

② 水胶比对混凝土强度的影响　通过不同水胶比试块强度的检测，即便是大掺量粉煤灰的混凝土试件，在低水胶比（0.4 以下）时，其 28d 强度也能够满足大多数混凝土构件对抗压强度的需要，而且其后期强度都有良好的发展，待混凝土结构投入正常使用时（如 180d 龄期），其强度还会有约 40％的提高。而且，此类混凝土由于大量粉煤灰的掺入，大大降低了水泥的用量，其后期的其他性能也有较大的提高。

（2）混凝土氯离子扩散系数试验

① 粉煤灰掺量对氯离子扩散系数的影响　试验选择了水胶比为 0.35、0.40、0.45 的不同粉煤灰掺量进行试验。试验表明，同一水胶比情况下，不同掺和料对混凝土氯离子扩散系数的影响不同。无论哪种水胶比，随着龄期的增长，掺和料都会使氯离子扩散系数明显降低。特别对于大水胶比（0.45）的混凝土试件，该变化尤为显著，96d 龄期的扩散系数降低到 28d 龄期的 25％左右。说明粉煤灰的掺入，能够大大提高混凝土抗氯离子扩散的能力，这对于氯盐环境下的混凝土结构是非常有利的。随着结构使用时间的延长，该种混凝土有进一步提高抵抗氯盐能力的可能。

② 水胶比对氯离子扩散系数的影响　　试验选择了粉煤灰掺量为 0、90、120、180 不同水胶比试配，测试氯离子扩散系数。试验表明无掺和料的情况下，即使最小的水胶比，其氯离子扩散系数在 56d 和 90d 的时候已经基本稳定，大于 $6 \times 10^{-12}\,\mathrm{m^2/s}$；掺和料达到 120kg 的时候，96d 的氯离子扩散系数已经减小到 $4 \times 10^{-12}\,\mathrm{m^2/s}$。

（3）配比对耐久性指标影响分析

① 粉煤灰的掺入，只会影响混凝土的早期强度，对结构正常使用的强度是会满足承载能力要求的，大掺量粉煤灰混凝土的强度会始终有增加的趋势。

② 水胶比提高时，28d、56d 龄期混凝土氯离子扩散系数有较大的提高。无论哪种水胶比，随着龄期的增长，掺和料都会使氯离子扩散系数明显降低，即粉煤灰的掺入，能够大大提高混凝土抗氯离子扩散的能力，这对于氯盐环境下的混凝土结构是非常有利的。

③ 混凝土的氯离子扩散系数随龄期的增长而降低，在早龄期（如 28d 至 56d）时降幅较大，随后降幅减缓；同时，随着粉煤灰掺量的增加，其降低的幅度更为明显。因此，如以 28d 的氯离子扩散系数来评价混凝土的渗透性，可能低估了粉煤灰掺量较大的混凝土的抗氯离子渗透能力，以 56d 或 90d 的氯离子扩散系数为控制指标可能更为合理。

4. 高性能清水混凝土试配

经过对清水混凝土外观质量、工作性能以及耐久性指标测定，需对配合比进行调整。

（1）试配一

① 原材料选择及配合比（表 10-24）　　在保证强度的前提下，适当减少水泥用量，以降低水化热，更大程度地改善混凝土的消耗性能（坍落度损失减少）。

表 10-24　高强度等级 C60 清水混凝土（坍落度 160～180mm）配合比

坍落度 (mm)	配合比（kg/m³）						备注
	水	水泥	掺和料	砂	石	外加剂	
160～180	155	455	90	595	1085	10.90	

注：1. 水泥：选用广东东莞华润 P·O42.5R 水泥；
2. 掺和料：选用深圳粉煤灰Ⅱ级，掺 90kg/m³；
3. 外加剂：选用深圳萘系高效减水剂，掺量为 2.0%；
4. 集料：惠州河砂中砂，细度模数 2.8 左右；龙岗 5～25mm 连续级配碎石。

② 试配情况　　混凝土初始坍落度 SL_0 达到 190mm，SL_{1h} 降为 180mm，SL_{2h} 降为 170mm；和易性、黏聚性良好，无离析、泌水；凝结时间：初凝 7h45min，终凝 9h55min；混凝土表面情况：表面光泽度好，无大气泡，气泡含量较少；混凝土平均强度：$R_3 = 48.6$MPa 达到 81%，$R_7 = 61.8$MPa 达到 103%，$R_{28} = 75.6$MPa 达到 126%。

（2）试配二

① 原材料选择及配合比　　为了降低混凝土的黏稠度，而又不能使混凝土出现离析、泌水；减少混凝土的消耗性能（坍落度损失减少），而又要控制好混凝土的初始坍落度；增加混凝土的密实度，而又要保证强度的措施是在保证混凝土强度的前提下，尽量减少水泥用量，加大砂率，加大细粉料掺量。表 10-25 为不掺硅粉的高强度等级 C60 清水混凝土的配合比。

表 10-25　高强度等级 C60 清水混凝土（坍落度 160～180mm）配比

坍落度 (mm)	配合比（kg/m³）						备注
	水	水泥	掺和料	砂	石	外加剂	
160～180	160	415	135	651	1019	11.00（2.0％）	

注：1. 水泥：选用深圳 P·O42.5 水泥；
2. 掺和料：选用深圳粉煤灰Ⅱ级，掺 135kg/m³；
3. 外加剂：选用深圳萘系高效减水剂，掺量为 2.0％；
4. 细集料：惠州河砂中砂，细度模数 2.8 左右；
5. 砂率：增大到 39％；
6. 粗集料：龙岗 5～25mm 碎石掺配 20％的 5～10mm 瓜米石的连续级配碎石。

②　试配情况　混凝土初始坍落度 SL_0 达到 215mm，SL_{1h} 降为 200mm，SL_{2h} 降为 175mm；混凝土扩展度均值 520mm；和易性、黏聚性良好，无离析、泌水；凝结时间：初凝 8h35min，终凝 10h45min；混凝土表面情况：光滑、青灰白色，色泽自然，无大气泡，气泡含量较少；混凝土平均强度：$R_3 = 45.6$MPa 达到 76％，$R_7 = 55.9$MPa 达到 93％，$R_{28} = 66.1$MPa 达到 110％。

（3）试配三

①　原材料及配合比　试配三原材料及配合比见表 10-26。

表 10-26　掺硅粉高强度等级 C60 清水混凝土（坍落度 160～180mm）配比

坍落度 (mm)	配合比（kg/m³）						备注
	水	水泥	掺和料	砂	石	外加剂	
160～180	160	387	135/28	651	1019	55.00（10％）	

注：1. 水泥：选用深圳 P·O42.5 水泥；
2. 掺和料：选用深圳粉煤灰Ⅱ级，掺 135kg/m³ 及外掺硅粉 5％，即 28kg/m³；
3. 外加剂：JX 防腐剂，粉剂掺量为 10.0％；
4. 细集料：惠州河砂中砂，细度模数 2.8 左右；
5. 砂率：增大到 39％；
6. 粗集料：龙岗 5～25mm 碎石掺配 20％的 5～10mm 瓜米石的连续级配碎石。

②　试配情况　混凝土初始坍落度 SL_0 达到 225mm，SL_{1h} 降为 210mm，SL_{2h} 降为 180mm；混凝土扩展度均值 550mm；和易性、黏聚性良好，无离析、泌水，较配比一更密实；凝结时间：初凝 9h5min，终凝 11h0min；混凝土表面情况：光滑、青灰白色，色泽自然，无大气泡，气泡含量较少；混凝土平均强度：$R_3 = 42.6$MPa 达到 71％，$R_7 = 51.9$MPa 达到 86％，$R_{28} = 63.1$MPa 达到 105％。

（4）初步结论

通过室内及模拟试验，对混凝土工作性能、强度、外观质量进行试验研究，上述三种配比均能满足要求。另外，根据前述混凝土耐久性指标的检测试验和氯离子扩散下结构耐久性分析，上述三种配比水胶比均控制在 0.35 以下，均掺加粉煤灰，28d 氯离子扩散系数可达到 5×10^{-12} m²/s 左右，配合 40mm 以上混凝土保护层，可以保证在氯离子扩散下的结构耐久性。

5. 样板墙试验

为检验混凝土在实际模板工艺、施工振捣工艺条件、施工环境及运输条件下的工作性能、成型后混凝土外表观感质量（色泽、色差、气泡）等情况，进一步优化配合比、完善施工工艺，同时对结构实体抗裂性能和耐久性进行检验，我们在现场进行了样板墙试验。

（1）第一次样板墙试验

采用的配合比见表10-24，模板为钢铝木组合大模板（面板为进口维萨板），钢筋保护层厚度为25mm，浇筑时间安排在上午，泵送浇筑，主要目的是检验混凝土的可施工性能和施工工艺。经检测进场时，混凝土坍落度为210mm，40min后测混凝土坍落度为190mm，坍落度损失20mm。采用该配比的清水混凝土出场坍落度较大，浇筑出的样板墙上部有几处混凝土离析、顶端浮浆过厚（200mm左右），并有一定的泌水现象。

该次试验中混凝土的可施工性能与试配有一定差异，需进一步调整。

（2）第二次样板墙试验

为减少混凝土的消耗性能（坍落度损失减少），而又要控制好混凝土的初始坍落度；既增加混凝土的密实度，而又要保证强度。第二次样板墙试验与第一次样板墙试验相比，采取了减少水泥用量，加大砂率，加大细粉料掺量等措施，调整后C60清水混凝土选用材料及配合比见表10-25、表10-26，钢筋保护层厚度为45mm，其他施工工艺相同。

经90min到达施工现场后测得混凝土坍落度损失20mm左右，扩展度为490mm，和易性、黏聚性良好，无离析、泌水，可施工性能良好。

6. 混凝土样板墙耐久性检测

（1）样板墙初始氯离子含量（表10-27）

表10-27　样板墙初始氯离子含量检测结果

编号	样品质量（g）	溶液用量（mL）	硝酸银浓度（mol/L）	硝酸银用量（mL）	氯离子含量1（%）	氯离子含量2（%）	样品部位
1	20.00	20	0.01	0.276	0.0049	0.022	样板墙1试件
2	20.00	20	0.01	0.215	0.0038	0.017	样板墙2试件
3	20.00	20	0.01	0.1217	0.0022	0.010	样板墙3试件

试验结果表明：

C60高强混凝土的初始氯离子含量很低，说明试验所用原材料中氯离子混入控制良好，这为结构提供了良好的抵抗氯盐侵蚀的有利条件。

（2）氯离子扩散系数检测（表10-28）

表10-28　样板墙结构混凝土氯离子扩散系数

编号	龄期（d）	电流（mA）	阳极液初温（℃）	阳极液终温（℃）	阴极液初温（℃）	显色深度	扩散系数	终电流（mA）	备注
样板墙1	407	9.5	25	22	24.2	8.6	3.83E－12	8.6	现场
样板墙2	269	13.5	25	23	24.2	7.8	1.65E－12	12.1	现场
样板墙3	321	12.7	25	22.1	24.2	6.9	1.44E－12	11.5	现场

通过以上检测可知：

样板墙混凝土有较低而且平稳的氯离子扩散系数，抵抗氯离子扩散的能力较高。

（3）混凝土表面透水性试验

① 样板墙透水性试验结果

1号样板墙：清水混凝土透明保护涂料＋调色剂，透水试验结果见表10-29和图10-26，吸水性系数为0.24。

2号样板墙：清水混凝土透明保护涂料，透水试验结果见表10-22和图10-23，表面吸水性系数为0.32。

表10-29　1号样板墙透水试验结果

时间（min）	5	6	7	8	9	10	11	12	13	14	15
时间的开方	2.24	2.45	2.64	2.83	3.00	3.16	3.32	3.46	3.60	3.74	3.87
吸水量（mL）	74	78	86	88	92	98	102	104	108	110	114

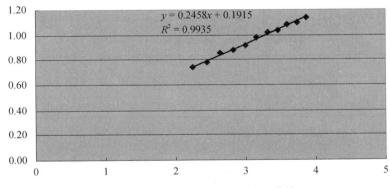

图10-22　1号样板墙表面吸水量曲线

表10-30　2号样板墙透水试验结果

时间（min）	5	6	7	8	9	10	11	12	13	14	15
时间的开方	2.24	2.45	2.64	2.83	3.00	3.16	3.32	3.46	3.60	3.74	3.87
吸水量（mL）	66	72	82	92	98	98	104	104	112	116	120

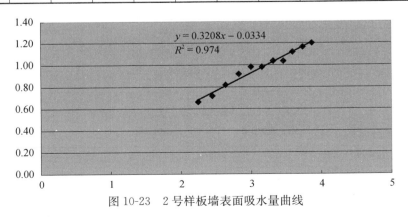

图10-23　2号样板墙表面吸水量曲线

② 试验结果分析（表10-31）

表10-31　吸水率评定标准

吸水性系数	质量评定
≤1.30	很好
1.30＜吸水性系数 ≤2.60	好
2.60＜吸水性系数 ≤3.40	差
＞3.40	很差

由试验结果看出：

C60混凝土的表面吸水性系数在0.8～1.8之间；在清水混凝土表面涂刷涂料，能较大程度地减少混凝土表面的吸水性，从而减少氯离子的渗入，提高混凝土的耐久性。

（4）混凝土表面透气性

① 样板墙表面透气性试验结果

1号样板墙：清水混凝土，透气试验结果见表10-32和图10-24，透气性系数为0.05。

2号样板墙：清水混凝土透明保护涂料，透气试验结果见表10-33，表面吸气系数为0。

表10-32　1号样板墙表面透气性试验结果

时间（min）	5	6	7	8	9	10	11	12	13	14	15
压力（kPa）	355	326	309	294	278	264	252	240	229	218	209
Ln（压力）（MPa）	5.87	5.79	5.73	5.68	5.63	5.58	5.53	5.48	5.43	5.38	5.34

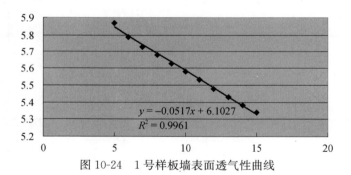

图10-24　1号样板墙表面透气性曲线

表10-33　2号样板墙表面透气性试验结果

时间（min）	5	6	7	8	9	10	11	12	13	14	15
压力（kPa）	519	519	519	519	519	519	519	519	519	519	519
Ln（压力）（MPa）	6.25	6.25	6.25	6.25	6.25	6.25	6.25	6.25	6.25	6.25	6.25

② 试验结果分析（表10-34）

表10-34　透气性评定标准

透气性系数	质量评定
≤0.10	很好
0.10＜透气性系数 ≤0.50	好

续表

透气性系数	质量评定
0.50＜透气性系数 ≤0.90	差
＞0.90	很差

由试验结果看出，样板墙透气性系数质量指标很好，涂料能降低混凝土表面的透气性系数，即在清水混凝土表面涂刷这些保护涂料，能较大程度地减少混凝土表面的透气性，从而减少氯离子的渗入，提高混凝土的耐久性。

（5）混凝土干燥收缩率和自收缩（表 10-35 和表 10-36）

表 10-35　干燥收缩率试验结果

试样	1d 收缩率（%）	3d 收缩率（%）	7d 收缩率（%）	14d 收缩率（%）	28d 收缩率（%）
C60	0.005	0.010	0.016	0.021	0.026
C60	0.005	0.011	0.017	0.021	0.027
C60	0.005	0.011	0.017	0.021	0.027

表 10-36　C60 混凝土自收缩试验结果

试样	1d 收缩率（%）	3d 收缩率（%）	7d 收缩率（%）	14d 收缩率（%）	28d 收缩率（%）
C60	0.004	0.009	0.014	0.019	0.024
C60	0.004	0.010	0.014	0.020	0.024
C60	0.004	0.009	0.014	0.019	0.024

由试验结果看出：

采用所选配合比，C60 高强混凝土收缩率非常小，减少了干缩和自缩裂缝的产生。

（6）混凝土保护层测试（表 10-37）

表 10-37　样板墙混凝土保护层测试结果

序号	受力钢筋（主筋）保护层厚度（mm）								备注（部位）
1	30	29	29	25	30	29	26	27	样板墙 1
	28	28	26	27	32	29	28	28	
2	43	42	59	44	38	49	40	44	样板墙 2
	46	44	43	46	49	39	56	45	
3	55	53	39	44	47	41	48	55	样板墙 3
	50	46	45	45	44	59	50	58	

通过以上检测，三片样板墙钢筋保护层控制质量较好，在规范允许偏差之内。为了保证结构耐久性，样板墙钢筋保护层厚度不足，但同时要求达到清水混凝土效果，钢筋保护层厚度不宜太大。

7. 样板混凝土墙试验效果

根据样板墙试验及现场检测，试验用配合比工作性能良好，初始坍落度、现场坍落度、扩展度、初凝时间均符合要求；和易性、黏聚性良好，无离析、泌水；混凝土表面情况：光滑、青灰白色，色泽自然，无大气泡，气泡含量较少；混凝土平均强度：R_3＝45.6MPa 达到 76%，R_7＝55.9MPa 达到 93%，R_{28}＝66.1MPa 达到 110%。

样板墙的混凝土采用了 0.30 左右的水胶比，而且掺入了 16%（32%）的掺和料，混凝土浇筑质量良好，表面混凝土具有极好的抗渗透能力和抗裂性能。样板墙氯离子扩散系数最大为 $3.83×10^{-12}$ m^2/s，经无损检测，样板墙实际保护层厚度（样板墙 1 均值为 28.1mm，样板墙 2 均值为 45.4mm，样板墙 3 均值为 46.1mm），不考虑保护涂料对减少氯离子渗入的作用，样板墙 1 不能满足氯离子扩散下结构耐久性要求；样板墙 2、样板墙 3 均能满足氯离子扩散下结构耐久性要求。

8. 滨海地区高性能清水混凝土试验与配制结论

根据室内试配、样板墙施工及耐久性检测结果，深圳滨海环境作用下采用表 10-25 及表 10-26 两种配合比施工的样板墙，耐久性、施工性能均满足设计要求。大掺量掺和料的混凝土（样板墙 2、样板墙 3）可施工性能更好，氯离子抗渗透力指标（氯离子扩散系数）更好；混凝土表观色泽呈表灰白色；样板墙 3（掺硅粉，外加剂掺量 10%）成本相对较高。实际施工时，可根据建筑师对清水混凝土色泽进行选择，并兼顾考虑成本。

滨海地区高性能清水混凝土在施工阶段，对混凝土原材料进行选择，防止碱-集料反应和混凝土氯离子含量超标，在保证混凝土强度的前提下，进行混凝土外观质量、施工性能试验研究，并对耐久性指标进行检测和进行抗裂性能试验，经样板墙试验和检测后，确定施工配合比、材料性能和构造要求，为施工提供控制依据。工程所处环境作用的等级，可根据当地研究资料或进行环境检测后确定。

10.3.3 滨海地区高性能清水混凝土应用

滨海地区高性能清水混凝土在深圳万科中心工程项目中得到应用，该项目位于深圳大梅沙海滨，距海岸约 625m，经环境检测，环境作用评价为Ⅲ-D。该工程的筒体及实腹厚墙采用了高性能清水混凝土，混凝土强度等级为 C60，实际采用配合比见表 12-25，混凝土到达现场实测，工作性能如下：混凝土厚为 175mm；混凝土扩展度均值为 490mm；和易性、黏聚性良好，无离析、泌水；凝结时间：初凝 6h45min，终凝 8h15min；混凝土表面情况：光滑、青灰白色，色泽自然，无大气泡，气泡含量较少，成型后混凝土表面观感质量良好。

本研究中研制的滨海地区高性清水混凝土配合比，在深圳万科中心工程项目中得到应用，且根据试验研制提出的混凝土原材料性能和构造要求，加强了对施工过程的跟踪管理，混凝土坍落度、扩展度满足要求，拆模后混凝土外观质量得到建筑师的认可，经实体清水混凝土结构耐久性检测评估，耐久性符合要求，使用寿命能达到结构期望的 50 年。

10.4 高性能清水混凝土施工

对于滨海地区高性能清水混凝土施工，没有相应的规范、标准可直接指导施工。滨海地区高性能混凝土除了耐久性的研究，在配比设计阶段，除了研制满足可施工性能、清水效果的要求，增强滨海环境下混凝土结构耐久性能外，施工措施也至为关键。隔绝或减轻环境因素对混凝土的作用、控制混凝土裂缝、足够厚度的钢筋保护层，是耐久性设计需考虑的必要措施，也是施工控制的要点。

10.4.1　施工流程

高性能清水混凝土施工流程如图 10-25 所示。

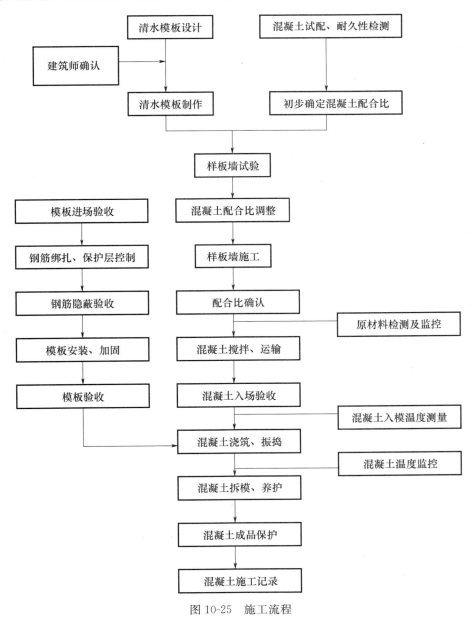

图 10-25　施工流程

10.4.2 混凝土拌制和运输

1. 混凝土的拌制

（1）材料的检查

为了保证部位工程混凝土的颜色一致，每一个批量混凝土生产的原材料应是同一厂家、同一品种、同一批量的产品。在混凝土生产前，派专人到混凝土生产企业检查，并实行 24h 监督，填写检查表（表 10-38）。为保证高性能清水混凝土抗裂性能及耐久性，还需对水泥、掺和料、集料、外加剂等混凝土原材料质量进行检查监督，并填写检查表（表10-39）。

表 10-38　C60 高性能清水混凝土原材料检查表 1

项目名称	厂家	进场批号	进场日期	进场数量	泥块含量	含泥量	检验编号	品种
砂								
石								
水泥								
粉煤灰								
硅粉								
高效缓凝减水剂								

检查人：　　　　　　检查日期：　　　　　　搅拌站

表 10-39　C60 高性能清水混凝土原材料检查表 2

材料名称	检测项目					
水泥	比表面积	C_3A 含量	游离氧化钙	C_2S 含量	含碱量	
粉煤灰	烧失量	三氧化硫含量	需水比			
硅粉	二氧化硅含量	比表面积				
石	压碎指标	吸水率	片状颗料含量	松散堆积密度	含泥量	碱活性
砂	氯离子含量	4.75mm 筛余量	0.6mm 筛余量	0.15mm 筛余量	含泥量	碱活性
减水剂	氯离子含量	硫酸钠含量	减水率	含碱量		
混凝土	氯离子含量	粉煤灰掺量	硅粉掺量	减水剂掺量		

检查人：　　　　　　检查日期：　　　　　　搅拌站：

（2）计量、混凝土坍落度、扩展度的抽查

滨海地区高性能清水混凝土的计量必须严格控制，除要求混凝土生产企业对出厂混凝土的坍落度应逐车检查外，施工单位派人在混凝土生产企业生产该批混凝土的过程中对混凝土的计量、坍落度、扩展度实行 24h 监督抽查，每 100m³ 混凝土应随机抽检 3～5 次，检测结果应作为施工现场混凝土拌和物质量评定的依据。工作人员要填写各原材料的抽查记录表（表 10-40）。

表 10-40　C60 高性能清水混凝土原材料计量检查表

名称	标准用量	实际用量 1	实际用量 2	实际用量 3	实际用量 4
砂（±2%）					
石（±2%）					
水泥（±1%）					
粉煤灰（±1%）					
硅粉（±1%）					
外加剂（±0.5%）					
水					

检查人：　　　坍落度：　　　扩展度：　　　搅拌站：

2. 混凝土运输

混凝土运输过程中注意事项：

（1）搅拌车在装料前应将筒内的积水排干净后再装料。

（2）搅拌车行走路线应有预备线路，以防止塞车、堵车时间过长，造成混凝土坍落度损失过大。

（3）当混凝土坍落度损失过大时，必须在混凝土生产企业专业技术人员指导下，在卸料前加入相同的外加剂，且加入后采用快速转动料筒搅拌，外加剂的数量和搅拌时间应通过试验确定；严禁向搅拌车内加入计量外用水。

（4）通过试验，混凝土从出料到现场不宜超过 1.5h（搅拌站出料单上应注明出车时间），如时间过长，经检测坍落度和扩展度损失过大，需同（3）处理。

3. 进场验收

进场验收按表 10-41 进行。

表 10-41　C60 高性能清水混凝土浇筑现场检查表

浇筑日期		坍落度	扩展度	浇筑部位	入模温度	备注
车牌号						
出发时间						
到达时间						
车牌号						
出发时间						
到达时间						

检查人：　　　　　　　　　检查时间：

10.4.3 模板工程

1. 模板设计

（1）模板体系选择及组成

清水混凝土施工必须消除常规结构施工易出现的漏浆、错台、跑模、阴阳角不顺直等质量通病。

万科中心工程筒体及实腹厚墙清水混凝土模板体系采用钢铝木组合大模板体系，面板采用芬兰肖曼公司生产的厚 18mm 的覆膜多层 WISA（维萨）板，大模板左右边框采用 14 号槽钢，竖向次龙骨采用 75mm×150mm 铝梁，水平主龙骨采用 10 号双槽钢，间距为 600mm。与清水墙相对应的筒体内模板采用现场配制的定型木模体系，螺栓孔的排列必须和清水大模板体系相对应。

模板的加工制作委托专业模板加工厂进行，保证模板制作的精度。在清水混凝土模板加工过程中，派专人到模板厂进行过程检查，保证生产质量。在模板进场时，要组织验收，并办理签字手续。

（2）模板分缝和螺栓孔布置

加工制作由专业模板加工厂完成，按已批准的深化设计图纸在现场进行安装。为达到设计师清水混凝土墙面的效果，需对覆膜木胶合板面板进行模板分割设计，即出分割图。

依据墙面的长度、高度、门窗洞口的尺寸和模板的配置高度、模板的配置位置，计算确定胶合板在模板上的分割线位置；必须保证模板分割线位置在模板安装就位后与建筑立面设计的禅缝完全吻合。

根据建筑师的意图，清水混凝土墙面按标准尺寸等分，标准板宽度为 2400mm，非标准板根据结构实际尺寸单独配置，对于不能等分部分，以墙面尺寸为基准向两边排布，余量留在两边。墙体禅缝尽量与门洞保持一定规律，以保证禅缝及孔位位置均匀分布。

2. 模板安装

模板安装时应注意如下问题：

（1）模板安装操作应搭设稳定的操作平台。

（2）必须对所有模板进行编号，安装前复核模板控制线。

（3）为了保证清水混凝土的外观效果，直面墙体的清水混凝土模板全部采用反钉办法。

（4）选用油性脱模剂，保证不污染混凝土墙面，又能顺利脱摸。

（5）模板在使用过程中要求不得在其表面放墨线、用油漆写字编号。

（6）除设计预留的穿墙螺栓孔眼外，不得随意打孔、开洞、刻划、敲打，穿墙螺栓孔眼应进行毛刺处理。

（7）清水混凝土模板拼装质量要求几何尺寸准确、阴阳角的棱角整齐、角度方正，安装垂直度、平整度等允许偏差小于混凝土规范要求，其主要外形尺寸允许偏差见表 10-42。

表 10-42 清水混凝土模板尺寸偏差检查记录表

项次	项目		允许偏差（mm）	检查方法
1	轴线位移	墙、柱、梁	3	尺量
2	截面尺寸	墙、柱、梁	±2	尺量
3	垂直度	层高	3	线坠
4	表面平整度		2	2m 靠尺、塞尺
5	角、线顺直		2	线坠
6	预留洞口中心线位移		3	拉线、尺量
7	禅缝直线度		3	拉 5m 线，用钢尺检查
8	禅缝错台		1	尺量

3. 模板拆除

核心筒、实腹厚墙为大体积混凝土结构，拆模时间应结合结构强度、表面温度、养护方法等因素进行确定。拆模时间过早，不仅会造成混凝土表面缺棱掉角等影响表面观感，而且混凝土内部处于升温阶段，混凝土表面温度过高，在气温较低环境中温降过快，造成温度裂缝；拆模时间过晚，则不利于混凝土保湿养护。经试验，深圳右科中心工程中高性能清水混凝土拆模时间为：夏季 24h，冬季 30h（以拆模混凝土强度大于 5MPa，混凝土表面温度与气温温差不大于 20℃为准）。模板拆除并吊到地面后安放在专用的模板支架内，并进行清灰、涂刷脱模剂，以备周转。

10.4.4 钢筋工程

为避免混凝土拆除模板后保护层过薄现象，达到清水混凝土饰面效果并保证钢筋具有良好的保护性能，需从翻样、制作、安装三个环节层层控制。

翻样时，必须考虑钢筋的叠放位置和穿插顺序，考虑钢筋的占位避让关系以确定加工尺寸。同时为保证清水混凝土模板螺杆的正常安装，在墙竖向及水平向钢筋绑扎前，先进行预排，确保钢筋避开螺杆位置。

受力钢筋沿长度方向全长的净尺寸允许偏差为 -10mm、$+4$mm，箍筋（拉勾）内净尺寸允许偏差为 -3mm、$+2$mm。钢筋安装允许偏差项目及标准见表 10-43。

表 10-43 钢筋安装允许偏差

项次	项目		允许偏差（mm）	检验方法
1	骨架的宽度、高度		±5	钢尺检查
2	骨架的长度		±8	钢尺检查
3	绑扎箍筋、横向钢筋间距		±10	钢尺量连续三档，取其最大值
4	受力筋间距		±10	钢尺量两端、中间各一点，取其最大值
5	受力筋排距		±5	
6	受力钢筋保护层	梁、柱	±3	钢尺检查

10.4.5　混凝土施工

1. 混凝土浇筑

混凝土到达浇筑现场时，由现场试验技术人员对每车混凝土进行坍落度、扩展度的抽查以及按规定进行混凝土入模成型，养护后测其强度。如发现混凝土的坍落度过大或过小或离析，需与现场搅拌站技术人员一同解决或退回搅拌站。

混凝土分层浇筑，每层厚度控制在 400～500mm，混凝土自由下料高度应控制在 2m 以内，如果超过 2m 应在布料管接一个软管或置一串筒。浇筑时，采用标尺杆控制分层厚度（夜间施工时用手把灯照亮模板内壁），分层下料、分层振捣，每层混凝土浇筑厚度严格控制在 40cm 以内，振捣时注意快插慢抽，并使振捣棒在振捣过程中上下略有抽动，上下混凝土振动均匀，使混凝土中的气泡充分上浮消散。

混凝土振点应从中间开始向边缘分布，且布棒均匀，层层搭扣，遍布浇筑的各个部位，并应随浇筑连续进行。振捣棒的插入深度要大于浇筑层的厚度，插入下层混凝土中 50～100mm。振捣过程中应避免撬振模板、钢筋，每一振点的时间，应以混凝土表面不在下沉、无气泡逸出为止。根据样板墙施工经验，振捣时间控制在 20～30s，避免过振发生离析。振动棒采用"快插慢拔"均匀的梅花形布点，并使振动棒在振捣过程中上下抽动。

为保证混凝土匀质性，本工程采用布料杆布料，浇筑混凝土量达到分层厚度后，及时移动下料口。

浇筑门窗洞口时，沿洞口两侧均匀对称下料，振动棒距洞口边不小于 300mm，从两边同时振捣，以防洞口变形，大洞口（大于 1.5m）下部模板应开洞，并补充混凝土及进行振捣，以确保混凝土密实，减少气泡。混凝土浇筑时，应保证浇筑的连续性，避免产生冷缝。

由于本工程地处亚热带地区，夏季气温较高，正午时模板与钢筋温度及附近的局部气温超过 40℃，为控制混凝土入模温度，减少混凝土内部的绝热温升，本工程高性能清水混凝土的浇筑时间安排在傍晚进行。

2. 混凝土养护

混凝土的养护包括湿度和温度两个方面，养护不仅仅是浇水保湿，还需控制温度变化。在湿养护的同时，保证混凝土表面温度与内部温度和所接触的大气温度之间不出现过大的差异，采取保温和散热的综合措施，防止温降和温差过大。混凝土温度控制的原则是：升温不要太早和太高；降温不能太快；混凝土中心和表层之间以及混凝土表面和气温之间的温差不能太大。本工程高性能清水混凝土构件较厚，水化热会使混凝土内部绝热温升较高，养护和温度控制的方法根据气温（季节不同）、混凝土内部温度等进行调整。基本养护方法是：夏季在混凝土浇筑后的初始几个小时内，由于温度持续升高，主要采取保湿散热（夏季炎热季节）的养护方法，即浇筑结束后用塑料薄膜封住墙顶，在模板外侧适当洒水散热；混凝土拆模后，立即采用塑料薄膜包裹，并每天喷雾状水保持湿润；在混凝土表面已结硬或处于降温阶段时，则采取保温覆盖以降低降温速率。为控制混凝土内外温差在 20℃ 以内，降温速率不超过 2℃，可在墙面外挂麻袋保温，当混凝土内部最高温度与气温之差小于 20℃ 后拆除。

水泥只有水化到一定程度才能形成有利于混凝土强度和耐久性的微观结构，本工程中高性能清水混凝土水胶比低又掺加粉煤灰，为减少混凝土的早期自收缩并保证表层混凝土有密实的微结构，充分的潮湿养护过程尤其重要。保湿养护时间不得少于 14d。养护用水的温度必须与混凝土表面温度相适应，以防止开裂。

混凝土内部最高温度根据气温、入模温度、配合比等计算确定。

3. 螺栓孔的处理

为保证清水混凝土的整体效果，拆模后必须对变形和有缺陷的孔眼进行修复，然后进行孔眼封堵作业。螺栓孔封堵应采用专用不锈钢工具，禁止使用非专业工具或直接采用手工操作。孔眼封堵前必须清理和撒水湿润。封堵后，所有孔眼直径及深度应一致。

4. 混凝土施工记录

每次混凝土施工，安排专人负责对混凝土施工情况进行记录，记录见表 10-44。

表 10-44　C60 高性能清水混凝土施工记录

浇筑部位		浇筑日期	
浇筑时坍落度		浇筑时间	
浇筑时扩展度		浇筑时气温	
混凝土入模温度		混凝土浇筑高度	
施工缝留设部位		拆模时间	
拆模时气温		拆模混凝土强度	
拆模时混凝土表面温度		养护方式	
养护开始时间		混凝土 28d 强度	
裂缝及处理情况			

记录人：　　　　　　　　　　　　记录时间：

5. 外部涂装

清水混凝土施工完成后，要对混凝土表面进行修复，进行保护涂料施工。涂装材料具有防污染性能和较强的憎水性，可使混凝土表面透水性、透气性系数减小，减少 CO_2、氯离子渗透，并保持混凝土表面长久洁净。虽然在高性能清水混凝土结构耐久性设计和检测评估时，不考虑外部涂装的作用，但高耐侯性的保护涂料可增强混凝土结构表面的抗渗透性能，增强结构的耐久性。外部涂装还可保持混凝土表面长久洁净，减少运营期间墙面清洁费用，即使在使用过程中遭破坏，也便于修复。因此清水混凝土外表面增设高耐侯性的保护涂料，对滨海地区高性能清水混凝土结构耐久性、正常运营均有重要作用。

6. 成品保护

成品保护主要包括以下内容：

① 拆除模板时，不得碰撞混凝土表面，不得乱扒乱撬，底模内混凝土应满足强度后方可拆模；拆模前应先退对拉螺栓的两端配件再拆模，拆下的模板应轻拿轻放。

② 混凝土成品应用塑料薄膜封严，以防混凝土表面污染。浇筑上层混凝土时，模板下口设置挡板，避免水泥浆污染下层混凝土。

③ 装饰、安装工程等后续工序不得随意剔凿混凝土结构，如需开洞的，要制订处理方案，并报设计单位同意，方可施工。

④ 人员可以接触到的部位以及楼梯、预留洞口、柱、门边角，拆模后钉薄木条或粘贴塑料条保护。

⑤ 保持清水混凝土表面清洁，不得做测量标记，禁止乱涂乱画。

⑥ 应加强职工教育，避免人为污染或损坏。

10.4.6 钢筋保护层施工控制技术

1. 保护层的质量控制重要性

经研究，滨海地区高性能清水混凝土钢筋保护层达到一定厚度，才可以控制混凝土结构完成使用寿命。所以施工期间对保护层的质量控制是非常重要的，而这一部分往往与承载能力没有直接的关系，尤其容易被忽视。

2. 钢筋保护层施工控制措施

为钢筋提供足够厚度的混凝土保护层是混凝土耐久性的必要构造措施之一，在施工过程中主要从钢筋翻样、加工制作、钢筋安装、垫块、螺杆安装、模板质量控制、混凝土成品保护等方面进行控制。

(1) AutoCAD 和 3D 软件进行钢筋翻样

翻样时，必须考虑钢筋的叠放位置和穿插顺序，考虑钢筋的占位避让关系以确定加工尺寸。墙、柱与梁节点部位钢筋比较密集，利用 AutoCAD 软件绘制节点大样图，尤其是梁与柱或墙非垂直角度、异形柱、劲性柱，必须保证钢筋长度、角度准确。利用 Auto-CAD 和 3D 软件，在考虑钢筋层次关系的条件下，分别绘制梁筋、墙体水平筋、角柱箍筋相互位置关系图，扣除钢筋保护层厚度后，标注出各条钢筋的下料长度；对异形角柱采取现场放实样方法，确定纵向受力钢筋的下料长度和弯折角度。钢筋下料单必须注明钢筋弯曲角度、纵向受力筋和箍筋尺寸是内包或外包尺寸，从而确保钢筋加工尺寸的精确。

(2) 钢筋加工过程控制

① 加工机械的精度 钢筋加工机械应保养良好，正式加工前根据翻样单进行试制，并对成型的产品进行检查、校核，符合要求的机械方可使用。钢筋弯曲时应根据钢筋直径、钢筋弯折角度随时调整钢筋弯曲机的弯心直径。

② 钢筋加工偏差控制 钢筋下料及成型的第一件产品必须自检无误后方可成批生产，外形尺寸较复杂的产品由质检、技术人员检查认可后方可继续生产。受力钢筋沿长度方向全长的净尺寸允许偏差为 -10mm、+4mm，箍筋（拉勾）内净尺寸允许偏差为 -3mm、

＋2mm。

钢筋下料时，应复核钢筋原材料的长度，避免钢筋原材料长度误差造成加工尺寸错误，以致影响钢筋保护层厚度。按每工作班同一类型钢筋、同一加工设备抽查不少于 3 件。钢筋半成品经检查验收合格后，按规格、品种及使用顺序，分类挂牌堆放；存放的环境应干燥，延缓钢筋锈蚀，避免因钢筋浮锈影响清水混凝土表面效果。

（3）钢筋安装控制

绑扎时，扎丝多余部分向内弯折，以免因外露造成锈斑。墙体水平筋绑扎时多绑两道定位筋，高出板面 400mm，以防止墙体插筋移位。钢筋验收前应调整墙体钢筋骨架的垂直度，尤其是墙体转角处、门窗洞口的垂直度，有效控制墙体两侧保护层均匀分布，确保墙体两侧保护层厚度满足设计要求。钢筋后浇带处墙筋增加两道竖向定位筋，楼板混凝土上放线后校正墙插筋和下层伸出墙筋，发现移位后，可将钢筋按 1∶6 的比例上弯，使其就位，以保证保护层的厚度。

在墙筋绑扎完毕后，校正门窗洞口节点的主筋位置以保证保护层的厚度。可在洞口的暗柱筋上打好标高线，以控制保护层的厚度。

绑扎过程中应注意调整柱钢筋骨架的垂直度，利用吊线锤核正核准；如发现柱子个别出现扭位现象，可将部分箍筋拆除，重新绑扎；柱钢筋直螺纹接头位置要尽量避开箍筋，柱筋的垫块绑在箍筋上（每个面每隔 1.5m 绑一个，不少于 3 个）。

剪力墙上梁钢筋施工之前，必须将施工缝多余的混凝土剔除，保持表面平整，以免造成梁扭曲或超高。

（4）钢筋垫块

钢筋保护采用定型塑料定位卡控制，间距为 600mm×600mm，呈梅花形布置。

（5）对拉螺杆位置控制

为保证清水混凝土模板螺杆的正常安装以及螺杆孔外钢筋保护层，在墙竖向及水平向钢筋绑扎前，根据清水混凝土模板安装螺杆的位置对钢筋先进行预排，确保钢筋避开螺杆位置（满足保护层厚度要求）。

（6）模板质量控制

钢筋保护层厚度过大时，混凝土表面抗裂性能相对较差，易造成表面开裂，同时产生漏浆、错台等质量通病，应减小钢筋有效保护层厚度。为控制混凝土构件截面尺寸准确，避免截面超厚、漏浆、错台等质量通病，滨海地区清水混凝土模板体系，应有足够的强度、刚度，拼缝严密，本工程使用钢铝木组合定型大模板体系可满足质量要求。

（7）混凝土成品保护

拆模时，混凝土应有一定的强度，避免缺棱掉角，损伤混凝土保护层；拆模后，墙柱阳角做临时护角保护。

10.4.7 高性能清水混凝土裂缝控制技术

1. 裂缝原因分析

清水混凝土施工过程中变形应力引起的裂缝是较为普遍的，根据混凝土结构物的具体特征采取针对性措施可以控制或减少裂缝的产生。对于在荷载作用下和结构次应力引起的裂缝，主要在设计阶段解决。变形应力引起的裂缝是由温度、收缩、膨胀、不均匀沉降等因素引起结构变形，当变形受到约束时便产生应力，超过混凝土抗拉强度时就产生裂缝。施工阶段主要采取针对性措施，控制变形应力引起的裂缝。

（1）当混凝土结构产生变形时，在结构的内部、结构与结构之间，都会受到相互影响、相互制约。当混凝土结构截面较厚时，其内部温度和湿度分布不均匀，引起内部不同部位的变形相互约束，这种约束主要由温差和收缩而产生，并在结构物薄弱部位将混凝土拉裂而释放应力。

（2）高强度混凝土早期收缩较大，这是由于高强混凝土中以 30％～60％ 细矿物掺和料替代水泥高效减水剂掺量为胶凝材料总量的 1％～2％，改善了混凝土的微观结构，给高强度混凝土带来许多优良特性，但其负面效应最突出的是混凝土出现收缩裂缝的概率增多。高强混凝土的收缩主要是干燥收缩、温度收缩、塑性收缩、化学收缩和自收缩。混凝土出现裂纹的时间可以作为判断裂纹原因的参考，塑性收缩裂纹在浇筑后几小时到十几小时出现；温度收缩裂纹在浇筑后 2～10h 出现；自收缩主要发生在混凝土结硬后的几天到几十天；干燥收缩裂纹出现在接近 1 年龄期内。

干燥收缩：当混凝土在不饱和空气中失去内部毛细孔和胶凝孔的吸附水时就会产生干缩，高性能混凝土的孔隙率比普通混凝土低，故干缩率也低。

塑性收缩：塑性收缩发生在混凝土硬化前的塑性阶段。高强混凝土的水胶比低，自由水分少，细矿物掺和料对水有更高的敏感性，高强混凝土基本不泌水，表面失水更快，所以高强混凝土塑性收缩比普通混凝土更容易产生。

自收缩：密闭的混凝土内部相对湿度随水泥水化热的进展而降低，称为自干燥。自干燥造成毛细孔中的水分不饱和而产生负压，因而引起混凝土的自收缩。高强混凝土由于水胶比低，早期强度较快的发展，会使自由水消耗快，致使孔体系中相对湿度低于 80％，而高强混凝土结构较密实，外界水很难深入补充，导致混凝土产生自收缩。高强混凝土的总收缩中，干缩和自收缩几乎相等，水胶比越低，自收缩所占比例越大。与普通混凝土完全不同，普通混凝土以干缩为主，而高强混凝土以自收缩为主。

温度收缩：对于强度要求较高的混凝土，水泥用量相对较多，水化热大，温升速率也较大，一般可达 35～40℃，加上初始温度可使最高温度超过 70～80℃。一般混凝土的热膨胀系数为 $10 \times 10^{-6}/℃$，当温度下降至 20～25℃ 时造成的冷缩量为 $(2～2.5) \times 10^{-4}$，而混凝土的极限拉伸值只有 $(1～1.5) \times 10^{-4}$，因而冷缩常引起混凝土开裂。

化学收缩：水泥水化后，固相体积增加，但水泥加水的绝对体积则减小，形成许多毛细孔缝，高强混凝土水胶比小，外掺细矿物掺和料，水化程度受到约束，故高强混凝土的化学收缩量小于普通混凝土。

膨胀：混凝土中碱-集料反应产生的胶状物遇水发生膨胀，当压力大于混凝土的抗拉强度时将引起混凝土的开裂。另外，当氯离子等有害介质侵入混凝土内钢筋表面时引起钢筋锈蚀，使钢筋表面积增大而对混凝土产生压力，当压力大于混凝土的抗拉强度时将引起混凝土的开裂。

2. 裂缝施工控制措施

（1）防止碱-集料反应

混凝土中的碱与集料中活性组分发生的化学反应能引起混凝土的膨胀、开裂，甚至破坏。碱-集料反应的充分条件是水分、水泥的碱性物质含量大于 0.6%、活性集料同时存在，反应进行很慢，但由此引起的破坏相当严重，无法修复，所以必须防止。

为防止碱-集料反应，主要采取如下措施：选择非活性集料；采用含碱量低于 0.6% 的水泥；降低水胶比，提高混凝土的密实度，防止水分的侵入；在混凝土里加入引气剂以便为碱-集料反应产物的生成建立缓冲的孔隙体积，降低膨胀压力；在满足强度和施工要求的情况下，尽量降低单方混凝土的水泥用量。

（2）钢筋构造措施

① 水平钢筋应加密，对于大截面（厚 400mm 以上）墙体，应设置多排竖向钢筋，水平分布钢筋间距不宜大于 10cm，且钢筋直径不应太小，以保证钢筋与混凝土的有效接触面积并能有效地抵抗混凝土的收缩；② 墙体上不宜设置多的柱（或暗柱），并应对柱间墙体的水平分布钢筋进行加强；③ 墙体上的留洞应在洞口的四角外一定范围内设置抗裂钢筋或钢丝网；④ 适当降低混凝土的强度等级；⑤ 对高强度等级混凝土墙体结构应进行抗裂分布钢筋的设计计算。

（3）优化配合比

在高性能清水混凝土配合比试配阶段，通过对多种产地及品牌混凝土拌合料各组分物理性能指标、化学成分含量的检测，以不同配合比进行样板墙施工，通过对样板墙饰面观感质量及耐久性的检测指标的评估，确定了最优配合比及满足性能指标的拌合料。

（4）施工控制措施

① 控制混凝土入模温度　同样的混凝土配合比，入模温度高的温升值要比入模温度低的大许多，相应地将增大控制温度应力产生裂缝的难度。炎热的夏季，高性能清水混凝土浇筑时间安排在夜晚进行，降低入模温度的同时，模板温度也相应降低。

② 混凝土浇筑与振捣　清水混凝土分层浇筑、分层振捣，采用标尺杆控制分层厚度，每层混凝土浇筑厚度严格控制在 50cm 左右，振捣时注意插点均匀、快插慢拔，并使振捣棒在振捣过程中上下略有抽动，上下混凝土振动均匀，使混凝土振捣密实、气泡充分上浮消散。在浇筑时布料机布料，及时移动下料口，避免通常振动器"赶浆法"操作影响混凝土的匀质性，从而造成混凝土在收缩性能上的差异，引起混凝土裂缝。

③ 混凝土拆模时间控制　高性能清水混凝土的拆模时间结合混凝土强度、表面温度、环境气温、养护方法等因素进行确定。拆模时间过早，不仅会造成混凝土表面缺棱掉角等影响表面观感，而且混凝土内部处于升温阶段，混凝土表面温度过高，在气温较低环境中温降过快，造成温度裂缝；拆模时间过晚，则不利于混凝土保湿养护。

④ 混凝土养护措施　混凝土的养护包括湿度和温度两个方面，养护不仅仅是浇水保湿，还需控制温度变化。在湿养护的同时，保证混凝土表面温度与内部温度和所接触的大气温度之间不出现过大的差异，采取保温和散热的综合措施，防止温降和温差过大。

⑤ 钢筋保护层控制　施工过程从钢筋翻样、加工制作、钢筋安装、垫块、螺杆安装、模板质量控制、混凝土成品保护等方面严格控制混凝土钢筋保护层厚度，防止保护层厚度不足，影响抗氯离子侵蚀性能，或保护层厚度过大，混凝土表层抗裂性能不足，造成混凝土表面裂缝。

⑥ 模板控制措施　高性能清水混凝土模板面板应有良好的憎水性（吸水率较小）、接缝严密，保证混凝土硬化早期水泥水化用水，使表层混凝土形成有利于抗裂的密实微结构。

第11章 纤维抗裂混凝土的研究及应用

11.1 概　　述

混凝土的高强化是施工企业、科研单位、生产企业100多年来的努力方向，强度是混凝土的主要性能指标，高强度被认为是优质混凝土的特征之一。人们在追求高强度的同时，发现大多数混凝土设施不是因为混凝土强度的不足问题而造成破坏，往往是因为混凝土耐久性不够而造成破坏。无论何种原因引起的混凝土耐久性不合格而产生的破坏，其最终表现都是混凝土出现裂缝。

混凝土作为现代建筑工程中最大宗的原材料，在保证建筑工程质量，改善人们的生活居住及工作环境方面发挥了巨大的作用。特别是近十多年提出高性能混凝土概念以来，研究、开发、应用高性能混凝土已经成为一种趋势。在这种情况下，针对预拌混凝土施工过程中出现的诸多问题，各施工企业、预拌混凝土生产企业和科研单位都从不同角度进行了研究并予以解决，使混凝土由最早的单一品种逐步走向多品种、多功能并逐步完善。但是，自从水泥混凝土出现以来，裂缝问题一直困扰着人们，特别是大流动性混凝土的使用、外加剂的引入及强度等级的提高使水泥用量大大增加，都不同程度地增加了混凝土在水化硬化后出现裂纹的机率。因此，研究混凝土裂缝产生的原因，控制和预防裂缝的出现，是业内人士长期努力奋斗的目标。

11.1.1 国内外混凝土使用过程中出现的问题及产生原因

目前，国内外建设的许多大型桥梁、江河堤坝、大型体育场馆等公用设施，都或多或少的出现了结构缺陷裂缝，有的部位的裂缝已经延伸到钢筋部位，使混凝土建筑物（构筑物）的整体性受到破坏，堤坝出现渗漏，地下室渗水变潮，桥梁的安全性受到质疑并最终拆除重建，许多公共场所被迫关闭，造成大量的人力、物力浪费，人们的生命财产安全受到严重威胁。究其原因，主要是由于混凝土在使用的过程中内部应力集中，使内部存在结构缺陷的混凝土产生微裂纹，并逐渐扩展延伸最终形成较大的裂缝。随着这些裂缝的产生与扩展，其表层逐渐碳化，当裂缝扩展至钢筋时，混凝土的护筋作用完全丧失，空气中的腐蚀性气体直接侵害钢筋导致钢筋锈蚀，引起钢筋混凝土结构的破坏并最终完全失效。

我国著名混凝土专家王铁梦教授认为，混凝土产生裂缝的主要原因有三种：① 外荷载直接应力引起的裂缝，即按常规计算的主要应力引起的裂缝；② 外荷载作用下，结构次应力引起的裂缝；③ 由变形引起的裂缝，如温度、收缩和膨胀、不均匀沉降等因素引起的裂缝。裂缝的产生通常是一种或几种因素的共同作用，而在产生裂缝的三种因素中，尤其以变形引起的裂缝最多，占全部裂缝的 80％以上。

吴中伟院士认为，复合化是水泥基材料高性能化的主要途径，纤维增强是其核心，复合化的技术思路——超叠加效应，对材料的高性能化有重要的意义。

从国内外混凝土研究发展来看，混凝土中采用掺加纤维抗裂是一种非常有效的手段。尤其是随着合成纤维工业的飞速发展，诸如聚丙烯纤维等一些高性能合成纤维的出现，大大改善了混凝土的品质，使混凝土的综合使用性能得到提高。目前，聚丙烯纤维已经成为混凝土行业中仅次于钢筋的"次要增强筋"。在路面桥面、衬里护壁、地坪及飞机跑道等工程部位得到了广泛的应用并取得了很好的效果。

11.1.2 国内外预防裂缝产生的方法及其不足

根据裂缝产生的机理，目前国内外预防裂缝主要采取以下三种方式：

1. 膨胀剂抗裂

根据混凝土开裂原因的分析，目前为防止混凝土裂缝的产生，在注意砂石粒径及级配的基础上，一般采用掺加膨胀剂的方法。对于处于潮湿环境及地下的混凝土工程、游泳池及水工工程，此方法发挥了重要作用，基本上实现了在使用掺加膨胀剂混凝土后不开裂、不渗漏，保证了这些混凝土建筑物（构筑物）的正常使用。但对于大多数露天工程，特别是桥梁、大型体育场馆的顶板和屋架、大面积公用建筑的地面、飞机跑道等混凝土构筑物，掺加膨胀剂不但不能起到防裂的作用，反而增大了开裂的程度，王铁梦教授多年的研究和测试结论也证明了这一点。究其原因，是由于膨胀剂的水化和水化产物的形成必须在饱水的条件下进行，一旦周围环境水分不足，膨胀剂不仅不会起到膨胀抗裂作用，并且由于膨胀剂水化还要争夺原本不多的水分，在混凝土内部产生毛细管力，导致混凝土收缩，形成裂纹。在这种情况下，采用膨胀剂控制和预防露天条件下工作的混凝土的开裂显然并不适合。

2. 传统纤维抗裂

除了掺加膨胀剂外，国内外也进行了大量的试验工作，采用掺加纤维的方法来改善混凝土的性能，并取得一定的成果。传统掺加的纤维有玻璃纤维、有机质植物纤维和钢纤维三种，从使用效果看，采用玻璃纤维的混凝土主要适用于玻璃纤维增强水泥制品，且水泥石液相中的 $Ca(OH)_2$ 会使玻璃纤维的硅氧键发生断裂，SiO_2 与 $Ca(OH)_2$ 发生反应生成低钙的水化硅酸钙，此种反应可以进行至玻璃中的 SiO_2 完全消耗为止，因而玻璃纤维的抗拉强度大大降低，使混凝土的性能劣化，因此不能大规模应用于混凝土建筑物中。采用有机质植物纤维的混凝土由于纤维直径较大，强度较低，与水泥基胶结材料粘结效果较差，因此没有大规模推广使用。采用钢纤维的混凝土由于钢纤维与水泥的粘结效果好，且具有各向同性的特征，因此混凝土的强度明显提高，混凝土的耐磨性能、耐冲击性能、抗疲劳性能、韧性、抗爆性能等明显改善，减少了混凝土的各种结构缺陷，使混凝土的收缩受到一定限制，从而有效地预防了混凝土裂缝的出现，但是其昂贵的价格、复杂的操作工艺使其应用范围仅限于现场搅拌或有特殊要求的特种混凝土，不能大规模推广使用。以上三种纤维在预拌混凝土领域不能大规模应用的另一个原因就是掺加这几种纤维的混凝土坍落度损失大，扩展度小，工作性差，不利于长距离运输和泵送施工。

3. 合成纤维防裂

针对膨胀剂防裂和传统纤维防裂方法的不足，国内外又研究了采用合成纤维配制混凝土来防止混凝土裂缝的出现。据报道，近年来，美国、德国、丹麦等国家先后提出在混凝土中掺加合成纤维来赋予混凝土一定的韧性以改善混凝土的抗裂性能。

（1）国外研究及应用现状

美国 NgcoN INC 是尼龙纤维的生产商，它生产的尼龙纤维应用于预制混凝土构件和现场搅拌混凝土，改善了混凝土的表面质量及整体性，提高了混凝土的抗裂性能。该公司还研究了聚丙烯纤维和聚酯纤维在混凝土中的应用，值得我们借鉴。

丹麦也研究了应用聚丙烯纤维减少混凝土的早期收缩裂缝的技术，但由于掺加纤维后混凝土坍落度损失较大，没有大量应用。

德国 Messrs P Baumhuter Rhedu-Wiedenbr uck 研究了聚丙烯纤维和它在混凝土中的应用，得出掺加该种纤维可以提高混凝土的抗裂及抗渗性能，抑制混凝土早期裂缝的产生；但应用于预拌混凝土中坍落度损失大，扩展度小，泵送性能差，没有在预拌混凝土行业大量应用。

（2）国内研究及应用现状

国内从 1993 年起，上海建科院对纤维在混凝土中的应用开始研究，研究着重于钢纤维和尼龙纤维。1994 年，上海建科院与中国纺织大学化学纤维研究所合作，对聚丙烯纤维在水泥中的应用进行研究，试验表明，聚丙烯纤维对控制减少水泥混凝土在水化硬化早期产生的裂纹有较大作用。在此基础上，上海建科院于 1995 年将聚丙烯纤维在水泥混凝土中的应用效果大力宣传，得到许多单位的大力支持，并根据不同的条件进行了试验，期望聚丙烯纤维广泛应用于预拌混凝土行业。

11.1.3　混凝土的抗渗防裂的原理

当今混凝土技术发展的趋势是高强度、大流动度，C40、C50、C60 混凝土已经得到大量的应用。泵送混凝土的坍落度为 200～250mm，因此每方混凝土水泥用量往往高达 650kg，但由此带来的负作用是水化热加剧，混凝土的凝固收缩量加大，收缩应力增大。近年来，从注重混凝土的抗渗性转向注重混凝土的抗裂性，因为高强度的混凝土往往抗渗能力已经是足够的。但从另一方面说，混凝土的抗渗和防裂应该是相辅相成的。

国内外混凝土领域混凝土抗渗防裂的体系主要利用以下几种原理：

1. 膨胀密实原理

对于地下及处于潮湿环境的混凝土结构工程，采用掺加膨胀剂的办法提高混凝土的抗渗防裂性能，把低成本的刚性防裂和柔性防裂有机结合，从而达到抗渗防裂的有机统一，实现抗渗防裂的合理匹配。该方法是在混凝土中掺加膨胀剂，通过补偿收缩和微膨胀达到抗收缩应力，从而达到抗裂的目的；并且可以通过膨胀成分达到密实抗渗目的。这种抗渗防裂原理虽然完美，在实践中却发现有致命的缺点：可靠度低，受施工条件、环境等因素影响较大。如在 24h 内不及时连续浇水养护就会收缩开裂，而且拌和物均匀度要求高，稍微过量就过度膨胀，反而产生裂缝或稳定性不够而龟裂；若膨胀剂掺量少，则无膨胀效果。

2. 减水、防水密实原理

减水密实的方法是通过掺加各种类型的减水剂减少混凝土的水泥用量和水胶比，使得混凝土搅拌过程中水的用量减少而使凝结过程中自有水的挥发减少，由此而产生的混凝土的毛细通道减少，所以达到密实抗渗的目的。此外，高效减水剂的应用，改善了混凝土的施工性能，提高了混凝土的耐久性。

对于地下及地上有防水要求的混凝土工程，采用防水剂也可以增加混凝土的结构密实度，防止了自由水和结合水在混凝土内部的分解、移动、蒸发，从而有效地预防了混凝土脆性裂纹的产生，能有效地改善混凝土的抗裂性能。

3. 高聚物填充密实原理

这种方法一般是掺加乳化的液态高聚物有机材料于混凝土拌和物之中，使混凝土在拌合和凝固时高分子乳液引入、交联成网状结构，在混凝土的颗粒之间填充和堵塞毛细孔隙从而达到密实抗渗的目的。由于混凝土结构中存在有机高分子的交联网状结构，当混凝土中发生裂纹扩展时，裂纹遇到弹性的高分子网就会被阻止，有机高分子的交联网状结构就会吸收部分断裂能，从而达到增韧止裂的效果。常用的有机高分子材料有丙烯酸酯乳液、氯丁乳胶、环氧乳液等，但由于价格昂贵，还不能大规模应用。

4. 掺加矿物掺和料降低混凝土水化热抗裂原理

对于大流动度混凝土，当水泥用量较多时，水化热较高，混凝土内部温度梯度太大，会产生一定的温度裂纹，因此，通过在混凝土中掺加一定量的矿物掺和料（如粉煤灰、矿粉、复合料），降低混凝土的水化热，延缓水化热峰值的出现，减少混凝土温度裂缝出现的可能性，同时可以提高混凝土结构的密实度，从而达到预防混凝土裂缝出现的目的。

5. 纤维增强混凝土抗渗防裂

纤维增强混凝土抗渗防裂的机理是建立在对混凝土的初期（7d 龄期内）固结、收缩的微观深入研究的理论基础上的，这是混凝土中应用最广的抗渗防裂技术。

纤维混凝土是以水泥加颗粒集料为基体，并且用纤维来增强或改善某些性能的混凝土复合材料。纤维在混凝土中可以是长纤维，也可以是短纤维；既可以乱向分布，也可以有不同程度的定向性，而且还可以同时包含一种以上的纤维。纤维的掺入，对混凝土的基体产生增强、增韧、阻裂等效应，从而增加了混凝土的强度和抗冲击、耐疲劳等性能，改变了混凝土脆性易开裂的破坏形态，在疲劳、冻融等因素作用下，提高了混凝土的耐久性，延长了混凝土的使用寿命。

以上几种原理并不是孤立、毫无联系的，实践中可以相互结合使用，采用膨胀密实原理与纤维增强相结合，在工程中已有成功的先例。

11.1.4　纤维改善混凝土性能的基本原理

纤维改善混凝土性能的基本原理主要有以下四种解释：

1. 多缝开裂理论

该理论认为，乱向分布的纤维与混凝土复合以后，复合基体开裂后的性能主要取决于纤维的体积分数 V_f，当 V_f 大于体积分数 Vf_{fcr} 时，纤维将承担全部荷载，并有可能产生多缝开裂状态，改变混凝土材料的单缝开裂、断裂性能低的状况，并出现假延性材料的特征。在多缝开裂时，裂缝间距变小，数量增多，裂缝更细，根据 Griffith 断裂理论可以知道，多缝开裂可以吸收更多的断裂能，使断裂应力分散，从而提高材料的断裂韧性。从宏观上讲，就是纤维分散了混凝土的定向收缩拉应力从而达到抗裂的效果，使混凝土的耐久性得到提高。

2. 纤维间距理论

该理论认为在混凝土内部存在着不同尺寸、不同形状的孔隙、微裂纹和缺陷，当受到外力作用时，这些部位将产生应力集中，引起裂纹扩展，导致混凝土结构的过早破坏。为了减少这种破坏程度，应尽量减少裂缝源的尺寸和数量，缓和裂缝间断应力的集中程度，抑制裂缝延伸。在混凝土中掺入纤维以后，在受拉时，跨过裂缝的纤维将荷载传递给裂缝的上下表面，使裂缝处材料仍能继续承载，缓和了应力集中程度，随着纤维数量的增加，纤维间距减小并弥补于裂缝周围时，应力集中就会逐渐减少并消失。

3. 复合力学理论

该理论是基于线弹性均衡、顺向配置连续纤维混凝土复合材料而提出的。纤维不仅能够转移荷载，还能与基体界面黏合，当沿纤维方向承受拉力时，外力通过基体传递给纤维，使纤维混凝土复合材料的抗拉强度和弹性模量有所增加，从而改善了混凝土的性能。

4. 二次加筋作用

纤维的加入为混凝土提供了有效的二次微加筋系统，有效抑制了混凝土因干缩、外力作用而产生的微裂缝的进一步扩展，增强了混凝土的强度，延长了混凝土的寿命。

11.1.5　抗渗防裂纤维增强混凝土的研究

孙家瑛等研究了网状聚丙烯纤维对高性能混凝土耐久性的影响，他们发现，在混凝土中单独掺加网状聚丙烯纤维会降低混凝土的抗渗性能，通过双掺粉煤灰和硅灰，可以大幅度降低混凝土中氯离子的渗透系数并提高其抗渗能力。在素混凝土中加入聚丙烯纤维，氯离子的渗透系数明显加大，并随聚丙烯纤维掺量的增加而增加，但掺入硅灰以后，氯离子渗透系数明显降低。这与加入硅灰后提高了纤维与水泥浆体粘结强度有关。在聚丙烯纤维混凝土的抗冻融试验中，经过 50 次和 100 次冻融循环，普通混凝土的抗压强度变化不大，但抗折强度明显降低，双掺硅灰和粉煤灰的纤维混凝土抗压强度和抗折强度均未下降。

孙伟等研究了膨胀剂与不同纤维合并使用增强混凝土的抗裂纹收缩和抗渗性研究。通过选用不同尺寸和类型的纤维，使其在混凝土中有一定程度的相互补偿，阻止裂纹的产生和扩展，减少原生裂纹的尺寸和数量。钢纤维和聚丙烯纤维混合使用比单一使用效果都好。适量膨胀剂的加入，提高了混凝土水化早期的纤维和集料的界面结合强度，减少了混凝土的收缩。由于混凝土总体结构在使用不同尺寸、不同类型纤维后得到改善，对提高混凝土的抗收缩能力有益处。膨胀剂和混合纤维合并使用，提高了混凝土的抗收缩能力和抗渗能力。

Nemkmar Banthia 研究了聚丙烯纤维对混凝土塑性收缩和热收缩的影响，纤维的类型和尺寸是控制裂纹扩展的重要因素。0.7％体积掺量的长径比为 50/0.63 的纤维可以使混凝土中 1mm 的裂缝降低到 0.4mm，用相同体积分数的长径比为 19/0.15 的纤维则可以完全消除掉裂缝。

朱江等研究了聚丙烯纤维在控制混凝土塑性收缩裂缝上的主要作用。由于混凝土的塑性开裂主要发生在混凝土硬化以前，特别是在混凝土浇筑后 4～5h 之内，此阶段由于水分的蒸发和转移，混凝土内部的抗应变能力低于塑性收缩产生的应变，因而引起内部塑性裂缝的产生。当掺入聚丙烯纤维之后，由于聚丙烯纤维分布均匀，起到类似筛网的作用，减缓了由于粗粒料的快速失水所产生的裂缝，延缓了第一条塑性收缩裂缝出现的时间。当裂缝出现以后，聚丙烯纤维的存在又使得裂缝尖端的发展受到限制，裂缝只能绕过纤维或把纤维拉断来继续发展。这就消耗了巨大的能量来克服纤维对裂缝扩展的限制作用，纤维体积掺量越大，这种限制作用越强。而且混凝土收缩裂缝面积、裂缝最大宽度及失水速率均随着纤维的体积掺量增大而显著降低，这充分说明聚丙烯纤维能有效提高混凝土的抗裂性能。

11.2　聚丙烯纤维混凝土原材料的选择

为了得到最优的研究结果，本研究采用单因素试验方法优选，然后将各种因素综合考虑，经过物理性能、力学性能及耐久性的试验，得到最佳配比。

各种原材料在纤维抗渗防裂混凝土的生产应用过程中起到非常重要的作用，特别是对混凝土的使用功能、耐久性指标等均会产生直接影响。因此通过大量的试验，优选出混凝土原材料及纤维的最佳掺量，是本研究的关键之一，方案如图 11-1 所示。

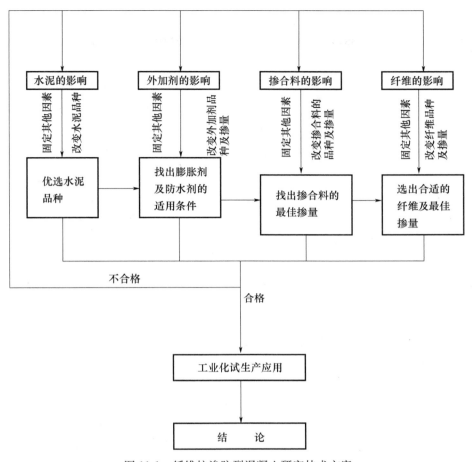

图 11-1　纤维抗渗防裂混凝土研究技术方案

11.2.1　水泥品种对纤维抗渗防裂混凝土收缩性能的影响

为了选择适合配制纤维抗渗防裂混凝土的水泥，我们分别使用普通硅酸盐水泥（P·O）、矿渣硅酸盐水泥（P·S）、粉煤灰硅酸盐水泥（P·F）、火山灰质硅酸盐水泥（P·P）采用同样的配合比配制混凝土，对它们的收缩性能进行试验，从中优选出收缩较小的水泥品种用于本研究。收缩试验结果见表 11-1。

表 11-1　不同品种水泥混凝土的收缩值　　　　单位：%

水泥品种	收缩							
	标养条件				干燥空气			
	1d	3d	7d	28d	1d	3d	7d	28d
P·O	0.005	0.012	0.029	0.031	0.020	0.040	0.075	0.083
P·P	0.016	0.036	0.076	0.082	0.031	0.066	0.115	0.125
P·S	0.007	0.016	0.039	0.043	0.021	0.039	0.083	0.095
P·F	0.007	0.015	0.031	0.038	0.022	0.044	0.076	0.089

通过以上数据可知，采用普通硅酸盐水泥收缩值较小，火山灰质硅酸盐水泥有明显的收缩，粉煤灰水泥和矿渣水泥的收缩值差别不大。因此要配制收缩值较小的混凝土，优先选用普通硅酸盐水泥。从理论上讲，生产抗裂混凝土优先选用普通硅酸盐水泥主要是因为普通硅酸盐水泥中熟料的含量较高，所以它的 C_3S、C_2S、C_3A、C_4AF 的比例较大。当水泥水化时，由于各种成分都能在适当的时间内水化，生成稳定的水化产物，并且这些水化产物都不具有可逆的分解性能，因此结构稳定，收缩较小。而火山灰质水泥由于需水量大，容易导致混凝土内的水泥凝胶体积缩减，引起混凝土结构的缩减，表现在外观上就是体积收缩。当混凝土水化后各部位应力分布不均匀时就会产生应力集中，导致结构缺陷的产生，继而引起裂纹。粉煤灰硅酸盐水泥和矿渣硅酸盐水泥由于需水量与普通水泥相差不多，而且在水泥熟料水化以后，粉煤灰和矿渣粉可以进一步水化，因此收缩较小。但由于其早期强度太低，与外加剂的适应性差，因此不适于用作研究纤维抗渗防裂混凝土的基准混凝土。

11.2.2 外加剂对混凝土收缩的影响

1. 膨胀剂对混凝土收缩的影响

为了改善混凝土的抗渗防裂性能，采用膨胀剂可以提高混凝土在潮湿环境下的抗渗防裂能力。因此，我们对膨胀剂（PMB）的掺量进行试验，选出适合配制纤维抗渗防裂混凝土的最佳掺量。不同掺量 PMB 混凝土的收缩值见表 11-2。

表 11-2　不同掺量 PMB 混凝土的收缩值　　　　　　　　单位:%

PMB 掺量	收缩							
	标养条件				干燥空气			
	1d	3d	7d	28d	1d	3d	7d	28d
0	0.005	0.012	0.029	0.031	0.020	0.040	0.075	0.083
6	0.003	0.005	0.008	0.010	0.018	0.062	0.085	0.102
8	0.003	0.005	0.006	0.008	0.018	0.065	0.109	0.123
10	0.003	0.004	0.006	0.007	0.018	0.065	0.122	0.129
12	0.003	0.004	0.005	0.006	0.018	0.064	0.125	0.135

由表 11-2 数据可知，对于掺 PMB 的混凝土，在标养条件下，由于有充足的水分，膨胀作用发挥，混凝土收缩小；在干燥环境下，掺 PMB 的混凝土收缩达到甚至超过不掺膨胀剂的混凝土。因此可以得出这样的结论：

对处于地下或潮湿环境中工作的混凝土采用膨胀剂可以起到膨胀补偿收缩、防渗抗裂的作用，且在 6%~12% 的掺量变化中，随着掺量的增加，膨胀值增大，且稳定性较好，其最佳的掺量为 8%~10%；对于干燥环境中工作的混凝土工程而言，掺膨胀剂不仅不起防裂作用，而且使收缩值更大，因此在配制潮湿环境中工作的混凝土或地下工程混凝土时，我们优选 8%~10% 掺量的膨胀剂，使刚性防水起到最优效果。

2. 防水剂对混凝土收缩的影响

为确保在潮湿环境和干燥环境中混凝土都具有防水抗裂的能力，有的重点工程采用掺加防水剂的措施来改善混凝土的防水抗裂功能。为了选择合理的掺量，我们经过对比，选用了甲基硅酸钠作为防水剂，并对其掺量进行了试验，以便找到最适合工程应用的掺量。不同掺量有机硅防水剂混凝土的收缩值见表 11-3。

表 11-3　不同掺量有机硅防水剂混凝土的收缩值　　　　　单位:%

有机硅防水剂掺量	收缩							
	标养条件				干燥空气			
	1d	3d	7d	28d	1d	3d	7d	28d
0	0.005	0.012	0.029	0.031	0.020	0.040	0.075	0.083
0.5	0.004	0.012	0.024	0.029	0.011	0.024	0.031	0.037
1.0	0.004	0.012	0.020	0.027	0.011	0.024	0.031	0.037
1.5	0.004	0.012	0.020	0.027	0.011	0.023	0.030	0.035
2.0	0.004	0.012	0.020	0.025	0.011	0.023	0.029	0.034
2.5	0.004	0.012	0.020	0.024	0.011	0.023	0.029	0.034
3.0	0.004	0.012	0.020	0.023	0.011	0.022	0.031	0.035

通过表 11-3 数据可知，掺加有机硅防水剂后的混凝土试件在标养和干燥空气中的 28d 收缩值相差不大，但随着防水剂掺量的增加，收缩值逐渐变小，超过 2.5% 后收缩值基本不变。因此，我们认为掺加 2.5% 的有机硅防水剂，对于配制纤维防裂混凝土具有较理想的效果，发挥了防裂作用。

3. 掺和料品种及掺量对混凝土收缩的影响

采用不同的掺和料，不同的掺量对混凝土收缩的影响也不同，为了满足不同的施工需要，我们对矿渣粉、粉煤灰和复合掺和料三种材料对混凝土的收缩影响进行了试验。

通过表 11-4 数据可知，当矿渣粉掺量在 10%~25% 范围内变化时，混凝土的收缩逐渐减少，超过 25% 时收缩值又有所增加。因此，用矿粉配制抗渗防裂混凝土时的掺量一般应在 20%~30%；当粉煤灰掺量在 10%~40% 范围内变化时，混凝土的收缩值逐渐由大变小，再由小变大，因此粉煤灰配制抗渗防裂混凝土时的掺量宜控制在 20%~40%；FK 为矿粉与粉煤灰复合的产品，当 FK 掺量在 20%~50% 范围内变化时，混凝土的收缩值由大变小，当掺量超过 40% 时，混凝土中掺和料在 40%~50% 的范围内时收缩值趋于稳定，因此我们在配制防渗抗裂混凝土时，掺和料掺量应在 40%~50%。

通过上述的相关试验可以总结出，配制防裂抗渗的混凝土选用普通硅酸盐水泥收缩值相对较小；选用复合掺和料、粉煤灰、矿渣粉产生的收缩相差不大但略有降低趋势；在潮湿环境下，可以掺加 8%~10% 的膨胀剂达到抗渗防裂的效果，但是在干燥条件下掺加膨胀剂不但起不到防裂的效果，反而会因为水分的缺少导致混凝土的开裂，而且开裂程度随着膨胀剂掺量的增大而增加，所以要寻找更好的解决混凝土裂缝问题的途径。

表 11-4　不同掺和料品种和掺量混凝土的收缩值　　　　单位:%

掺和料品种及掺量		收　缩							
		标养条件				干燥空气			
		1d	3d	7d	28d	1d	3d	7d	28d
矿渣粉	10	0.010	0.023	0.032	0.037	0.021	0.045	0.072	0.080
	20	0.010	0.021	0.031	0.036	0.021	0.044	0.072	0.080
	25	0.010	0.021	0.030	0.035	0.021	0.043	0.072	0.079
	30	0.010	0.023	0.031	0.038	0.021	0.043	0.073	0.081
	35	0.010	0.024	0.032	0.038	0.021	0.044	0.074	0.083
粉煤灰	10	0.012	0.025	0.032	0.037	0.020	0.045	0.075	0.084
	20	0.012	0.024	0.032	0.035	0.020	0.044	0.073	0.082
	30	0.012	0.023	0.031	0.032	0.020	0.044	0.070	0.079
	40	0.012	0.024	0.031	0.039	0.020	0.045	0.072	0.081
复合掺和料（FK）	20	0.015	0.025	0.038	0.042	0.018	0.048	0.076	0.086
	25	0.015	0.024	0.038	0.040	0.018	0.049	0.075	0.085
	30	0.015	0.024	0.038	0.041	0.018	0.049	0.075	0.084
	35	0.015	0.024	0.038	0.041	0.018	0.049	0.074	0.085
	40	0.015	0.023	0.035	0.039	0.018	0.049	0.073	0.084
	45	0.015	0.023	0.035	0.037	0.018	0.049	0.073	0.081
	50	0.015	0.023	0.035	0.037	0.018	0.048	0.071	0.081

11.3　纤维的选择

在现有试验的基础上，采用固定的混凝土配比，通过改变纤维品种和掺量来研究混凝土的主要力学性能的变化情况。本研究采用玻璃纤维、聚丙烯纤维和钢纤维。

11.3.1　玻璃纤维

1. 玻璃纤维性能

通过调研和分析论证，我们在已有的工作基础上，选择抗碱玻璃纤维作为本次研究的原材料，其化学成分、物理力学性能及耐腐蚀性能分别见表 11-5～表 11-7。

表 11-5　抗碱玻璃纤维的化学成分　　　　单位:%

类别	化学成分								
	SiO_2	CaO	Na_2O	K_2O	ZrO_2	TiO_2	Al_2O_3	MgO	Fe_2O_3
中国锆钛纤维	61.0	5.0	10.4	2.6	14.5	6.0	0.3	0.25	0.2
英国 Cem—filz	60.0	4.7	14.2	0.3	18.0	0.1	0.7	—	—
日本 Minilonl	62.0	6.9	12.1	0.3	14.1	—	1.6	0.1	0.3

表 11-6 抗碱玻璃纤维的物理力学性能

类别	单丝直径 (μm)	长度 (mm)	密度	抗折强度 (MPa)	弹性模量 (10^4 MPa)	极限拉伸率（%）
中国锆钛纤维	12~14	30~40	2.7~2.8	2000~2100	6.3~7.0	4.0
英国 Cem—filz	12.5	30~40	2.70	2500	8.0	3.6
日本 Minilonl	13.0	30~40	2.66	2300	7.0	—

表 11-7 玻璃纤维的耐腐蚀性能   单位：%

玻璃纤维类别	玻璃纤维经碱液饱和侵蚀后的抗拉强度保留率	
	100℃饱和 $Ca(OH)_2$ 溶液 4h	80℃合成水泥滤液 24h
抗碱	66.2~88.1	54.3~84.3
中碱	41.5~44.3	24.6~26.4
无碱	29.2~35.5	25.3~32.0

2. 抗碱玻璃纤维抗渗防裂混凝土试验

（1）拌和物性能

拌和物中玻璃纤维的掺量分别为（占胶凝材料总量）：0、0.5%、1.0%、1.5%、2.0%。拌和物性能见表 11-8。

表 11-8 抗碱玻璃纤维抗渗防裂混凝土拌和物性能

纤维掺量 （%）	坍落度 T_0 （mm）	扩展度 D_0 （mm）	1h 坍落度 T_1 （mm）	1h 扩展度 D_1 （mm）
0	230	520	180	470
0.5	210	450	170	380
1.0	195	400	140	300
1.5	170	350	100	240
2.0	165	340	100	240

（2）物理力学性能

物理力学性能见表 11-9。

表 11-9 抗碱玻璃纤维抗渗防裂混凝土力学性能

纤维掺量 （%）	抗压强度 （MPa）	抗拉强度 （MPa）	抗折强度 （MPa）	弹性模量 (10^4 MPa)	抗冻性 （次）	收缩率 （%）
0	46.0	3.67	6.7	2.2	D50	0.045
0.5	43.5	4.49	7.1	2.2	D50	0.044
1.0	41.2	4.60	7.0	2.2	D50	0.044
1.5	40.7	4.82	6.8	2.1	D50	0.043
2.0	38.1	4.97	7.0	2.1	D50	0.042

通过以上数据可知，用于抗渗防裂的最佳纤维掺量为 2.0%，抗碱玻璃纤维有以下特点：

① 抗拉强度明显得到提高，由于纤维分布均匀，可以防止混凝土收缩开裂。

② 抗折强度高，极限变形值大，韧性较好。

③ 混凝土拌和物流动性较差，不便于泵送施工。

11.3.2　钢纤维

1. 钢纤维性能

钢纤维的主要技术指标见表 11-10。

表 11-10　钢纤维的主要技术指标

材料名称	密度 (10^3 kg/m³)	直径 (10^{-3} mm)	长度 (mm)	软化点 能熔点	弹性模量 (10^3 MPa)	抗拉强度 (MPa)	极限变形 ($\times 10^{-4}$ m)	泊松比
低碳钢纤维	7.8	250~500	20~50	500/1400	200	400~1200	4~10	0.3~0.33
不锈钢纤维	7.8	250~500	20~50	550/1400	200	500~1600	4~10	—

适量的钢纤维掺入混凝土拌合料中，与一般混凝土相比，其抗拉、抗弯等强度以及耐磨、耐冲击、耐疲劳、韧性和抗裂、抗爆等性能均有所提高。本研究重点考查钢纤维对混凝土收缩的影响，以便从中找到它与其他纤维的区别。考虑成本及其他因素，本研究只选用低碳钢纤维作为原材料。

2. 钢纤维抗渗防裂混凝土试验研究

（1）拌和物性能

拌和物中钢纤维的掺量分别为（占胶凝材料总量）：0%、0.5%、1.0%、1.5%、2.0%。拌和物性能见表 11-11。

表 11-11　钢纤维抗渗防裂混凝土拌和物性能

纤维掺量 （%）	坍落度 T_0 （mm）	扩展度 D_0 （mm）	1h 坍落度 T_1 （mm）	1h 扩散度 D_1 （mm）
0	230	520	180	470
0.5	200	480	170	380
1.0	170	400	140	260
1.5	150	300	120	240
2.0	120	260	100	220

（2）物理力学性能

物理力学性能见表 11-12。

表 11-12　钢纤维抗渗防裂混凝土力学性能

纤维掺量 （%）	抗压强度 （MPa）	抗拉强度 （MPa）	弹性模量 (10^4 MPa）	抗冻性 （次）	收缩率 （%）
0	46.2	3.67	2.2	D50	0.045

续表

纤维掺量 （%）	抗压强度 （MPa）	抗拉强度 （MPa）	弹性模量 （10^4 MPa）	抗冻性 （次）	收缩率 （%）
0.5	46.6	4.70	2.4	D50	0.043
1.0	47.5	5.20	3.0	D50	0.042
1.5	49.8	6.30	3.4	D50	0.042
2.0	53.6	6.50	3.4	D50	0.041

通过以上数据可知，用于抗渗防裂混凝土的钢纤维混凝土最佳掺量为 1.5%，钢纤维抗渗防裂混凝土有以下特点：

① 抗拉强度明显得到提高，由于钢纤维的乱向分布，可以有效地抑制混凝土的收缩应力，约束和限制了裂缝的产生。

② 抗弯曲性能好，极限变形大，可以有效地抑制外力破坏形成的裂纹。

③ 钢纤维混凝土拌和物存在流动性差，特别在使用刚度较大的纤维时，在搅拌及运输过程中容易使钢纤维结团，不利于泵送施工。

11.3.3　聚丙烯纤维

1. 聚丙烯纤维性能

聚丙烯纤维是一种束状的合成纤维，遇水搅拌后呈网状或乱向均匀分布，其纤维直径一般为 $20\mu m$ 左右，经过许多厂家的研究改进，现在已经在市场可以购得网状和单丝聚丙烯纤维、杜拉纤维等品种。聚丙烯纤维的物理力学性能见表 11-13。

表 11-13　聚丙烯纤维的物理力学性能

材料	聚丙烯	抗拉强度	276MPa
纤维类型	束状单丝	安全性	无毒材料
密度	0.91g/cm³	含湿量	<0.1%
吸水性	无	抗酸碱性	极高
熔点	160℃	燃点	580℃
导热性	极低	旦尼尔	15±2
导电性	极低	弹性模量	3793MPa
极限拉伸	15%	规格	19mm

2. 聚丙烯纤维抗渗防裂混凝土的试验研究

（1）拌和物性能

拌和物中聚丙烯纤维掺量分别为（占胶凝材料总量）：0、0.6kg/m³、1.0kg/m³、1.4kg/m³。拌和物性能见表 11-14。

表 11-14　聚丙烯纤维抗渗防裂混凝土拌和物性能

纤维掺量 （kg）	坍落度 T_0 （mm）	扩展度 D_0 （mm）	1h坍落度 T_1 （mm）	1h扩展度 D_1 （mm）
0	230	520	180	470
0.6	200	510	190	450
1.0	225	500	190	430
1.4	200	500	195	420

（2）物理力学性能

物理力学性能见表 11-15。

表 11-15　聚丙烯纤维抗渗防裂混凝土物理力学性能

纤维掺量 （kg/m³）	抗压强度 （MPa）	抗拉强度 （MPa）	抗折强度 （MPa）	弹性模量 （10^4 MPa）	抗冻性 （次）	收缩率 （%）
0	47.8	3.39	7.9	2.20	D50	0.047
0.6	45.9	3.72	8.1	2.81	D50	0.047
1.0	44.7	3.95	8.4	3.02	D50	0.045
1.4	43.5	4.10	9.2	3.11	D50	0.044

通过以上数据可知，聚丙烯纤维抗渗防裂混凝土有以下几个特点：

① 抗拉强度提高 10% 以上。聚丙烯纤维为单层网状或单丝乱向分布结构，与混凝土的接触面较大，各自分布均匀，因此可以有效地抑制混凝土自收缩，防止混凝土裂纹的产生。

② 抗折强度增加 10% 左右，抗弯曲性能好，极限变形增大，能有效地抵抗外力引起的裂缝产生。

③ 纤维抗渗防裂混凝土拌和物的和易性好，便于泵送施工。

④ 抗压强度略有降低，下降幅度一般在 10% 左右。

⑤ 根据各项性能，再考虑经济因素，聚丙烯纤维一般掺加 0.8～1.0kg/m³ 比较合适。

11.3.4　与同类研究的比较

用于改善混凝土性能的聚丙烯纤维目前主要有两种：束状单丝聚丙烯纤维和网状聚丙烯纤维。目前，国外最常用的这两种纤维分别是 Durafiber（杜拉纤维）和 Fibermesh（纤维网）。

由聚丙烯合成的网状纤维作混凝土的微加强筋系统，是美国专为防空工事加固而研制的专利产品。它与单丝纤维的不同之处是在防止混凝土的裂缝的同时还可以作为混凝土的次要加强筋提高混凝土的抗冲击能力、抗破碎能力、抗磨损能力，但它对混凝土抗折强度的提高并不显著。它一般用于公路或高速公路的路面和护栏（取代加强钢筋铁丝网）、飞机跑道和停机坪、隧道或矿井等墙面和顶部的喷射混凝土、水库运河港口等大型水工工程、楼房建筑中的复合楼板（取代钢筋网）、桥梁的主体结构和路面等。由于它的主要作用是作为次要加强筋来增强混凝土抗冲击能力，再加上它的成本要比单丝纤维高出一倍多，因此没有特殊要求的工程应用并不多。

用于普通混凝土结构抗渗防裂的聚丙烯纤维一般是单丝纤维。本研究使用的单丝纤维是国产改性聚丙烯纤维单丝，它与国外常用的杜拉纤维相比，在改善混凝土的物理力学性能效果基本一致，但成本仅为杜拉纤维的 1/3～1/4，具有明显的推广应用价值。聚丙烯纤维的性能比较见表 11-16。另外，杜拉纤维由于水溶性较差，搅拌时容易浮于混凝土表层，不易搅拌均匀，需要延长搅拌时间 30～50s；而改性聚丙烯纤维由于在生产中采用了特殊的改性工艺，克服了改性前水溶性和分散性差的缺陷，极易搅拌均匀，不用延长搅拌时间，可大大提高生产效率。本研究在使用纤维的同时还根据不同环境和结构特点另外选择掺加膨胀剂或防水剂，实现刚性防水和柔性防水的有机结合，有效地提高混凝土的抗渗防裂可靠性，特别适用于水利、水源工程和大型地下超长、超宽结构工程。

表 11-16 聚丙烯纤维的性能比较

纤维品种及掺量	力学性能（与空白混凝土相比）				干缩（90d 收缩率与空白混凝土相比）	抗冻性能 D100 动弹模剩余（%）
	抗压强度（MPa）	抗折强度（MPa）	抗拉强度（MPa）	弹性模量（10^3 MPa）		
杜拉纤维 0.9kg/m³	106	107	108	96	93	83.2
国产纤维 1.0kg/m³	95	106	111	106	92	85.8
网状纤维 0.9kg/m³	101	99	102	—	92	—

11.3.5　纤维选择试验研究结论

经过对抗碱玻璃纤维抗渗防裂混凝土、钢纤维抗渗防裂混凝土、聚丙烯纤维抗渗防裂混凝土的技术数据对比分析，抗碱玻璃纤维虽然比传统的玻璃纤维混凝土有很大改进，但仍存在纤维较长，混凝土和易性差，搅拌不易均匀等缺陷；钢纤维抗渗防裂混凝土具有良好的物理力学性能，但钢纤维价格昂贵，在使用过程中采用刚度较大的纤维时，搅拌不方便，给操作带来困难，因此在本研究中不选择这两种纤维配制抗裂混凝土。聚丙烯纤维由于其配制的混凝土和易性好，抗拉、抗折强度明显得到提高，价格适中，防裂抗渗性能均匀稳定，而且对耐久性有明显改善，故在本研究中优选此种纤维。

11.4　聚丙烯纤维抗渗防裂混凝土试验研究

通过以上原材料的选择分析，我们认为对于单项指标的选择基本完成，在这种条件下，对以上数据的最优方案进行了直接优选试验，经试验及调整后，选择较优的试验方案。

纤维抗渗防裂混凝土是采用水泥、砂石、外加剂掺和料经优化配比后，掺加适量纤维以改善混凝土防渗抗裂性能，提高混凝土防裂能力，延长混凝土使用寿命的特种混凝土。

11.4.1 聚丙烯纤维抗渗防裂混凝土配合比的确定

1. 原材料的选择

（1）水泥

本研究选用了原北京水泥厂生产的京都牌 P·O42.5 和 P·O32.5 普通硅酸盐水泥，依 GB/T 17671—1999 进行的胶砂强度试验，结果见表 11-17。

表 11-17　普通硅酸盐水泥胶砂强度

龄期		抗压强度（MPa）		抗折强度（MPa）	
		3d	28d	3d	28d
品种	P·O32.5	22.7	43.3	4.2	7.3
	P·O42.5	29.3	54.8	5.8	9.1

（2）粉煤灰

本研究采用了北京高井电厂Ⅱ级粉煤灰，烧失量为 5.5%，需水量为 103%。

（3）磨细水淬矿渣

本研究采用了北京瑞德公司生产的 S75 级水淬磨细矿渣，依据 DBJ/T 01-64—2002 标准，密度约为 2.9kg/m³，比表面积为 397kg/m²，28d 活性指数比为 108%，该矿渣粉化学成分见表 11-18。

表 11-18　磨细矿渣的化学成分

化学成分	SiO₂	Al₂O₃	Fe₂O₃	CaO	MgO	K₂O	Na₂O	烧失量
含量（%）	34.35	15.26	1.40	36.8	9.1	0.61	0.29	2.01

（4）外加剂

本研究选用了北京城龙工贸外加剂厂生产的 YGU 系列萘系高效减水剂。

（5）砂子

细集料采用了北京潮白河产的中砂，依据 JGJ 52—92 标准试验，比重为 2.65g/cm³，细度模数为 2.5，颗粒级配良好，含泥量为 1.2%，泥块含量为 0.2%。

（6）石子

石子选用北京潮白河产的 5～25mm 连续粒级的石子。

（7）纤维

本研究使用的纤维选用张家港市方大有限公司生产的改性聚丙烯单丝纤维，长为 19mm，抗拉强度为 276MPa，弹性模量为 3793MPa，其性能见表 11-13。

2. 混凝土配合比的选择

本次试验选择 C30 和 C50 两种强度等级的混凝土，分别做其普通混凝土与纤维混凝土各种性能的比较。配合比见表 11-19。

表 11-19 混凝土配合比   单位：kg/m³

水	水泥	砂	石	粉煤灰	矿渣粉	外加剂	纤维
172	240	750	1036	100	100	9.2	—
172	240	750	1036	100	100	9.2	1.0
183	380	703	971	100	100	15.1	—
183	380	703	971	100	100	15.1	1.0

11.4.2 试验研究

1. 混凝土拌和物的试验

为了选择最佳的纤维掺量，我们采用表 11-19 的配合比，分别按 0.6kg/m³、1.0kg/m³、1.4kg/m³ 的掺量掺入混凝土，与基准混凝土相对比，分析聚丙烯纤维加入混凝土后对其工作性能的影响，试验结果见表 11-20。

表 11-20 聚丙烯纤维混凝土拌和物性能

纤维掺量（kg/m³）	坍落度 T_0（mm）	扩展度 D_0（mm）	1h 坍落度 T_1（mm）	1h 扩展度 D_1（mm）
0	230	520	180	470
0.6	200	510	190	450
1.0	225	500	190	430
1.4	200	500	195	420

从表 11-20 可以看出，随着纤维掺量的增大，混凝土拌和物的扩展度和坍落度减小，黏度增加，当纤维掺量为 1.0 时，混凝土的坍落度为 225mm，扩展度为 500mm，但同时混凝土的坍落度和扩展度损失减小，1h 后坍落度保留值为 190mm，这对于长时间保持混凝土的工作性能、完成长距离的运输施工很有好处。

2. 聚丙烯纤维混凝土力学性能试验

为了选择最佳的纤维掺量，我们采用表 11-19 的配合比，分别按 0.6kg/m³、1.0kg/m³、1.4kg/m³ 的掺量掺入混凝土，与基准混凝土相对比，分析聚丙烯纤维加入混凝土后对其硬化后的力学性能的影响，试验结果见表 11-21。

表 11-21 聚丙烯纤维混凝土力学性能

纤维掺量（kg/m³）	抗压强度（MPa）	抗拉强度（MPa）	抗折强度（MPa）	弹性模量（10^4 MPa）	收缩率（%）
0	47.8	3.39	7.9	2.20	0.047
0.6	45.9	3.72	8.1	2.81	0.047
1.0	44.7	3.95	8.4	3.02	0.045
1.4	43.5	4.10	9.2	3.11	0.044

通过表 13-21 的数据可知，随纤维掺量的增加，混凝土抗压强度略有下降，纤维掺量为 1.0kg/m³ 时，混凝土抗压强度为 44.7MPa，而基准混凝土抗压强度为 47.8MPa，下降比例为 6.9%；抗拉强度、抗折强度明显增加，抗拉强度提高 16.5%，抗折强度增加 6.3%。因此，混凝土中加入适量的纤维能有效地抵抗收缩应力、温度应力及外力应力引起的裂纹。

同时，在确定了纤维掺量以后，我们采用聚丙烯纤维制作了一批 C30、C50 混凝土试样送国家建筑材料测试中心、中国水利水电科学研究院工程检测中心、原国家建材局水泥基材料科学重点实验室和北京市建设工程质量检测中心第三检测所，对掺加聚丙烯纤维的抗裂混凝土的抗压强度、抗拉强度、弹性模量、极限拉伸等力学性能以及收缩性能、耐久性能和混凝土的亚微观结构进行了检测。

聚丙烯纤维混凝土与普通混凝土的力学性能比较见表 11-22。

表 11-22　聚丙烯纤维混凝土与普通混凝土的力学性能比较

试样	抗压强度（MPa）		抗拉强度（MPa）		弹性模量（10^4 MPa）		极限拉伸（10^{-6}）
	28d	90d	28d	90d	28d	90d	
C30 空白	45.8	63.5	3.30	3.68	2.20	3.54	104
C30 纤维	43.0	60.0	3.67	3.90	3.02	3.72	107
C50 空白	67.0	76.5	4.28	4.55	3.99	4.04	123
C50 纤维	65.1	74.2	4.49	5.36	4.24	4.38	129

根据表 11-22 的试验结果可以看出，纤维混凝土比基准混凝土的抗拉强度和弹性模量明显增加，极限拉伸也有所增加，抗压强度略有下降，但下降的幅度不大，表明掺加纤维后，混凝土的抗裂性能有了较明显增加。

3. 聚丙烯纤维混凝土抗冻融性能

将混凝土成型了 100mm×100mm×400mm 的试件，拆模后放入标准养护室养护，养护龄期为 28d，聚丙烯纤维混凝土与普通混凝土的抗冻融性能比较见表 11-23。

表 11-23　聚丙烯纤维混凝土与基准混凝土的抗冻融性能比较

试样	D50 后		D75 后		D100 后	
	动弹性模数（%）	失重（%）	动弹性模数（%）	失重（%）	动弹性模数（%）	失重（%）
C30 基准	94.7	0	88.4	0.13	76.3	1.02
C30 纤维	96.0	0	87.7	0.16	75.8	1.13
C50 基准	96.5	0	90.1	0	85.4	0.18
C50 纤维	96.1	0	90.4	0	85.8	0.13

由表 11-23 可以看出，纤维混凝土与基准混凝土经过冻融循环后的动弹模量和重量损失没有明显差异，说明混凝土的抗冻性能没有因为掺入纤维而发生劣化。

4. 干缩

本研究成型了 100mm×100mm×515mm 的混凝土棱柱试件，拆模后放入标准养护室养护，在 1d 龄期时测其初始长度，然后放入温度为（20±3）℃、相对湿度为（60±5）％的恒温恒湿室，测量混凝土随着放入恒温恒湿室时间的推移其长度变化，试验结果见表 11-24。从表 11-24 可以看出，标养条件下，14d 龄期内混凝土的干缩较大，14d 以后干缩逐渐趋于平稳，以 C30 为例，纤维混凝土比基准混凝土的干缩 1d 龄期减小 22％，3d 龄期减小 33％，7d 龄期减小 25％，14d 龄期减小 5％。

表 11-24　聚丙烯纤维混凝土与基准混凝土的干缩比较

龄期（d）	1	3	7	14	28	45	60	90
C30 空白	0.009％	0.018％	0.032％	0.041％	0.047％	0.052％	0.054％	0.061％
C30 纤维	0.007％	0.012％	0.026％	0.039％	0.045％	0.050％	0.052％	0.056％
C50 空白	0.009％	0.020％	0.032％	0.042％	0.051％	0.053％	0.056％	0.065％
C50 纤维	0.008％	0.014％	0.029％	0.037％	0.045％	0.050％	0.053％	0.060％

5. 混凝土的抗渗性试验

采用顶面直径为 175mm、底面直径为 185mm、高度 150mm 的圆台试件，成型 C30 混凝土抗渗试块，标养 28d 即对其进行试验。试验结果表明，当水压达到 2.1MPa、持压 8h 后，试块均未渗水，所以抗渗等级达到 P20 以上。

6. 孔结构

这里简单介绍孔结构的测试方法。

多孔材料的孔径从几埃、几十埃、几百埃到几微米甚至几十微米，大小不等，各有其一定的分布范围。水泥基材料的孔结构直接影响其多项性能，如强度、变形性能以及耐久性等。目前，常用的测孔方法有光学法、汞压力法、等温吸附法、X-射线小角度散射法、氮流入法以及气体逆扩散法等。汞压力法（Method of Mercury Intrusion Poremeasurement，简称 MIP）是目前用得最多而有效的研究孔级配的方法，分低压测孔和高压测孔两种。低压测孔压力为 0.15MPa，可测孔径为 5～7500nm；高压测孔压力为 300MPa，可测孔径为 3～11000nm。本研究采用中国科学院兰州冰川冻土研究所冻土工程国家重点实验室的 PORESIZER 9320 型压汞仪进行高压测孔。下面简单介绍一下汞压力法测孔的基本原理。

汞和固体之间接触角大于 90°，即汞不能润湿固体，必须在外界压力作用下，才能使汞压入多孔固体中微小的孔内。若欲使毛细孔中的汞保持一平衡位置，必须使外界所施加的压力 P 同毛细孔中水银的表面张力 P' 相等。

$$P = \pi r^2 p = P' = 2\pi r \sigma \cos\alpha \tag{11-1}$$

式中　p——单位面积上施加给汞的压力，MPa；

$\quad\quad P$——外界施加给汞的总压力，N；

$\quad\quad P'$——由于汞的表面张力而引起毛细孔壁对汞的压力，MPa；

$\quad\quad \alpha$——汞的表面张力（$\alpha = \pi - \theta$，θ 为汞对固体的润湿角，变化范围在 135°～142° 之间），Pa；

σ——汞的密度，kg/m³；

r——毛细孔半径，Å。

$$\pi r^2 p = 2\pi r\sigma\cos\theta \qquad (11\text{-}2)$$

$$r = \frac{-2\sigma\cos\theta}{p} \qquad (11\text{-}3)$$

由式（11-3）可知，只要知道测孔压力，就可以计算出在此压力下进入孔的最小半径。式中，$2\sigma\cos\theta$ 一般近似地取 -7500（MPa·Å），则式（11-3）为

$$r = \frac{7500}{p} \qquad (11\text{-}4)$$

上述最小孔径 r 是指在压力 p 下，凡是大于 r 的孔中都压入了汞。如果压力从 p_1 改变到 p_2，分别测出孔径 r_1、r_2，并设法量测出单位质量试样在此两孔径之间的孔内所压入的汞体积 ΔV，则连续改变测孔压力，就可测出汞进入不同孔级孔中的汞量，从而得到试样的孔径分布。毛细孔中汞的受力状况如图 11-2 所示。

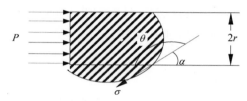

图 11-2　毛细孔中汞的受力状况

采用压汞法分析测出了 C30 和 C50 纤维混凝土 28d 和 90d 的孔隙率分布如图 11-3 所示。

由图 11-3 可见，纤维混凝土的孔隙率随着水胶比的减小而减小，28dC30 的孔隙率为 21%，而 C50 为 17%；随着龄期的增加，胶凝材料继续水化，混凝土的孔隙率变小，90d 分别为 17% 和 14%。在混凝土的孔径分布中，一般认为 $r>100$nm 的孔为有害孔，$r<50$nm 的孔为无害孔，纤维混凝土中 $r>100$nm 的孔一般在 5% 以下，因此，认为纤维混凝土的孔结构分布比较合理，这是保证混凝土耐久性能的重要条件。

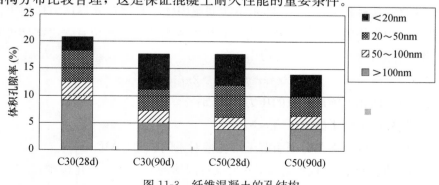

图 11-3　纤维混凝土的孔结构

7. 微观形貌

C30 和 C50 纤维混凝土扫描电镜照片如图 11-4 所示。

从扫描电镜照片可以看出，纤维在混凝土中呈不规则的乱向分布，这种分布形式在混凝土中形成大量微配筋，吸收了混凝土的应力；而且纤维与水泥胶体之间的粘结效果好，纤维表面可以明显看到较多的水泥水化产物；纤维表面多发生徐变变形，在破坏时纤维承担较多的剪切应力，提高了混凝土的剪切强度。改性聚丙烯纤维是一种经过特殊的生产工艺进行过表面处理的纤维，同水泥基材有着极强的粘结力，因此可在混凝土中发挥更为有效的抗裂作用。由于聚丙烯纤维可以迅速而轻易与混凝土材料混合分布均匀、彻底，能在混凝土内部构成一种均匀的乱向支撑体系，不仅可以改善混凝土的和易性，减少泌水，长时间保持良好的工作性能，而且有助于削弱混凝土塑性收缩及冻融时的应力，能量被分散到大量的纤维单丝上，从而极为有效地增强了混凝土的韧性，抑制裂纹的产生和发展。

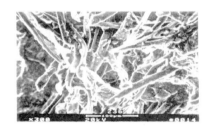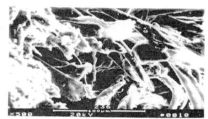

(a) C30纤维混凝土

(b) C50纤维混凝土

图 11-4　混凝土扫描电镜照片

混凝土在水化硬化形成强度的过程中，初期水和水泥反应形成结晶体，这种晶体化合物的体积比原材料的体积小，因此引起混凝土体积的收缩，在后期又由于混凝土内自由水分的蒸发引起干缩。这些应力某个时期超出了水泥基体的抗拉强度，于是在混凝土内部引起微裂缝，这些微裂缝不可避免地存在于混凝土内的集料和水泥凝胶之间以及凝胶体内部。

在施工中，如果没有采取有效的抗裂措施，混凝土固有的微裂纹在内外应力的作用下，可能会发展为更大的裂纹，最终形成贯通的毛细孔道和裂缝，常常导致防水失败、混凝土结构碳化的加速和钢筋锈蚀等劣化问题，造成结构设计强度未能充分发挥，严重的甚至威胁到工程的安全及使用。研究表明，多数裂缝与荷载无关，塑性收缩、干缩、温度变化等因素是混凝土开裂的主要根源。

由于聚丙烯纤维是单位体积内较大的数量均匀分布于混凝土内部，故微裂缝在发展的过程中必然遭到纤维的阻挡，消耗了能量，难以进一步发展，从而阻断裂缝达到了抗裂的目的，纤维的加入犹如在混凝土中掺入了巨大数量的微细筋，这些纤维筋抑制了混凝土的开裂进程，提高了混凝土的断裂韧性，而这些是钢筋所无法达到的。

总之，从微观机理分析，聚丙烯纤维的加入显著改善了混凝土的内部结构，即在水泥水化硬化过程中的内应力作用下，以及在材料受外力作用的使用过程中，微细纤维组分在细观层次上显著减少了材料的缺陷，尤其是微小的裂缝及内部损伤，从而在宏观层次上不仅带来了显著的防裂效果，其抗渗性能也大大提高。

11.5 工程应用实例

在试验室大量试验的基础上，我们掌握了聚丙烯纤维抗渗防裂混凝土的混凝土拌和物性能和硬化混凝土的相关指标。我们分别在大运村公寓、百朗园等工程上对聚丙烯纤维抗渗防裂混凝土进行了工业化试生产，并在国家大剧院工程中应用。

11.5.1 百朗园工程

百朗园工程位于永定路与复兴路的交界处，由江苏南通三建北京公司承建，获得北京市结构工程"长城杯"称号。该工程进入八、九层结构施工时，由于环境干燥，风力较大，不易保湿养护，而且墙体较长，部分墙体出现裂纹。因此，在第十层、十一层的较长墙体、顶板使用 C30 纤维混凝土约 400m³，混凝土和易性好，泵送顺利，强度达到设计强度等级的 118%～125%。拆模后观察，混凝土表面光滑，无任何缺陷，表观质量明显优于普通混凝土。

11.5.2 大运村工程

大运村工程是第二十一届世界大学生运动会的运动员村，位于北京市海淀区知春路，是国家重点工程。大运村工程地下室核心筒部位设计强度等级高（C60），墙体纵向延伸长，不留施工缝，而且不允许出现任何结构裂缝。采用纤维混凝土为该部位生产供应 500m³，混凝土出机坍落度为 220mm，经 1h 运输到工地后基本上没有损失，混凝土扩散度为 420mm 以上，和易性好，泵送顺利。混凝土试件 28d 标准养护强度为 73.4～77.0MPa，符合设计要求。剪力墙拆模后，混凝土表面光滑密实，无可见裂缝等缺陷，外观质量比不掺纤维的地上同类结构更为美观。

11.5.3 国家大剧院工程

国家大剧院工程位于北京市西城区石碑胡同 4 号，人民大会堂西侧，临近天安门广场、人民大会堂、中南海、长安街等重要建筑物与重要区域，为全额国家财政拨款的国家重点工程，由法国 AEROPOROTS DE PARIS 设计公司设计。工程总占地面积为 120115m²，总建筑面积为 145000m²，其中地上部分为 53600m²，地下部分为 91400m²。建筑总高为 45.35m。基础超常埋深（建筑埋深为 −30.00m，平均埋深为 −22.00m；基础形式为筏板式钢筋混凝土满堂基础；最深处为 −32.5m），地下水丰富，承压水头高，而且不做外防水，对结构自防水要求高，不能出现任何裂缝和渗漏，施工控制难度较大。北京城建集团混凝土公司等几家商品混凝土公司共同为大剧院工程底板和 −12.5m 以下外墙生产供应 C30P16 聚丙烯纤维混凝土近 5 万 m³，混凝土和易性好，顺利完成了最长 400m 的泵送施工。

国家大剧院工程中所生产的 C30P16 混凝土采用的原材料为北京地区自产材料，水泥为北京水泥厂生产的京都牌 P·O32.5 普通硅酸盐水泥；砂石采用潮白河系砂石料，砂子为 Ⅱ 区中砂，细度模数为 2.5，石子为 5~25mm 连续级配碎卵石；粉煤灰使用高井 Ⅱ 级粉煤灰；外加剂选用北京城龙工贸公司生产的 YGU-2 高效减水剂；纤维选用张家港市方大有限公司生产的改性聚丙烯单丝纤维。

考虑到混凝土的技术性能和生产的经济性，本次生产所用的 C30P16 混凝土的配合比单方用纤维 800g。

混凝土拌和物和易性能好，经过长距离运输到施工现场混凝土可泵性能好，确保了大剧院工程集中且量大的混凝土施工要求。混凝土抗压强度达到设计强度的 125%~138%，混凝土抗渗试验结果也表明其等级满足设计要求。拆模后外观光洁密实，没有出现裂缝。至今所采用的聚丙烯抗渗防裂混凝土仍然外观性能良好，有效控制了裂缝的产生，为今后纤维混凝土的大规模推广应用积累了经验。国家大剧院工程主体施工图如图 11-5 所示，施工效果图如图 11-6 所示。

本章研究了聚丙烯纤维抗渗防裂混凝土的原材料选择、配合比选择、混凝土拌和物性能、硬化混凝土的力学性能和耐久性，并在工程中实际应用，根据以上试验研究和工程实际应用，得出以下结论：

图 11-5 国家大剧院主体施工图

图 11-6 国家大剧院施工效果图

（1）混凝土中加入聚丙烯纤维，可以配制出抗渗防裂的混凝土，混凝土拌和物和易性良好；随着纤维掺量的增大，混凝土拌和物的扩展度和坍落度减小，黏度增加；但同时混凝土的坍落度损失和扩展度损失减小，这对于长时间保持混凝土的工作性能，完成长距离的运输施工很有益处，便于泵送施工。

（2）随着纤维掺量的增加，聚丙烯纤维抗渗防裂混凝土抗压强度略有降低，抗拉强度有所增加，提高10％以上；该混凝土弹性模量和极限拉伸也有所增加，极限变形增大，抗弯曲性能好，能有效抵抗外力引起的裂缝产生。

（3）混凝土中单方掺入纤维1000g混凝土与普通混凝土相比，干缩略有减小，经过冻融循环后的动弹模量和质量损失没有明显差异，说明混凝土的抗冻性能没有因为掺入纤维而发生劣化，得出聚丙烯纤维混凝土可以起到显著的抗渗防裂的效果，而且耐久性能良好。

（4）聚丙烯纤维的加入显著改善了混凝土的内部结构，即在水泥水化硬化过程中的内应力作用下，以及在材料受外力作用的使用过程中，微细纤维组分在细观层次上显著减少了材料的缺陷，尤其是微小的裂缝及内部损伤，从而在宏观层次上不仅带来了显著的防裂效果，其抗渗性能也大大提高。

（5）工程应用表明，在国家大剧院等大量工程中，采用聚丙烯纤维配制的预拌纤维抗渗防裂混凝土效果良好。

附录 毛细管微泵开裂机理在 混凝土裂缝控制中的应用

近年来，我国基础设施建设得到迅猛发展，在建筑物的建造和使用过程中，有关因出现裂缝而影响工程质量甚至导致结构垮塌的报道屡见不鲜。混凝土开裂可以说是"常发病"和"多发病"，经常困扰着工程技术人员。混凝土裂缝一直以来都是建筑结构人员关注、研究、探讨和需要解决的问题。本附录通过对混凝土裂缝的种类和产生的原因作较全面的分析，提出一定的控制方法，以方便施工单位参考，达到防范于未然的作用。

1. 混凝土裂缝的种类和成因

混凝土结构裂缝的成因复杂而繁多，甚至多种因素相互影响，但每一条裂缝均有其产生的一种或几种主要原因，综合来讲，就其产生的原因，混凝土裂缝可分为四类。

（1）结构裂缝

结构裂缝形成的原因有当超过设计荷载使用、地震或台风作用、构件断面尺寸不足、钢筋用量不足、布局不合理、结构沉降差异、二次应力作用、对温度应力和收缩应力估计不足等。

（2）环境条件裂缝

环境条件裂缝的形成主要是由于环境温度（湿度）变化、结构构件各区域温度（湿度）差异过大、冻融、冻涨、钢筋锈蚀、火灾和表面高温、酸碱盐侵蚀、冲击、振动影响。

（3）材料裂缝

材料裂缝产生的原因主要有水泥非正常凝结（受潮、温度过高）、膨胀（安定性差）、水化热高、掺和料质量不稳定、集料含泥量大和级配差、集料碱活性大、水泥外加剂和掺和料的相容性差、混凝土塑性收缩等。

（4）施工裂缝

施工裂缝发生的原因主要有浇筑顺序有误、浇筑不均匀、捣固不良、集料下沉、泌水、连续浇筑间隔时间过长、接茬处理不当、钢筋预埋件被扰动、钢筋保护层厚度不够、滑模工艺不当抽裂或塌陷、模板变形、漏浆或渗水、拆模不当、硬化前遭受扰动或承受荷载、养护不及时、养护初期遭受剧烈干燥或冻害、混凝土表面抹压不及时等。

2. 混凝土裂缝控制思路

目前国内裂缝控制的措施主要从以下三个方面进行：首先从结构和施工设计方面采取措施，主要有在墙体配筋时采用细密原则、局部加强（如跨中扳挤结合处）、后浇带、沉

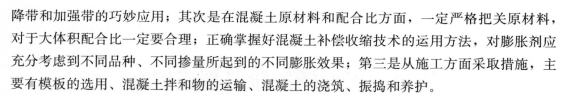

降带和加强带的巧妙应用；其次是在混凝土原材料和配合比方面，一定严格把关原材料，对于大体积配合比一定要合理；正确掌握好混凝土补偿收缩技术的运用方法，对膨胀剂应充分考虑到不同品种、不同掺量所起到的不同膨胀效果；第三是从施工方面采取措施，主要有模板的选用、混凝土拌和物的运输、混凝土的浇筑、振捣和养护。

3. 塑性混凝土毛细管微泵开裂机理

当混凝土拌和物振捣密实后经过一次抹压，在混凝土表面形成上部弯曲的毛细管，混凝土内部水分沿毛细管上升至表面，由于表面张力的作用以很小的液滴存在，当环境温度较高或有风吹过时，水滴掉下或蒸发，混凝土内部水分沿毛细管上升，补充到正好有半滴悬而不掉的位置，依次循环，混凝土中的毛细管就如同一个微型水泵一样，将混凝土内部的水分源源不断地带走，导致塑性混凝土在内压力的拉伸下开裂，即毛细管微泵开裂机理。

4. 裂缝控制措施

根据以上机理，在混凝土凝固前，混凝土中的水分在毛细管中如同进入微型水泵一样，随着毛细管端口水分的蒸发，水分会源源不断的通过这个微泵向外散失，使混凝土内部两个毛细管之间的塑性混凝土由于承受不了内应力的拉伸，而发生裂缝。因此在正常施工养护的条件下，寻找最佳的二次抹压时间，破坏毛细管微泵，阻止水分上升，同时覆盖上表面进行充分而及时的湿养护，防止水分蒸发，预防由于内部水分迁移引起的内应力产生，是预防混凝土自收缩形成裂缝的关键。

1）混凝土最佳二次抹压时间的确定

（1）二次抹压的作用

二次抹压的主要作用有 3 个：

① 消除混凝土的表面缺陷；

② 提高混凝土表层的密实度；

③ 破坏毛细管微泵，阻止混凝土内水分上升，减缓了混凝土内水分迁移蒸发的速度，预防混凝土的开裂。

从一次抹平至二次抹压，是混凝土逐渐初凝的过程，有较长一段时间。环境相对湿度低于100％时，由于毛细管微泵的作用就会失水，在混凝土拌和物内部拉应力的作用下形成裂缝并进一步扩展甚至开裂，使混凝土抗渗性能降低，从而降低其耐久性。大量的工程实践表明，只有一次抹平而没有二次抹压，混凝土的开裂将很严重。实施二次抹压后，由于破毁了毛细管微泵，阻止了混凝土内水分上升，提高了混凝土的密实度和强度，从而提高了表层混凝土的质量。

（2）试验研究

根据以上的机理，在老山自行车馆清水混凝土和其他工地各种混凝土的施工过程中，积极与施工单位配合，对不同强度等级、水胶比、坍落度以及配合比的混凝土的最佳抹压及覆盖时间进行了现场试验，试验数据如附表 1 所示。

附表1 不同强度等级混凝土开裂时间、最佳二次抹压时间和养护条件试验数据

强度等级	水泥		砂率	坍落度	初始开裂时间	最佳二次抹压时间	最佳覆盖湿养护时间	充分湿养护时间	工程名称
	品种	初凝时间							
单位	—	h：m	％	mm	h：m	h：m	h：m	d	
C30	P・S 32.5	3：40	42	204	4：10	4：00	4：05	7	国家大剧院底板
	P・O 32.5	3：25	42	204	4：00	3：50	3：55	7	
C30	P・S 32.5	3：20	44	190	4：00	3：50	3：55	7	
	P・O 32.5	3：25	44	190	3：50	3：40	3：45	7	
C30	P・S 32.5	4：50	42	190	6：10	6：00	6：05	7	
	P・O 32.5	4：20	42	190	6：00	5：50	5：55	7	
C30	P・S 32.5	3：50	44	190	4：30	4：20	4：25	7	玉泉新城梁、板、柱
	P・O 32.5	3：50	44	190	4：00	3：50	3：55	7	
C30	P・S 32.5	3：45	44	190	5：30	5：20	5：25	7	
	P・O 32.5	2：50	44	190	4：40	4：30	4：35	7	
C40	P・S 32.5	3：50	45	190	5：00	4：50	4：55	—	
	P・O 32.5	2：45	45	190	4：20	4：10	4：15	7	
C40	P・S 32.5	3：05	43	200	3：15	3：05	3：10	7	
	P・O 32.5	2：55	43	200	3：30	3：20	3：25	7	
C40	P・S 32.5	3：05	44	200	3：50	3：40	3：45	7	大运村梁、板、柱
	P・O 32.5	2：50	44	200	3：00	2：50	2：55	7	
	P・S 42.5	3：00	44	200	3：50	3：40	3：45	7	
	P・O 42.5	3：10	44	200	4：40	4：30	4：35	7	
C40	P・S 32.5	2：55	45	200	4：30	4：20	4：25	7	
	P・O 32.5	2：40	45	200	3：30	3：20	3：25	7	
	P・S 42.5	2：45	45	200	5：10	5：00	5：05	7	
	P・O 42.5	2：30	45	200	4：00	3：50	3：55	7	五棵松文化体育中心梁
	P・S 32.5	2：50	46	220	3：50	3：40	3：45	7	
	P・O 32.5	2：50	46	220	3：30	3：20	3：25	7	
	P・S 42.5	3：05	46	220	4：20	4：10	4：15	7	
	P・O 42.5	2：45	46	220	3：25	3：15	3：20	7	
C40	P・S 32.5	3：10	44	220	4：00	3：50	3：55	7	
	P・O 32.5	2：45	44	220	4：00	3：50	3：55	7	老山自行车馆梁、板
	P・S 42.5	3：00	44	240	4：05	3：55	4：00	7	
	P・O 42.5	2：50	44	240	4：00	3：50	3：55	7	
C60	P・S 32.5	3：45	44	230	4：20	4：15	4：20	7	
	P・O 32.5	3：40	44	230	4：25	4：20	4：25	7	老山自行车馆柱
	P・S 42.5	3：15	44	230	4：10	4：00	4：05	7	
	P・O 42.5	3：05	44	230	4：00	3：50	3：55	7	

强度等级	水泥		砂率	坍落度	初始开裂时间	最佳二次抹压时间	最佳覆盖湿养护时间	充分湿养护时间	工程名称
	品种	初凝时间							
单位	—	h：m	％	mm	h：m	h：m	h：m	d	
C80	P・S 42.5	3：50	45	240	3：20	3：10	3：15	7	静安中心梁、柱
	P・O 42.5	3：30	45	240	3：20	3：10	3：15	7	
C80	P・S 52.5	3：40	45	240	3：10	3：00	3：05	7	
	P・O 52.5	3：25	45	240	3：15	3：00	3：10	7	
C100	P・S 42.5	2：20	48	235	2：50	2：40	2：45	7	国家大剧院柱
	P・O 42.5	3：15	48	235	3：00	21：50	2：55	7	
C100	P・S 52.5	2：50	50	240	2：50	2：40	2：45	7	
	P・O 52.5	2：45	50	240	2：30	2：20	2：45	7	

（3）试验结果

通过现场施工采集数据可以得到以下几点结论：

① C10～C30 间混凝土施工坍落度在 190～200mm 之间，由于掺和料的加入，使混凝土的初凝时间延后，因此初始裂缝的形成时间随着向后推移，因此二次抹压和覆盖养护的最佳时间也推后，与所使用水泥的初凝时间无明显的关联。

② C35～C60 间的混凝土施工坍落度在 200～220mm 之间，由于复合外加剂的引入使其工作性较好，但用水量并不高，因此使混凝土的初凝时间与所使用水泥的初凝时间之间有相关性，并且随着水泥初凝时间的变长（缩短）而延长（变慢）。

③ C70～C100 间的混凝土施工坍落度在 220mm 以上，由于采用复合掺和料聚羧酸高效减水剂，所以混凝土的初凝时间几乎与水泥的初凝时间一致，因此最佳的二次抹压时间可以通过水泥的初凝时间来确定。

（4）二次抹压时间计算公式

根据以上试验结论，我们建立了水泥初凝时间、环境温度和混凝土出机时间等因素与二次抹压破坏毛细管微泵防止裂缝最佳时间之间的数学关系式：

$$T_m = T_{c0} + (T_s - T_{c0}) \times (t - t_0) / t_0 \qquad （附-1）$$

式中　T_m——最佳二次抹压时间，h；

　　　T_{c0}——水泥初凝时间，h；

　　　T_s——混凝土以加水搅拌至一次抹平完毕所用时间，h；

　　　t——施工现场温度，℃；

　　　t_0——标准温度，20℃。

2）及时充分湿养护时间的确定

二次抹压后，必须立即对混凝土进行及时充分的湿养护，以避免没有破坏的毛细管引起混凝土再次失水产生裂缝。只有这样，才能保证混凝土早期发育良好，提高硬化混凝土的质量，为混凝土耐久性的提高打下早期质量基础。

（1）混凝土湿养护要素

根据毛细管微泵开裂机理，混凝土湿养护成功的三大要素是：

① 湿养护开始前，混凝土表面进行及时的二次抹压使多数毛细管被封闭；

② 湿养护开始时，混凝土表面保持相对湿度，确保毛细管水分不蒸发；

③ 湿养护过程中（早期硬化过程中），混凝土不出现失水缺陷，确保毛细管开口一侧始终处于饱水状态。

我们同时必须明确，混凝土本体一旦失水，其表面或内部就存在缺陷和裂缝，湿养护要求从振实抹平至湿养护结束的整个早期硬化过程，混凝土都不出现失水。

（2）湿养护的关键时间

以往现场搅拌的普通混凝土，是在混凝土终凝后才开始湿养护的，一般不覆盖，每天浇水 2～5 次。只要不出现可见裂缝，就认为湿养护满足要求，即使出现少量裂缝，只要裂缝对结构无害，也不是很介意。只有在裂缝出现较多，或较长、较宽时，才被认为养护不够，采取的措施一般也是增加浇水次数。近年来频频发生的混凝土早期开裂现象，向这种传统的湿养护方法发出了挑战。从塑性混凝土毛细管微泵开裂机理的观点来看，传统湿养护方法是既不够及时也不够充分的，由于毛细管微泵的作用，混凝土内部必然存在大量的不可见裂缝，导致抗渗性能降低。

根据试验资料和生产资料，商品混凝土的 7d 强度为 28d 强度的 60％～85％，一般为 72％左右。规范要求湿养护 7d，是合理的，最好能保持 7d 不失水。在这 7d 中，时间越靠前，混凝土越容易失水，越容易形成裂缝，防止失水也越重要。3d 强度为 28d 强度的 35％～60％，一般为 48％左右，所以前 3d 防止失水尤为关键。前 3d 若不失水，之后继续浇水保湿至 7d，工程实际表明，效果很不错。而第一天，则又为关键前 3d 中的关键。如果第一天失水过多，所造成的裂缝可能以后都很难弥补。有的工程第一天不注意保养，第二天才蓄水养护，结果板面还是开裂了，分析其原因是第一天已经有裂缝产生。也有的工程，同配比不同部位的抗渗混凝土分次施工，每次抽样送检的试件抗渗等级都很高，偶尔一次由于特殊原因造成疏忽，第一天没有保养，试件露天放置一天后，第二天脱模浸水，结果最高抗渗压力只有 0.3MPa，这说明第一天的不养护致使粗大的裂缝已经形成。但养护良好的搅拌站生产抽样试件依然达到高抗渗。还有很多的工程实例也都表明，第一天及时充分的湿养护，无论是对于混凝土的抗裂性还是抗渗性，都至关重要。

综上所述，在最佳时间进行二次抹压后，要实现饱水湿养护 7d，关键是前 3d，最关键第一天。不管用什么方式保养，都要达到不失水的目的。在不失水的前提下，再考虑是否需要保温等其他辅助措施。这一原则被一些施工单位坚持，对工程实际的防渗抗裂效果十分显著。

（3）及时充分湿养护的要求

① 及时的要求。所谓及时，即完成混凝土表面的二次抹压使多数毛细管被封闭后立即进行混凝土的湿养护，使混凝土表面保持相对湿度，确保毛细管水分不蒸发，混凝土表

面的裂缝就能得到有效控制。

② 充分的要求。所谓充分，即湿养护的整个过程中，确保毛细管开口一侧始终处于饱水状态，混凝土表面和体内都不失水。

由此可见，如果我们对混凝土表面进行及时的二次抹压，破毁毛细管微泵，控制塑性混凝土失水，也就控制了混凝土的不可见裂缝。同样条件下，湿养护越及时越充分，混凝土的防裂效果就越好。

5. 工程应用

（1）百郎园工程抗渗混凝土

百郎园抗渗混凝土在工程施工中没有进行二次抹压和湿养护，在春天大风的情况下，表面出现了很多裂缝，抗渗性能大大降低，甚至低至 P1、P2 级。为了解决这个问题，我们与施工方协商，采用及时而充分的二次抹压和湿养护后，低强度的抗渗混凝土全面实现了高抗渗。比较以往一些资料，即使掺用了膨胀剂、防水剂或活性超细微粉，其抗渗等级也未必都能稳定达到 P30 级以上。而百郎园工程在最佳时间进行二次抹压和及时充分湿养护后十层以上的底板、梁、柱均未出现裂缝。

（2）大运村工程泵送混凝土

大运村工程施工过程中，由于泵送混凝土砂浆量多，坍落度大，收缩相对较大。出现了许多塑性裂缝。相关人员与施工单位采用最佳时间二次抹压和及时而充分的湿养护后，备受关注的泵送混凝土现浇楼面板的早期开裂得到了有效控制，得到了甲方、监理单位及施工单位的好评。

（3）老山自行车馆高性能混凝土

老山自行车馆采用的高强混凝土、高性能清水混凝土水胶比低，如果表面蒸发的水分不能及时得到补充，这时混凝土尚处于塑性状态，由于毛细管微泵的作用稍微受到一点拉力，混凝土的表面就会出现分布不规则的裂缝，影响工程质量。我们采用最佳时间二次抹压和湿养护，不但早期未发现可见裂缝，至今仍未发现可见裂缝，这说明良好的二次抹压和湿养护使早期的不可见裂缝和不可见孔隙缺陷都得到了有效的控制。

（4）国家大剧院环梁大体积混凝土

在国家大剧院环梁施工过程中，向施工单位推荐最佳时间进行二次抹压和及时湿养护，由于混凝土供应方和施工单位积极配合，该工程混凝土表面在最佳时间进行了二次抹压和及时湿养护，及时切断了毛细管，减少了水分的损失，有效预防了混凝土的开裂，确保了此项大体积混凝土工程无一开裂。

由此可见，根据毛细管微泵开裂机理，在原材料选择方面确定胶凝材料的最佳比表面积，确定切断塑性混凝土毛细管进行二次抹压的最佳时间，确定开始养护的时间和保水湿养护的时间范围，比较系统地掌握了控制塑性混凝土早期开裂的技术措施，实现了有效控制塑性混凝土早期开裂。